U0148028

匯流串流技術：基礎暨實務

Video Streaming of Digital Convergence: Fundamentals and Practices

童曉儒、余遠澤 著
蔡志明、李晉緯、楊承翰、杜少廷 編輯

麗文文化事業

■ 國家圖書館出版品預行編目資料

匯流串流技術：基礎暨實務 / 童曉儒，余遠澤著.
-- 初版. -- 高雄市 : 麗文文化，2016.07
面； 公分
ISBN 978-957-748-693-6（平裝）

1.多媒體 2.數位影像處理 3.電傳視訊系統

312.8 105012500

匯流串流技術：基礎暨實務

初版一刷・2016年7月

著者	童曉儒、余遠澤
編輯	蔡志明、李晉緯、楊承翰、杜少廷
責任編輯	李麗娟
封面設計	薛東榮
發行人	楊曉祺
總編輯	蔡國彬
出版者	麗文文化事業股份有限公司
地址	80252高雄市苓雅區五福一路57號2樓之2
電話	07-2265267
傳真	07-2233073
網址	www.liwen.com.tw
電子信箱	liwen@liwen.com.tw
劃撥帳號	41423894
購書專線	07-2265267轉236
臺北分公司	23445新北市永和區秀朗路一段41號
電話	02-29229075
傳真	02-29220464
法律顧問	林廷隆律師
電話	02-29658212

行政院新聞局出版事業登記證局版台業字第5692號

ISBN 978-957-748-693-6（平裝）

麗文文化事業

定價：480元

序

專業研究成果邁向數位匯流的新趨勢

近年來由於數位匯流技術的推波助瀾，行動影音、廣播影音與數據影音標準及技術，不斷的推陳出新，也帶動智慧型電視、平板電腦及行動終端產品的影音服務整合趨勢，同時「多螢一雲」的影音串流應用將更趨成熟，透過各種影音平台與應用軟體整合，引領了跨界服務的應用思維，更驅動全新的商業服務模式與生活型態的改變。

因此，諸多先進國家將形塑數位匯流服務產業價值鏈，視為刺激經濟成長、增強國際競爭力及創造就業機會之良方。爰此，世界各主要國家無不積極推動匯流服務發展，釋出更多頻寬，或開放更多行動業務提供數位匯流服務使用。為此，數位匯流教學推動聯盟中心因應世界趨勢，亦著手積極推廣辦理數位匯流教學事宜。

《匯流串流技術基礎暨實務》一書的出版正是基於匯流串流技術變遷及市場環境脈動，透過實務案例練習與基礎理論介紹，深入淺出的解釋，適時啟迪初學者對匯流影音技術及服務認知之具體展現。

本書涵蓋當前國際有關匯流影音技術、視訊串流伺服器、視訊網路協定應用及高階視訊編碼技術的説明，並列舉實作案例的模擬與探討。作者在撰寫文章時，透過多年教學經驗及擷取大量國際及國內豐富且珍貴的資料，研究題材簡單化、語法上生活化，既讓讀者輕鬆瞭解數位匯流影音技術與應用，又可作為專業筆記，此精心之作十分值得推薦大眾閱讀。

財團法人電信技術中心　蔡志明　組長

自序

Internet 的蓬勃發展，使我們見證了數位匯流市場的巨大潛力，隨著行動通訊的速率不斷提升（3G、LET、LET-Advanced），行動手持設備的效能的改進（2.3GHz 4 core、3GB RAM）、與影音壓縮技術的精進（H.264/AVC、H.264/SVC、H.256(HEVC)），更驅動了下一波網路高畫質影音內容（HD、4K、8K）世代的誕生。隨著 Youtube、風行網、卡迪諾影音、PPStream、迅雷在線、土豆網、youku、騰訊視頻等影音網站的推波助瀾，在 2014 年全球網路流量有將近 56%來自於數位影音服務，達到每月 23,000PB 的流量，透過手持式設備來觀看影片蔚為一股風潮，根據資通訊產業聯盟報告顯示，2010 年 Mobile Video 的服務佔全球流量 66%，是所有的行動數據中最主要的應用。網路視頻（Over The Top (OTT)），透過 Internet 傳送的電影或電視節目，對傳統的影音服務供應業者造成巨大的衝擊，例如在美國 2011 年 Q2 流失了 19.3 萬的電視用戶。根據 Digital TV research 的市場研究顯示，Online TV 與 video 的全球年營收已從 2010 年的$3.98 billion 美元成長至 2013 年的$15.94 billion 美元，未來預計 2018 年將持續成長至$35 billion 美元。

本書主要針對 Internet 串流技術而設計，其中融合了筆者十多年來之教學經驗與研究成果，主要介紹視訊串流的特性、相關傳輸技術、通訊協定及應用，並針對在 Internet 多變的環境下傳送所可能遭遇的議題做深入的探討，課程設計上由淺入深，兼顧理論與實作。章節部分涵蓋視訊編碼操作與品質測量、視訊串流應用與服務、視訊串流服務平台、視訊串流協定、視訊串流調適技術、視訊串流錯誤回復機制、點對點串流傳輸。每章皆採先提供理論背景說明，然後設計

step-by-step 的實驗課程，讓學員可親手操作，激發學習興趣。

本書適用對象包含大專院校資管、資訊、電機相關領域學生，適用範圍主要針對大三、大四及碩一、碩二程度學生為主；大三、大四學生可以透過本書對於視訊串流之相關原理及操作獲得深入的認識，作為就業或繼續升學研究的領域學習，研究所學生則可透過本書對於多媒體串流網路相關領域的研究，獲得基礎知識的學習，以為後續研究奠定基礎。

本書製作特感謝屏東科技大學資訊管理學—MINAR Lab 歷屆研究生之參與，以及教育部相關經費之挹注。

屏東科技大學　資訊管理學系　童曉儒教授

高雄師範大學　軟體工程與管理學系　余遠澤副教授

匯流串流技術：基礎暨實務

Video Streaming of Digital Convergence: Fundamentals and Practices

目次

ϟ 第一章

視訊編碼操作與品質測量

1-1 視訊編碼與技術

本章節主要探討視訊編碼的技術與應用。現今視訊編碼快速發展的主要因為是視訊內容儲存起來需要很大的儲存空間，且網路的傳輸能力和電腦儲存空間有限。而視訊編碼的原理是由於視訊是由連續畫面所構成，畫面彼此之間的相似度高，視訊壓縮（編碼）藉由移除視訊中的冗餘（redundancy）以減少資料量。視訊編碼技術有許多種類，而目前常見的編碼技術以 H.261、H.263、MPEG-1、MPEG-2、H.264/AVC、H.264/SVC 為主，而本章節實驗主要針對 H.264/AVC 及 H.264/SVC 作探討。

1-1-1 簡介

H.264/AVC 雖然對於編碼效率與網路之間的適應性已經有所提升，但是對於影像串流的服務尚無法提供完整的適應性，尤其是在易受制於 Mobile host（MH）移動行為與所處環境而造成高位元錯誤率（Bit error rate）及封包遺失率（Packet loss rate）的無線網路環境。因此，ITU-T VCEG 與 ISO MPEG 兩大組織共同組成聯合視訊小組，基於 H.264/AVC 的編碼架構，額外延伸新的編碼技術-Scalable video coding（SVC），重新定義影像畫面的組成，其中又將影像品質調適又細分為 Spatial scalability、Temporal scalability 和 Quality（SNR）scalability 這三種可調方式。在此編碼技術中，影像是由層級式架構所組成，此架構中包含一個影像基本層（Base layer）與一個或多個影像增益層（Enhancement layer）。Base layer 只提供基本品質的影像畫面的資料，而 Enhancement layer 則是提供增加 Base layer 畫面品質的資料。雖然 Base layer 只提供基本品質的畫面，但由於在解碼 Enhancement layer 的資料時必須先參考 Base layer 的資訊，所以對於整個視訊串流服務來說，Base layer 是最重要的部分。

對於 H.264/SVC 的 Encoder/Decoder，以 Joint scalable video model（JSVM）最廣為使用，JSVM 是根據 H.264/SVC 視訊編碼所開發的參考軟體，可以從編碼完的 SVC 視訊格式中，利用各種可調視訊編碼，包括 Spatial scalability、Temporal scalability 和 Quality（SNR）scalability，提取不同的 Bit stream layers 得到相對應視訊品質的影像。因此，實驗的背景動機為期望同學能瞭解 JSVM 實際編碼的流程，以及能學習到如何透過 JSVM 編碼出指定的 Layer，並測量其視訊品質。

1-1-2　視訊編碼技術回顧

H.261 編碼技術

H.261 為第一個普及的視訊編碼標準，許多視訊編碼都是建立於 H.261 相同的設計框架之上，例如：MPEG-1、MPEG-2、H.262、H.263 和 H.264，並為國際 ISDN 電話與視訊會議系統所制定的視訊標準，主要使用在多人視訊會議系統。主要視訊格式（Image format）為 CIF（352 x 288 Y samples）或 QCIF（176 x 144 Y samples）；Frame rate 大約為 7.5 至 30 fps；傳輸速率（Bit rate）一般為 64kbps。

H.263 編碼技術

H.263 編碼技術為廣泛應用於 Internet 的視訊串流，軟體方面則主要應用於電腦的視訊電話或電視的機上盒（Set-top box），H.263 也是 MPEG-4 標準的基礎，效能相較於之前的 H.261 有大幅的提升。主要視訊格式（Image format）為 Sub-QCIF、QCIF、CIF、4CIF 和 16CIF；傳輸速率（Bit rate）可依照使用者需求，可自行調整，通常為 20kbps；視訊品質（Picture quality）與 H.261 差不多，但是只需要 H.261 傳輸成本的一半。

	H.261	H.263
目標位元率	64kbps	8kbps~1.5mbps
影像格式	CIF、QCIF	Sub-QCIF、QCIF、CIF, 4 CIF、16 CIF
OBMC（Overlapped Block Motion Compensation）	無	有

圖 1 H.261 與 H.263 的比較

H.264/AVC（Advanced video coding）

H.264/AVC 主要目的為提供較佳的視訊品質與較低的位元傳輸率，同時不需要很複雜的編碼過程，提高了編碼運算的效率；並且提供可適應性，編解碼器能夠使用在廣泛的領域上，適用於各種網路與系統。主要適用範圍為視訊會議/電話、廣播視訊、視訊串流……等。相較於前面介紹的編碼技術，優點為高壓縮率、高品質視訊、優異的抵抗錯誤及網路傳輸功能的加強，H.264/AVC 架構中主要分成視訊編碼層（Video coding layer, VCL）及網路提取層（Network abstraction layer, NAL）兩部分。視訊編碼層（VCL）主要是在資料經過演算法處理壓縮過後，將一些冗餘（Redundancy）的部分去除掉，以達到視訊壓縮的目的；網路提取層（NAL）則以 NAL 封包為一個單元，使用此方式來做為 VCL 編解碼的運算單元，所以在傳輸層收到 NAL 封包之後不須進行分割，即可交給底層傳送。當網路發生擁擠、壅塞或次序錯亂時，接收端可以做糾正錯誤的動作。

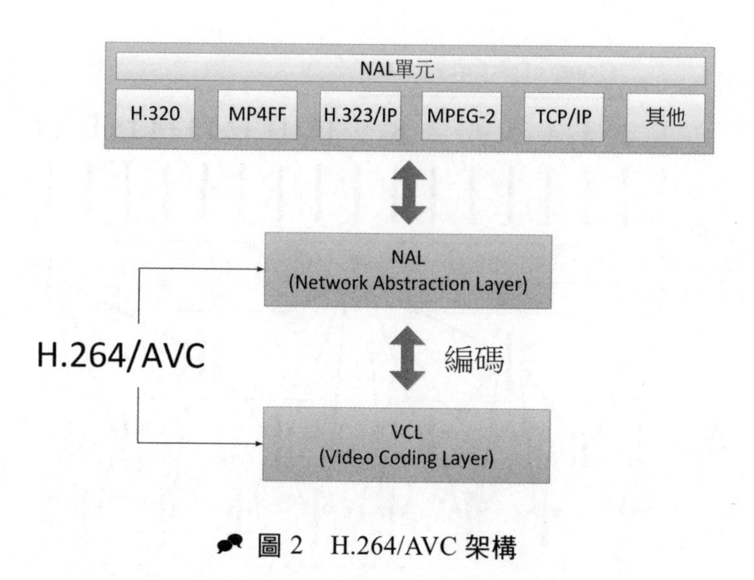

圖 2　H.264/AVC 架構

H.264/AVC 編碼技術主要支援兩種調適策略

1.時間可適性 Temporal scalability（TS）策略

採用基本層（Base layer）與增強層（Enhancement layer）的層級式架構，每一個 Groups of pictures（GOPs）的開始為 IDR frame，Base layer 是由每個 GOP 的 IDR frames 組成，該 Frame 採用空間性預測（intra-prediction）編碼，可以獨立解碼不需參考任何 Frame。

做法是以階層式圖片架構，如圖 3 所示，以一個圖片群（Group of picture, GOP）為一個編碼單位，用階層的方式對於畫面進行編碼，階層 T0 是比較重要的視訊圖像優先壓縮，如此才能提供較高層的 T1、T2、T3 視訊串流影片壓縮時的參照，Temporal scalability 可利用傳送時間階層（Temporal level）的個數來提供每秒鐘播放畫面的張數（Frame per second），藉以達到不同 Frame rate 的調適。

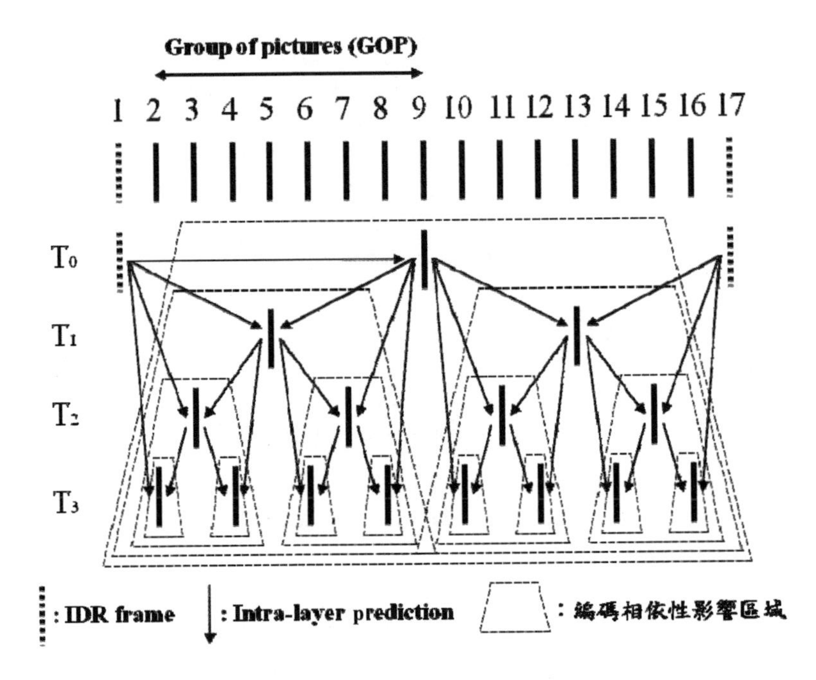

圖 3　Temporal scalability 編碼示意圖

2.Bit-stream switching（BSS）策略

H.264/AVC 的 IDR frame 除了可以用在影片隨機存取。另外也可透過量化參數（Quantization parameters, QPs）產生不同的傳輸速率（Bit rate），在同樣的 GOP 結構下也可以透過 IDR frame 切換到不同傳輸速率（Bit rate）的影片，進而達到影像品質調適。如圖 4 在調適的過程中，在伺服器預存不同傳輸速率（Bit rate）的影片，當網路環境變差時切換到適合的影片做傳送。

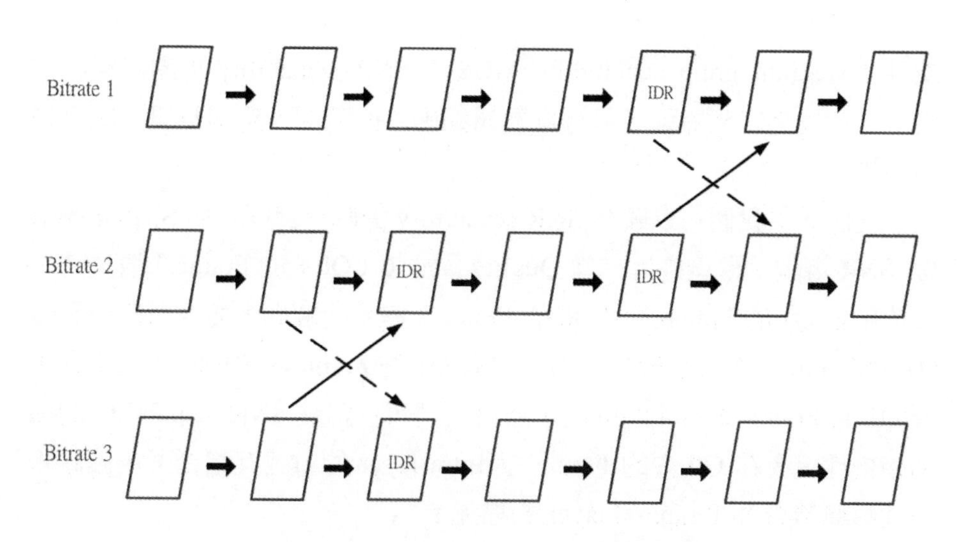

圖 4　Bit-stream switching（BSS）

H.264/SVC（Scalable video coding）

H.264/SVC 為 H.264/AVC 的延伸，H.264/SVC 主要的優點在於提升錯誤更正彈性，進而提升在容易發生封包遺失的網路間傳輸的視訊品質，在頻寬品質不穩定的網路下更顯得重要，H.264/SVC 視訊品質分成三種可調方式：

1.時間可適性 Temporal scalability（參照 H.264/AVC）

2.空間可適性 Spatial scalability

Spatial scalability 採用類似於 MPEG-2/4 的觀念，將影片拆解成一個一個 Spatial layer 的動作，每一 layer 只會和相同 Spatial layer 的影片相關，可以獨立壓縮，不受其它 Spatial layer 影片的影響，因此可選擇不同解析度大小的視訊影片傳送與播放。

3.訊雜比可調性 SNR scalability

SNR scalability 包含三種，粗粒訊雜比可調性（Coarse grain scalability, CGS）、精細訊雜比可調性（Fine grain scalability, FGS）、中度訊雜比可

調性（Medium grain scalability, MGS），SNR scalability 可調式視訊編碼，可依據網路頻寬给予最適當視訊編碼器的時間、空間及訊雜比之視訊品質。

從圖 5 中我們可以觀察 SNR scalability 編碼只對同一層 Spatial layer 做 SNR 可調。舉例來說，當 Quality layer 0（Q0）的 Frame 3 遺失時，其會影響 Q1 的 Frame 3 與 Q0 的 Frame 2 與 4 的解碼，並進而牽連影響 Q1 的 Frame 2 與 4 的解碼；而當只有 Q1 的 Frame 3 遺失時，並不會影響 Q1 的 Frame 2 與 4 的解碼。所以我們可以歸納 SNR scalability 的編碼相依性只有在 Q0 內的 Frame 以 Intra-layer 的方式互相參考，編碼相依性影響請參考 Temporal layer 的描述。

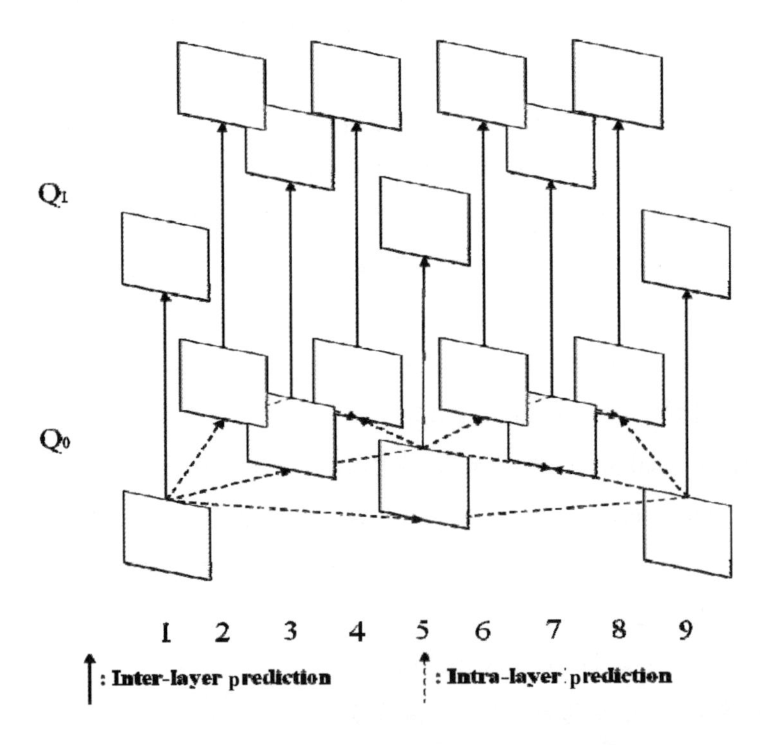

圖 5 SNR Scalability 編碼相依性示意圖

1-2　視訊品質

視訊品質的測量主要區分為以下兩種方式

1.主觀的測量方式（Subjective metrics）

主觀的視訊品質量測著重的是人類眼睛對視訊真實的感受，此種方式雖然具有創造性，但成本會比較昂貴並無法很好地量化品質。通常依據國際電信聯盟 ITU-R 所訂定的建議指標，然後透過一定數量的專家來對視訊實際觀測後給予評分，再利用收集到的評分結果以統計的方式計算出平均的視訊品質，測量流程如後。

2.客觀的測量方式（Objective metrics）

客觀品質測量有兩種，峰值訊噪比（PSNR）和均方差（MSE）……等方法，但是不足以代表與主觀品質上的關連性，因此影音服務品質的評斷方式常有爭議。在許多應用中，由於 PSNR 和 MSE 較為簡單且為大多數產業人士所熟悉，仍廣為業界採用，並成為新視訊標準設計的基礎依據。

視訊品質測量方法介紹

1.影像信號雜訊比（Peak signal to noise rations, PSNR）

以影像信號雜訊比（Peak signal to noise rations, PSNR）來做為影像品質的測量工具，視訊前後兩張 Frame 來做 PSNR 比較的話，PSNR 值越大，代表前後兩張 Frame 的內容差異不大；相對的 PSNR 值越小，則代表兩張 Frame 的變動很劇烈，而通常計算出的 PSNR 值為 35dB 或更高時，人眼對壓縮過的影像與原始影像間已經很難感受到其差異。

2.相對平順度（Relative smoothness, RS）

就影像壓縮品質來說，PSNR 測量是一種大家所熟知用來客觀評估每一張影像品質的方法，但這種評估方法並不能表達出影片播放平順的意思。當網路頻寬有限的情況，我們必須考慮因視訊編碼的特性而調整傳輸的影片。而 H.264/SVC 影片是一種具彈性品質特性的視訊格式，其調適影像品質的方法依據 Spatial、Temporal 與 Quality 三種型態來調整。如果選擇 Temporal 的型態來調適影片品質，雖然能保持平順的播放，但由於降低解析度會讓每張 Frame 看起來都很模糊。相對地，當選擇 Spatial 的型態來調適影片品質，雖然能透過降低 Frame rate 來提升單張 Frame 的影像品質，但這種做法在網路條件極差的環境下，會導致嚴重的延遲效果（stalling effect）問題，使用者通常會有觀看不順的感覺。因此，我們認為要表現串流影片和原始影片播放過程中影像訊號的不同，除了考量 PSNR 值之外，影片播放的平順度也是一個重要的考量因素。而 RS 值越高代表傳輸前後兩部影片影像動作的變化情況越相近，也代表影片播放越平順。

1-3 實作實驗：H.264 編碼實驗實作

1-3-1 實驗大綱

實驗目的

實驗主要內容為實際操作 H.264 編碼，並利用影像信號雜訊比（Peak signal to noise rations, PSNR）與相對平順（Relative smoothness, RS）測量來實測視訊品質以觀察其變化。實驗的主旨為讓同學學習利用 JSVM 將 H.264 影片透過不同參數調整的編碼，壓縮出各式不同需求的 H.264 檔，並使用常見的 PSNR 與 RS 測量量化出視訊品質，進而探討 H.264 編碼方式對於視訊品質的影響，以便於同學對於行動串流傳輸技術上之應用。

學習目標

1.學習如何使用 JSVM 已包好的 H.264 編碼，批次檔壓縮出想要的格式。

2.瞭解 H.264/AVC 與 H.264/SVC 編碼時所能變動的參數。

3.學習如何利用 PSNR 與 RS 測量視訊品質。

4.瞭解 H.264 編碼的方式對於視訊品質的影響。

環境設置

1.下載 Dev C++程式編譯軟體並安裝。

2.軟體編譯介面基本設定。

實驗步驟

1.將 H.264 格式的檔案透過程式轉換成 .yuv 的格式，以利編碼的使用。

2.H.264/AVC 編碼。

3.H.264/SVC 編碼。

4.提取 H.264/SVC layer 並將各 layer 結合成 .264 檔。

1-3-2　環境設置

環境需求

- **開發平台**：Dev C++（Windows XP 版）

這是一套免費並且開放原始碼的 C++ 程式設計軟體，附上 GNU GCC 編譯器，體積小功能強大。它包括多頁面視窗、工程編輯器，在工程編輯器中集合了編輯器、編譯器、連接程式和執行程式，也提供高亮度語法顯示以減少編輯錯誤。

■ 環境安裝

1.下載 Dev C++

2.安裝 Dev C++

- 選擇「English」並按下「OK」鈕：

- 閱讀完注意事項後按下「I Agree」同意鈕：

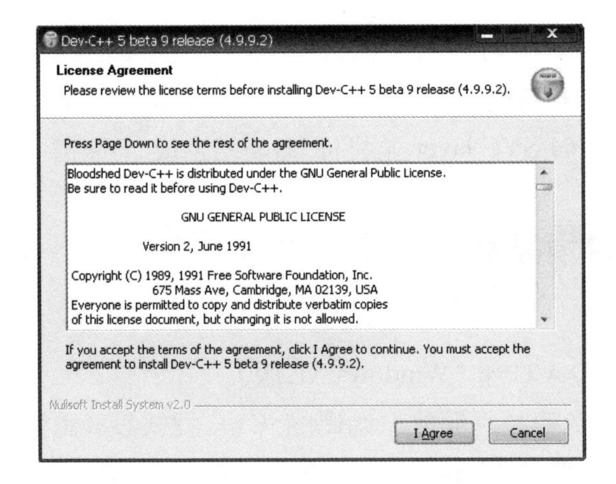

- 選擇想要安裝的項目。下拉選項有提供三種選項，分別是「Full、Typical、Custom」，亦可手動勾選或取消各子項目，建議選擇「Full」預設選項即可。確認後按「Next」鈕，以執行下一步驟：

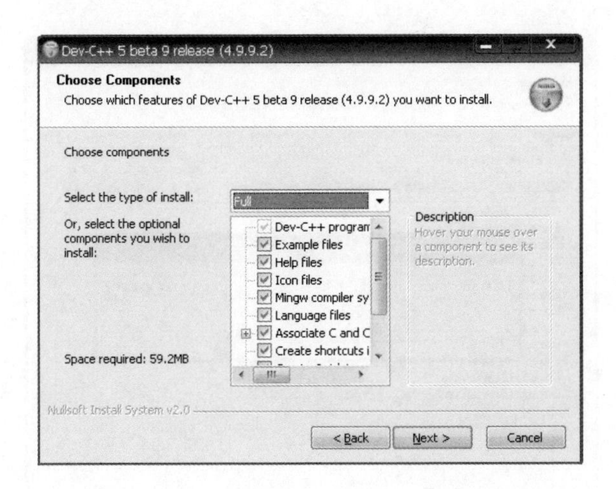

- 選擇軟體安裝路徑。按下「Browse」鈕會跳出視窗讓您手動選擇欲安裝的位置，建議安裝於 C 槽系統磁碟預設路徑即可，設定完路徑後則按下「Install」便會開始進行軟體的安裝：

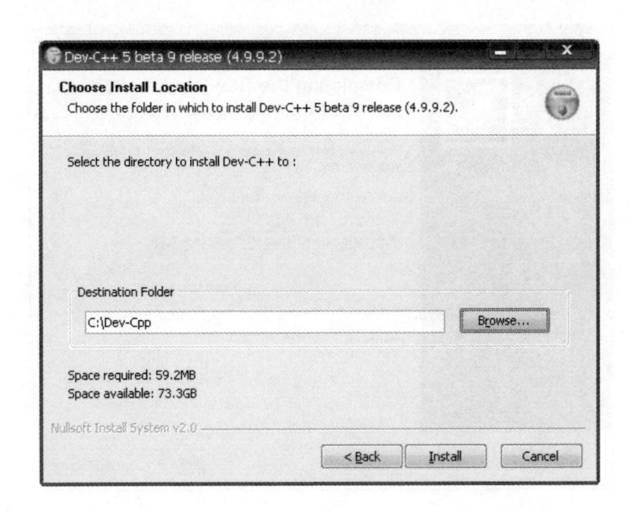

- 軟體安裝結束後，會跳出視窗詢問您是否要將所安裝的 Dev C++軟體設定為讓該電腦所有的使用者帳戶皆可使用，在此建議選擇「是（Y）」鈕：

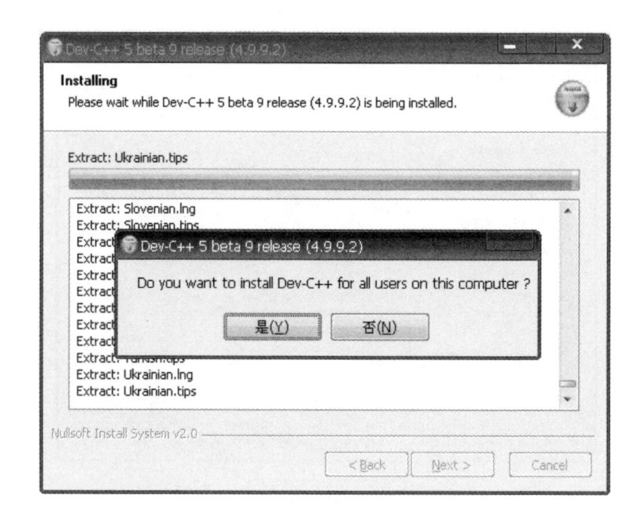

- 最後，恭喜您完成安裝，請先選取「Run Dev-C++ ......」，接著再按下「Finish」鈕：

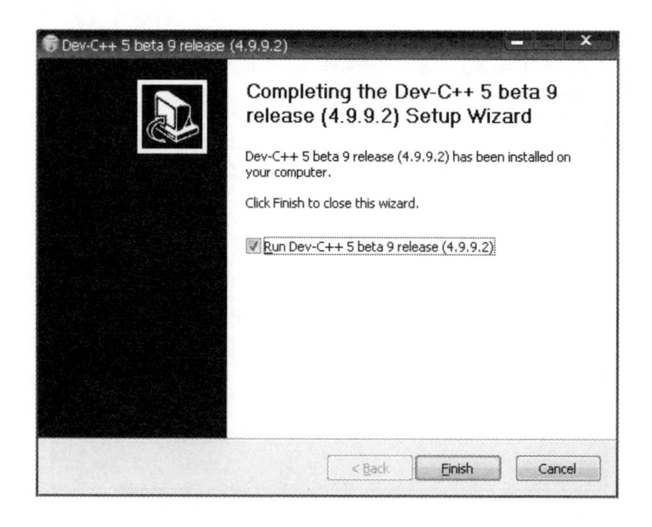

• 第一次執行軟體時，會跳出視窗告知您一些注意事項，閱讀完畢後請按下「確定」鈕：

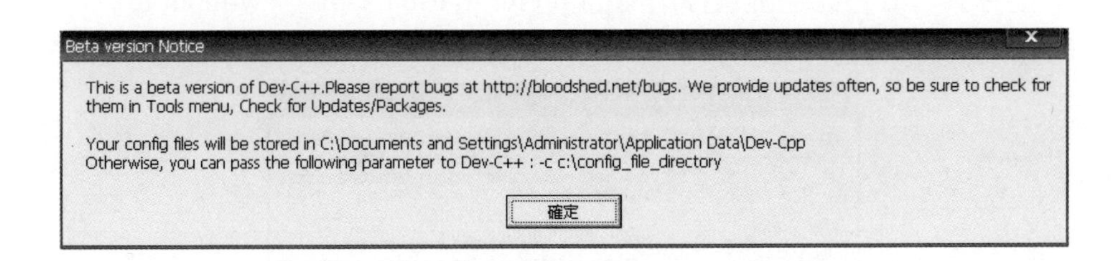

• 第一次執行軟體時，必須設定一下軟體語系（不設定則會以預設英文顯示），在此建議選擇「Chinese (TW)」，選擇完後按下「>Next」鈕：

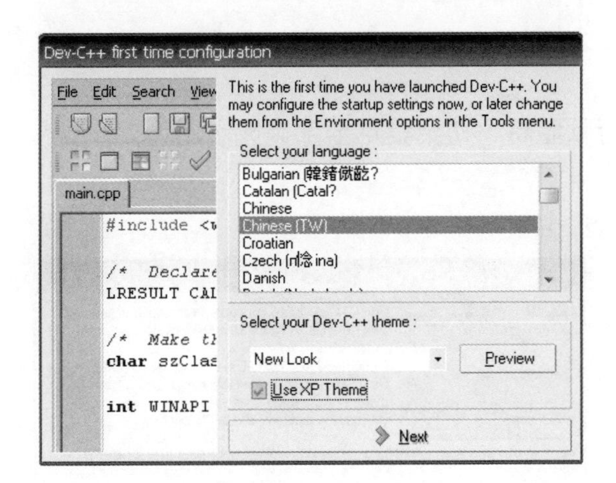

- 第一次執行軟體時，他會詢問您要不要套用更進一步 Dev 套件，以提升程式專案函式等的運行速度。因我們這個實驗內容並不需撰寫成大型專案，故在此建議選擇「No, I prefer to use Dev-C++ without it」：

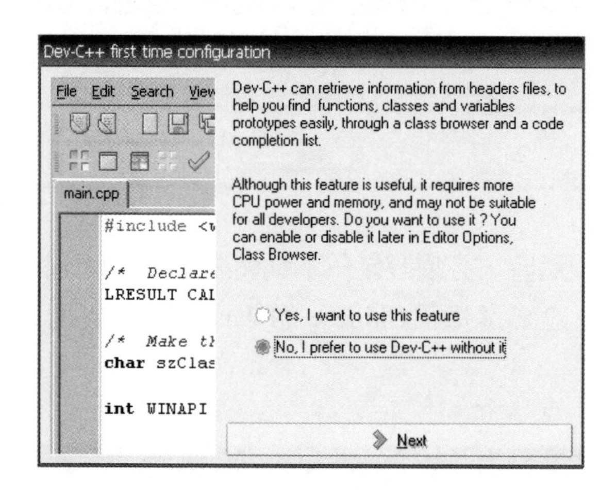

- 第一次執行軟體時，初始設定全部完成，出現如下視窗，再接著按下「OK」鈕：

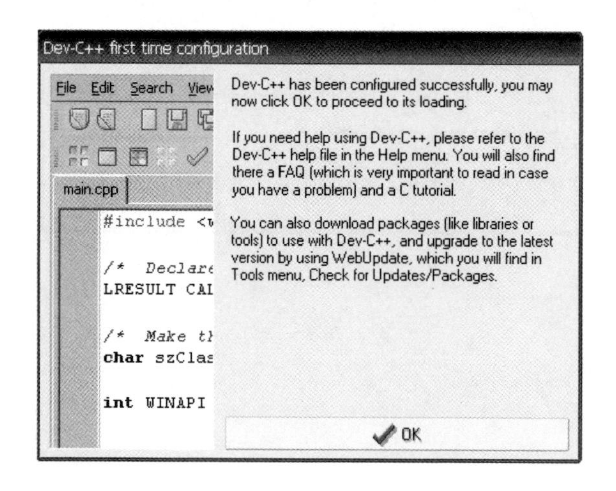

- 初始設定全部完成後，每次執行軟體時都會跳出「每日提示」視窗，主要教導一些 Dev 軟體操作的小技巧，在此可以勾選「在程式開啟時不要顯示此提示」，再按下「關閉（C）」鈕，往後開啟軟體就不會再出現此視窗提示：

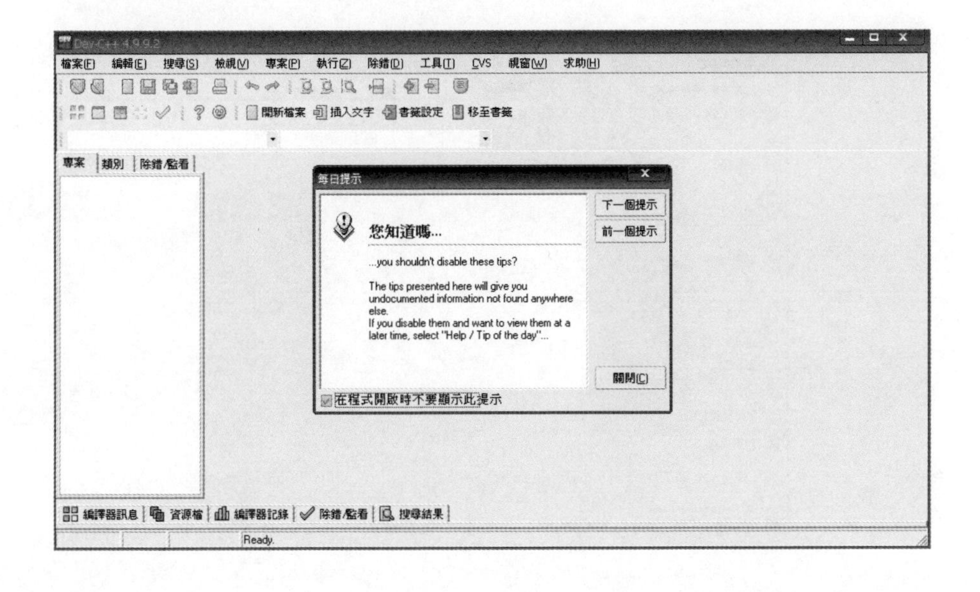

- 開啟新檔案撰寫程式：點取軟體視窗左上角工具列的「檔案」選項，接著點取「開新檔案」，最後再選擇「原始碼（S）」即可開始撰寫程式。（本實驗只要開啟原始碼編撰程式即可，若有撰寫大專案的需求，就要選擇開啟一個新專案「專案（P)」。）

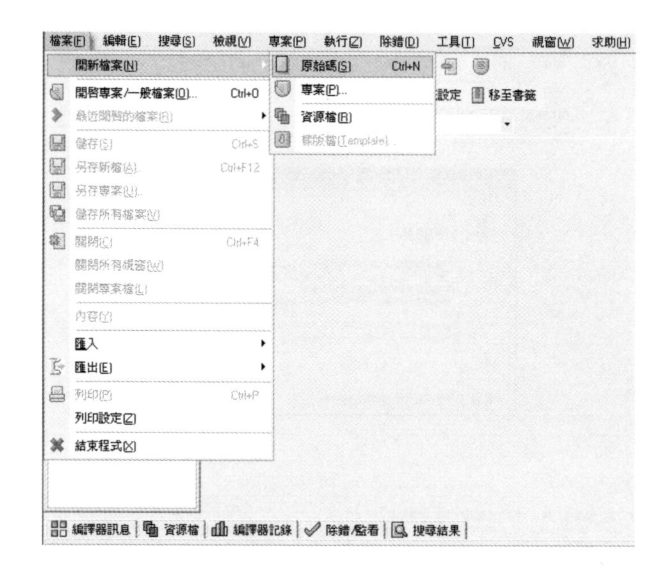

- 顯示程式行號：一般會開啟程式撰寫視窗左邊的行號顯示，如此在 Debug 時會比較容易找到錯誤程式位置。要開啟行號顯示先點取軟體視窗左上角工具列的「工具」選項，接著點取「編輯器選項（E）」。

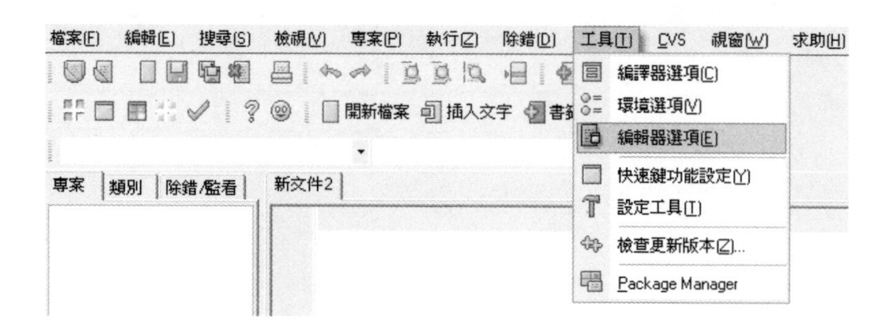

- 接著會出現「編輯器功能設定」視窗，點選上方工具列的「顯示」選項，在輔助資訊區內勾選「顯示行號」項目，最後再按下「確定」鈕即可。

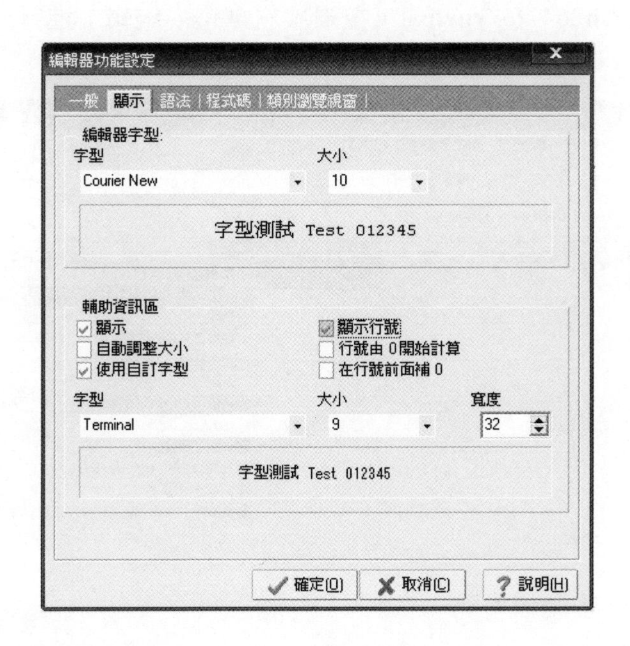

- 程式執行：點取軟體視窗左上角工具列的「執行（Z）」選項，接著點取「編譯並執行」即可，亦可使用快捷鍵「F9」。

1-3-3 實驗步驟

H.264 編碼實驗

- 將 H.264 檔案轉成 YUV 檔案

主要是將 H.264 格式的檔案透過程式轉換成 .yuv 的格式，以利編解碼的使用。

- ■ 實驗檔案位置：Lab2-1.H264-Encode/ h264_to_yuv.bat

■ 實驗步驟：

將欲轉換的.264 檔案放置於此實驗檔案目錄下。在此目錄下已有建置一個「Bus_SVC.264」檔案供實驗使用。

- 對批次檔「h264_to_yuv.bat」按滑鼠右鍵選「編輯」進行參數設定。

- 接著出現如下編輯畫面：

預設參數為 ffmpeg -i Bus_SVC.264 -s qcif -pix_fmt yuv420p Bus_SVC. yuv

-i 為 Input 檔案之路徑。

-s 為解析度大小。

-pix_fmt 為格式化型別。

最後則是檔案輸出路徑。

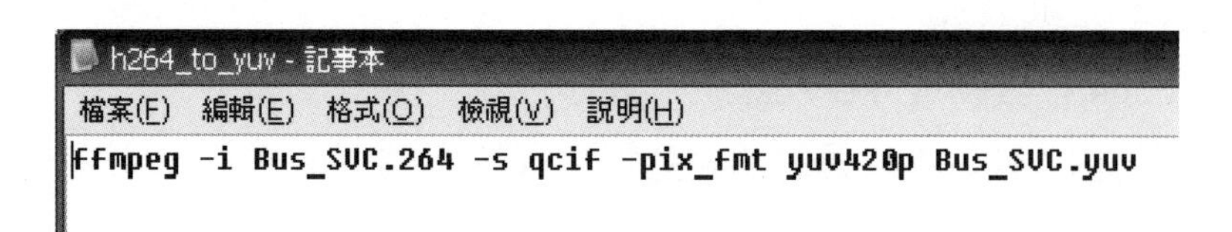

- 設定完參數並儲存後，關閉檔案視窗，再直接執行「h264_to_yuv.bat」。
- 批次檔，即完成轉檔程序。

實驗 H.264/AVC 編碼

- 實驗檔案位置：Lab2-1.H264-Encode/AVC encode/
- 實驗步驟：

- 先將欲編碼的 yuv 檔案放入此目錄之下。
- 對「encoder.cfg」按滑鼠右鍵選「編輯」進入會出現如下畫面：

```
# New Input File Format is as follows
# <ParameterName> = <ParameterValue> # Comment
#
# See configfile.h for a list of supported ParameterNames
#
# For bug reporting and known issues see:
# https://ipbt.hhi.de

##########################################################################################
# Files
##########################################################################################
InputFile             = "Bus_SVC.yuv"       # Input sequence
InputHeaderLength     = 0      # If the inputfile has a header, state it's length in byte here
StartFrame            = 0      # Start frame for encoding. (0-N)
FramesToBeEncoded     = 150    # Number of frames to be coded
FrameRate             = 30.0   # Frame Rate per second (0.1-100.0)
SourceWidth           = 176    # Source frame width
SourceHeight          = 144    # Source frame height
SourceResize          = 0      # Resize source size for output
OutputWidth           = 176    # Output frame width
OutputHeight          = 144    # Output frame height
ProcessInput          = 0      # Filter Input Sequence

TraceFile             = "trace_enc.txt"                # Trace file
ReconFile             = "FOOTBALL_DropBframe.yuv"      # Recontruction YUV file
OutputFile            = "output.264"                   # Bitstream
StatsFile             = "stats.dat"                    # Coding statistics file

##########################################################################################
# Encoder Control
##########################################################################################
Grayscale             = 0   # Encode in grayscale (Currently only works for 8 bit YUV 420 input)
ProfileIDC            = 100 # Profile IDC (66=baseline, 77=main, 88=extended; FREXT Profiles: 100=High,
IntraProfile          = 0   # Activate Intra Profile for FRExt (0: false, 1: true)
                            # (e.g. ProfileIDC=110, IntraProfile=1  =>  High 10 Intra Profile)
```

主要可編輯的區塊有：

Files、Encoder Control、B Slices、SP Frames、Output Control, NALs、CABAC context initialization、Interlace Handling、Weighted Prediction、Picture based Multi-pass encoding、Deblocking filter parameters、Error Resilience / Slices、Search Range Restriction / RD Optimization、Explicit Lambda Usage、Additional Stuff、Rate control、Fast Mode Decision、FREXT stuff、Q-Matrix（FREXT）、Rounding Offset control、Rate Distortion Optimized Quantization、Lossless Coding（FREXT）、Fast Motion Estimation Control Parameters、SEI Parameters、VUI Parameters。

在此實驗，我們需要注意的參數如下：

# Files	
InputFile	Input sequence
FramesToBeEncoded	Number of frames to be coded
FrameRate	Frame Rate per second (0.1-100.0)
SourceWidth	Source frame width
SourceHeight	Source frame height
OutputWidth	Output frame width
OutputHeight	Output frame height
TraceFile	Trace file
ReconFile	Recontruction YUV file
OutputFile	Bitstream
StatsFile	Coding statistics file
# Encoder Control	
IntraPeriod	Period of I-pictures (0=only first) = GoP size
QPISlice	Quant. param for I Slices (0-51)
QPPSlice	Quant. param for P Slices (0-51)
# B Slices	
NumberBFrames	Number of B coded frames inserted (0=not used) = GoP of B frame
QPBSlice	Quant. param for B slices (0-51) = B frame of QP set

- 完成上述參數設定並儲存檔案後，直接執行「AVC_encode.bat」批次檔，即會開始進行編碼：

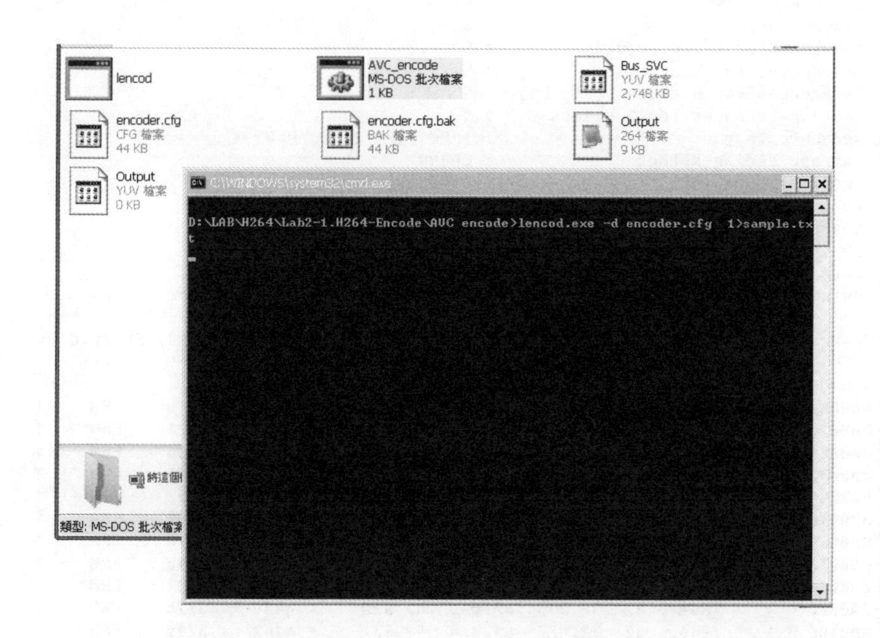

編碼完成後，目錄下即會產生出「Output.264、Output.yuv、sample.txt、data.txt、log.dat、stats.dat」檔。這些檔案是紀錄編碼內容資訊，供編碼者參考。

```
sample - 記事本
檔案(F) 編輯(E) 格式(O) 檢視(V) 說明(H)
Image format                         : 176x144 (176x144)
Error robustness                     : Off
Search range                         : 32
Total number of references           : 5
References for P slices              : 5
References for B slices (L0, L1)     : 5
List1 references for B slices        : 1
Sequence type                        : IPPP (QP: I 32, P 32)
Entropy coding method                : CABAC
Profile/Level IDC                    : (100,40)
Motion Estimation Scheme             : Fast Full Search
Search range restrictions            : none
RD-optimized mode decision           : used
Data Partitioning Mode               : 1 partition
Output File Format                   : H.264/AVC Annex B Byte Stream Format
-------------------------------------------------------------------------------
Frame      Bit/pic   QP   SnrY    SnrU    SnrV    Time(ms) MET(ms) Frm/Fld Ref
-------------------------------------------------------------------------------
00000(NVB)     176
00000(IDR)   23736   32  37.849  46.594  47.946       323       0   FRM     1
00001( P )    7720   32  34.275  44.913  46.271      1138     721   FRM     1
00002( P )    7272   32  33.298  44.037  45.375      1894    1466   FRM     1
00003( P )   10296   32  33.941  44.200  45.714      2646    2205   FRM     1
00004( P )    5792   32  34.014  43.538  45.032      3398    2962   FRM     1
00005( P )    7160   32  33.577  42.689  44.512      4142    3706   FRM     1
00006( P )    7344   32  32.950  42.535  43.962      4159    3718   FRM     1
00007( P )    9584   32  31.878  42.049  42.272      4171    3713   FRM     1
00008( P )    6512   32  32.579  42.239  42.994      4182    3731   FRM     1
00009( P )    7360   32  32.396  42.020  42.830      4169    3724   FRM     1
00010( P )    7256   32  32.477  41.878  42.877      4162    3719   FRM     1
00011( I )   25864   32  33.914  44.315  44.113       335       0   FRM     1
```

H.264/SVC 編碼

- 實驗檔案位置：Lab2-1.H264-Encode/SVC encode/
- 實驗步驟：

- 將任何原始檔影片格式轉成 AVI（利用格式工廠軟體）
- 先行下載格式工廠（FormatFactory）軟體並安裝。

  下載位置：http://www.softking.com.tw/soft/clickcount.asp?fid3=25094

- 開啟格式工廠軟體，左邊選單列點選「任何格式轉成 AVI」：

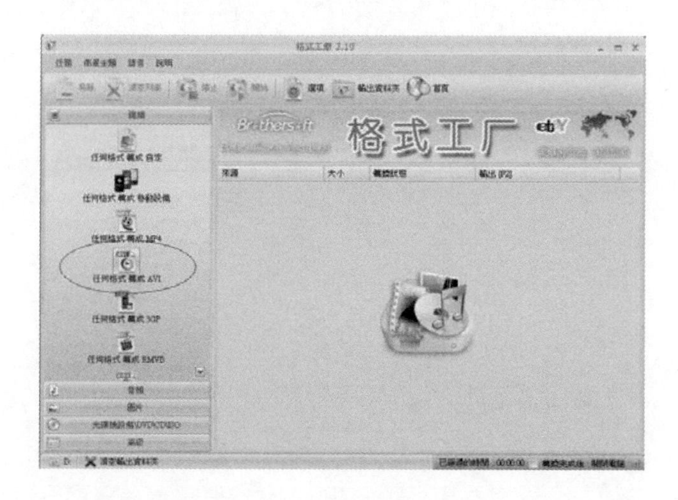

- 點擊「新增檔案」選擇欲轉檔之原始影片檔案：

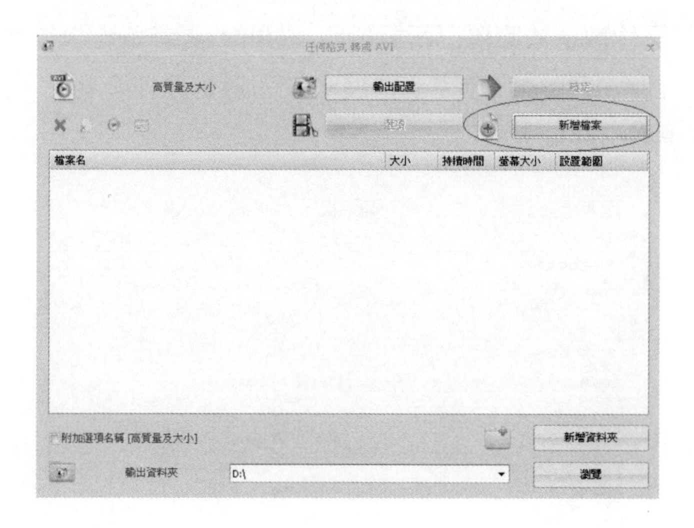

- 接著再點選「輸出配置」：

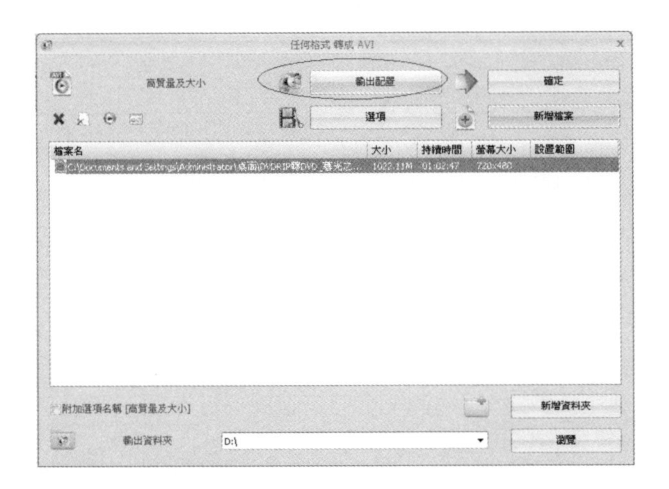

- 設定輸出配置：如圖，紅色標示項目為需更改項目。
  - 「螢幕大小」分別要壓 QCIF 176*144 與 CIF 352*288。
  - 「每隔秒數」依照自己所需設定，30fps 或 25fps。
  - 「外觀寬高比」設為完全伸展，主因是排除掉有些上下邊界有預留黑屏的影片）。

● 確認輸出檔案之位置：

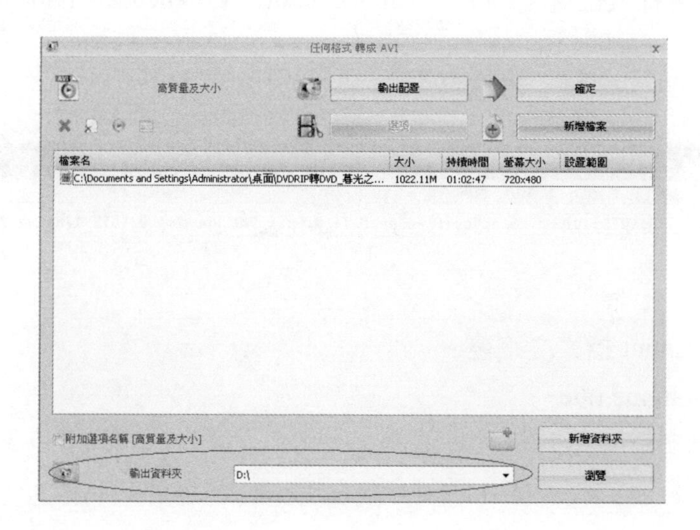

● 上述設定完按確定後，即開始轉檔：

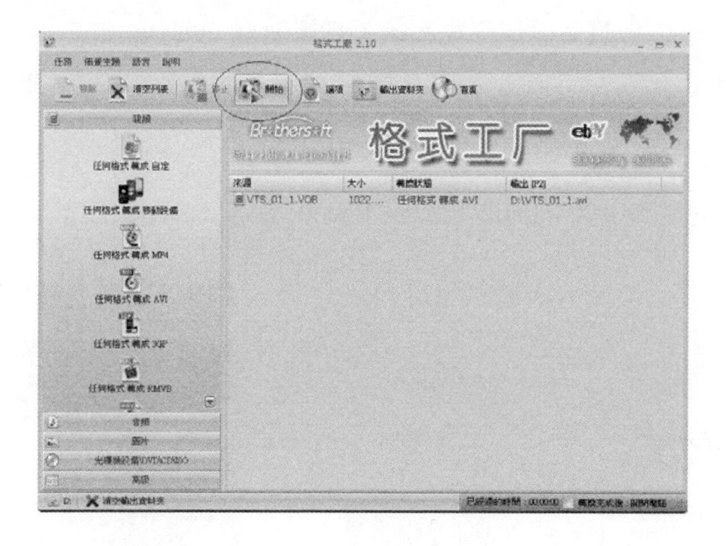

- 將 AVI 檔透過 ffmpeg 軟體壓縮出所需之各解析度（Layer）YUV 檔
  - 實驗檔案位置：Lab2-1.H264-Encode/SVC encode/ ffmpeg/

- 編輯「avi2yuv.bat」批次檔：

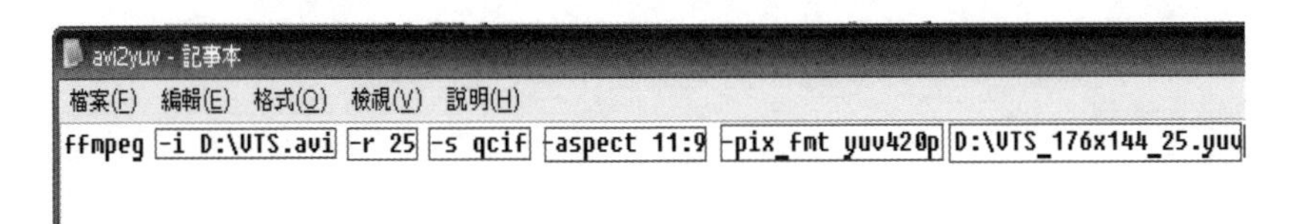

- i 為 input 檔案之路徑。
- r 為 frame rate。
- s 為解析度大小。
- aspect 為因應轉 AVI 時將外觀寬高比設定為完全伸展之設定。
- pix_fmt 為格式化型別。

最後則是檔案輸出路徑。

- 完成上述參數設定並儲存檔案後，直接執行 avi2yuv 批次檔即可完成轉檔動作。

- SVC layer encode
  - 實驗檔案位置：Lab2-1.H264-Encode/SVC encode/

- 將欲編碼的數個 .yuv 檔放置此目錄之下（以 BUS 影片為範例）。

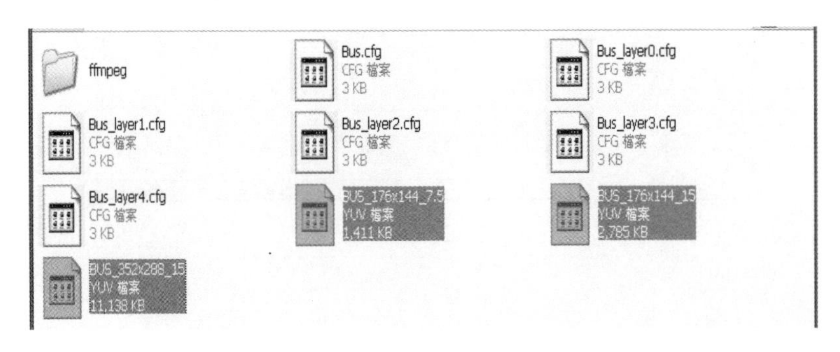

- 編輯「bus.cgf」檔，此為 SVC layer encode 整體的設定檔。

主要設定區塊項目有：GENERAL、MCTF、MOTION SEARCH、LOOP FILTER、LAYER DEFINITION、ADAPTIVE GOP STRUCTURE。

在此實驗，我們需要注意的參數如下：

GENERAL	
OutputFile	Bitstream file 最後編碼完成後所輸出的.264 檔名。
FrameRate	Maximum frame rate [Hz]
FramesToBeEncoded	Number of frames (at input frame rate) 設定的 frame 量必須小於該檔案（yuv）實際 frmae 數，並且是 frame rate 的倍數。
MCTF	
GOPSize	GOP Size (at maximum frame rate)
LAYER DEFINITION	
NumLayers	Number of layers 欲編碼幾個 layer 數。
LayerCfg	Layer configuration file 分別可以編碼 0~4 layer，沒有要編碼的 layer 於最前方需標上「#」符號，表示將該 layer 註解不做編碼。

在此假設我們 NumLayers 設 2，LayerCfg 分別為 Bus_layer0 與 Bus_layer2，則我們要另外對這兩個 Layer.cgf 檔做設定。

```
#============================== LAYER DEFINITION ==============================
NumLayers                2                      # Number of layers
LayerCfg                 Bus_layer0.cfg         # Layer configuration file
#LayerCfg                 Bus_layer1.cfg         # Layer configuration file
LayerCfg                 Bus_layer2.cfg         # Layer configuration file
#LayerCfg                 Bus_layer3.cfg         # Layer configuration file
#LayerCfg                 Bus_layer4.cfg         # Layer configuration file
```

- 設定「Bus_layerX.cgf」檔。

主要設定區塊項目有：INPUT / OUTPUT、DECOMPOSITION（MCTF）、CODING（MCTF）、CONTROL（MCTF）。

在此實驗，我們需要注意的參數如下：

INPUT / OUTPUT	
SourceWidth	Input frame width
SourceHeight	Input frame height
FrameRateIn	Input frame rate [Hz]
FrameRateOut	Output frame rate [Hz]
InputFile	Input file
ReconFile	Reconstructed file
CODING （MCTF）	
QP	Quantization parameters

設定完參數並儲存檔案後，即可直接執行「264.bat」批次檔，完成編碼程序。

- SVC 提取 layer 並結合成 .264 檔。

將一個 .264 檔案，依照自己的需求，提取出不同 Layer 並結合產生另一個 .264 檔。

  - 實驗檔案位置：Lab2-1.H264-Encode/ Extractor/ BitStreamExtractor Static. exe
  - 將欲提取 Layer 的 264 檔案置入此目錄下。
  - 開啟 Cmd 命令視窗
  - 在 Cmd 模式下：BitStreamExtractor.exe 輸入檔名輸出檔名-l（L 小寫）4（Layer Number）

例如：

在押兩層（QCIF,CIF）、Frame rate 都是 30 的情況下，4 表示 BASE LAYER 四層都壓（0-4），預設為 0-9。

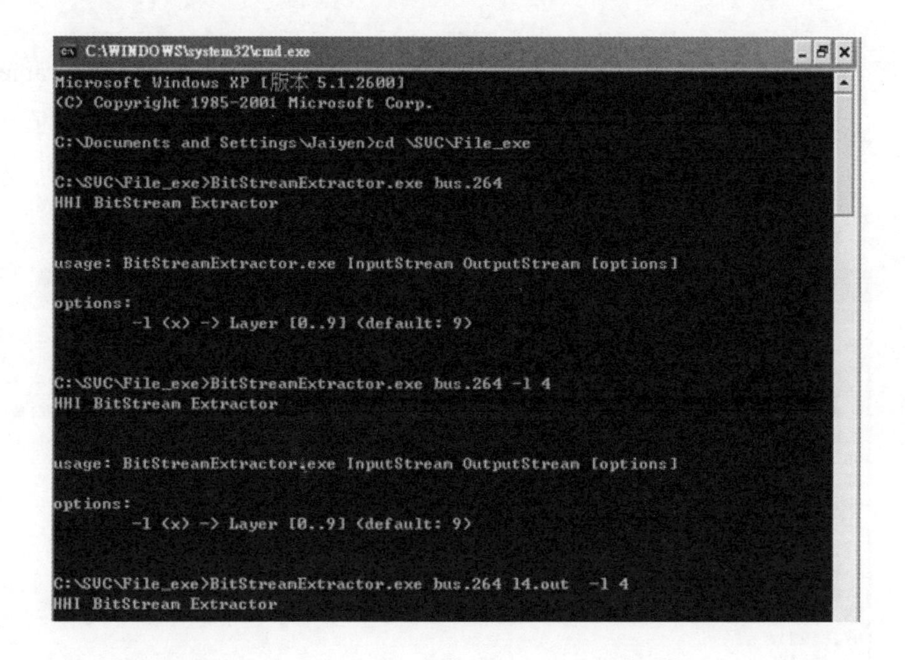

視訊品質測量

- PSNR 測量
  - 開啟 Dev-C++。
  - 開一新原始碼頁面，並將附件之 PSNR 完整程式碼貼上。
  - 將欲計算 PSNR 的原始 yuv 與壓縮後的 yuv 檔置入同目錄下。
  - 依影片檔資訊修改如下參數：

```
17 /* check set */
18 int height = 144;
19 int width = 176;
20 unsigned int MaxPicNum = 3600; //最大(後)的Frame編號
```

```
28        //file path set
29        char inputA[50]="foreman.yuv";   //原始YUV
30        char inputB[50]="AMVS.yuv";   //變動YUV
```

- 參數設定完後，執行該程式即會在目錄下產生該影片每張 Frame 的 PSNR 計算結果之文字檔。當顯示為「1.#INF00」的 PSNR 值，則代表兩張 frame 並無差異。可將此文字檔內容複製到 Excel 以便於後續資料處理。

```
PSNR - 記事本
檔案(F) 編輯(E) 格式(O) 檢視(V) 說明(H)
44.783335
46.569054
59.741657
1.#INF00
1.#INF00
46.512139
48.373056
43.942645
45.583337
57.182316
1.#INF00
1.#INF00
45.592592
47.369917
43.167195
44.678998
55.005348
1.#INF00
1.#INF00
44.731401
46.403723
```

- RS 測量
  - 開啟 Dev-C++。
  - 開一新原始碼頁面，並將附件之 RS 完整程式碼貼上。
  - 將欲計算 RS 的原始 yuv 與壓縮後的 yuv 檔置入同目錄下。
  - 依影片檔資訊修改如下參數：

```
20 /*check set*/
21 int width = 176;
22 int height = 144;
23 unsigned int MaxPicNum = 130 ; //Frame Summary
```

```
33     //file path set
34     char inputA[50]="FOOTBALL_176x144_15_avc_192.yuv";
35     char inputB[50]="QP28.yuv";
```

■ 參數設定完後，執行該程式即會在目錄下產生該影片每張 Frame 的 RS 計算結果與原始影片和壓縮後影片的 MSE 之文字檔。可將此文字檔內容複製到 Excel 以便於後續資料處理。

RS - 記事本

檔案(F) 編輯(E) 格式(O) 檢視(V) 說明(H)

```
2.150219        156.128827      121.891138
3.095259        161.245384      112.907907
3.601423        146.331242      96.664260
3.794876        145.430161      93.953007
3.501952        125.498816      83.857521
3.728706        105.456952      68.649897
3.627434        109.929293      72.400529
3.413207        150.193537      101.389007
3.280795        179.061829      122.733546
2.893165        206.564867      148.046520
2.212194        228.049755      176.774621
2.708698        152.226602      111.443734
2.760514        187.610401      136.530974
2.877642        198.532236      142.543995
3.376707        217.468553      147.421599
3.153065        250.395123      174.169705
2.929444        350.414260      250.097617
2.885100        232.531802      166.812027
3.619948        149.107915      98.288628
3.741011        247.943340      161.176570
4.228790        191.060922      117.417377
2.243678        170.512784      131.696141
2.580536        168.275687      125.024345
2.260697        180.858428      139.413194
2.953819        128.170099      91.221196
2.667393        119.397727      87.826665
3.231610        97.829309       67.435488
3.508965        117.659998      78.556226
3.411112        122.715002      82.859454
3.555792        122.961095      81.654119
3.272618        123.312027      84.600813
```

完整程式碼

- PSNR

```
#include <cstdlib>
#include <iostream>
#include <stdio.h>
#include <stdlib.h>
#include <math.h>
#include <string>
using namespace std;

FILE* orig_file; //原始 yuv 檔
FILE* after_file; //重壓過的 yuv 檔
FILE* txt;
unsigned char* aPicByte;
unsigned char* bPicByte;
unsigned int PicSize;
void ini_BufPicSet();

/* check set */
int height = 144;
int width = 176;
unsigned int MaxPicNum = 3600; //最大(後)的 Frame 編號

int main()
{
    int i, j, k;
    PicSize = width * height*3/2; //YUV 420 ; frame size
```

```
    double MSE, PSNR;
    double avgPSNR = 0.0 ;
    //file path set
    char inputA[50]="CITY_2830_rec.yuv";   //原始 YUV
    char inputB[50]="QP40.yuv";   //變動 YUV

    if ( (orig_file = fopen(inputA , "rb") ) == NULL)
            cout << "orig_file Error"    << endl;
    if ( (after_file = fopen(inputB , "rb") ) == NULL)
            cout << "after_file Error"    << endl;
    if ( (txt = fopen( "PSNR.txt", "w+t") ) == NULL)
            cout << "txt Error"    << endl;

    for(int k=0; k<MaxPicNum; k++){
        ini_BufPicSet();
        //orig_file
        fread(aPicByte,1,PicSize,orig_file);
        //after_file
        fread(bPicByte,1,PicSize,after_file);

        //PSNR
        MSE = 0.0, PSNR = 0.0;
        for (int i = 0; i < height; i++ ) {
            for ( j = 0; j < width; j++ ) {
                MSE += pow( (double)(aPicByte[i*width+j] -
bPicByte[i*width+j]), 2 );
```

```
                }
            }
            MSE /= (1.0*width*height);
            PSNR = 10*log10(65025./MSE);
            fprintf(txt, "%f\n", PSNR);
            avgPSNR += PSNR ;
            cout << "PSNR =" << PSNR << endl;
        }

        avgPSNR /= MaxPicNum ;
        cout << "avgPSNR = " << avgPSNR << endl;

        system("pause");
        return EXIT_SUCCESS;
}

/*初始化 PicByte*/
void ini_BufPicSet()
{

        if ((aPicByte = (unsigned char*)malloc( PicSize )) == NULL)
            cout << "ini_BufPicSet ERROR!" <<   endl;
        if ((bPicByte = (unsigned char*)malloc( PicSize )) == NULL)
            cout << "ini_BufPicSet ERROR!" <<   endl;
}
```

• RS

```
#include <cstdlib>
#include <iostream>
#include <stdio.h>
#include <stdlib.h>
#include <math.h>
#include <string>
using namespace std;

FILE* orig_file; //原始 yuv 檔
FILE* after_file; //重壓過的 yuv 檔
FILE* txt;
unsigned char* aaFrame;
unsigned char* abFrame;
unsigned char* baFrame;
unsigned char* bbFrame;
unsigned char* aTemp;
unsigned char* bTemp;
unsigned int PicSize;
void ini_BufPicSet();
/*check set*/
int width = 176;
int height = 144;
unsigned int MaxPicNum = 130 ; //Frame Summary


int main()
{
```

```
int i, k;
PicSize = width * height * 3/2; //YUV 420 ; frame size
double MSEa, MSEb, RS;
double avgRS = 0.0 ;

//file path set
char inputA[50]="CITY_176x144_15_avc_128.yuv";
char inputB[50]="CITY_DropBframe.yuv";

//open file
if ( (orig_file = fopen(inputA, "rb") ) == NULL)
        cout << "orig_file Error"   << endl;
if ( (after_file = fopen(inputB, "rb") ) == NULL)
        cout << "after_file Error"   << endl;
if ( (txt = fopen( "RS.txt", "w + t") ) == NULL)
        cout << "txt Error"   << endl;

//初始化 temp
if ( (aTemp = (unsigned char*)malloc( PicSize ) ) == NULL)
            cout << "ini_BufPicSet ERROR!" <<   endl;
if ( (bTemp = (unsigned char*)malloc( PicSize ) ) == NULL)
            cout << "ini_BufPicSet ERROR!" <<   endl;

for(k=1; k<MaxPicNum; k++){
    ini_BufPicSet();
```

```
        MSEa = 0.0;
        MSEb = 0.0;
        RS = 0.0;
        if (k == 1) {
            //orig_file
            fread(aaFrame,1,PicSize,orig_file);
            fread(abFrame,1,PicSize,orig_file);
            for (i = 0; i < height*width; i++ ) {
                    MSEa += pow( (double)(aaFrame[i] - abFrame[i]),
2 );
                    aTemp[i] = abFrame[i];
            }

            //after_file
            fread(baFrame,1,PicSize,after_file);
            fread(bbFrame,1,PicSize,after_file);
            for (i = 0; i < height*width; i++ ) {
                    MSEb += pow( (double)(baFrame[i] - bbFrame[i]),
2 );
                    bTemp[i] = bbFrame[i];
            }

        }else{
            if (k%2 == 0){
                fread(aaFrame,1,PicSize,orig_file);
                //將 aTemp 轉至 abFrame
```

```
            for (i = 0; i < width*height; i++ ) {
                    abFrame[i]= aTemp[i];
            }
            //計算 MSEa
            for (i = 0; i < height*width; i++ ) {
                    MSEa    +=    pow(    (double)(aaFrame[i]    -
abFrame[i]), 2 );
                    aTemp[i] = aaFrame[i];
            }
            fread(baFrame,1,PicSize,after_file);
            //將 bTemp 轉至 bbFrame
            for (i = 0; i < width*height; i++ ) {
                    bbFrame[i]= bTemp[i];
            }
            //計算 MSEb
            for (i = 0; i < height*width; i++ ) {
                    MSEb    +=    pow(    (double)(baFrame[i]    -
bbFrame[i]), 2 );
                    bTemp[i] = baFrame[i];
            }

        }else{
            fread(abFrame,1,PicSize,orig_file);
            //將 aTemp 轉至 aaFrame
            for (i = 0; i < width*height; i++ ) {
                    aaFrame[i]= aTemp[i];
```

```
                }
                for (i = 0; i < height*width; i++ ) {
                        MSEa    +=    pow(    (double)(aaFrame[i]    -
abFrame[i]), 2 );
                        aTemp[i] = abFrame[i];
                }
                fread(bbFrame,1,PicSize,after_file);
                //將 bTemp 轉至 baFrame
                for (i = 0; i < width*height; i++ ) {
                        baFrame[i]= bTemp[i];
                }
                for (i = 0; i < height*width; i++ ) {
                        MSEb    +=    pow(    (double)(baFrame[i]    -
bbFrame[i]), 2 );
                        bTemp[i] = bbFrame[i];
                }

            }
        }
        MSEa /= (1.0*width*height);
        MSEb /= (1.0*width*height);
        RS = 20*log10(MSEa/MSEb);

        fprintf(txt, "%f\t", RS); /*output RS*/
        fprintf(txt, "%f\t", MSEa); /*output MSEa*/
        fprintf(txt, "%f\n", MSEb); /*output MSEb*/
```

```
            avgRS += RS ;
            cout << "Frame=" << k << " RS=" << RS <<endl;
        }

        avgRS /= MaxPicNum-1 ;
        cout << "avgRS = " << avgRS << endl;
        //fprintf(txt, "AvgRS = %f\n", avgRS); /*output RS*/

        system("pause");
        return EXIT_SUCCESS;
}

/*初始化 PicByte*/
void ini_BufPicSet()
{

        if ((aaFrame = (unsigned char*)malloc( PicSize )) == NULL)
            cout << "ini_BufPicSet ERROR!" <<    endl;
        if ((abFrame = (unsigned char*)malloc( PicSize )) == NULL)
            cout << "ini_BufPicSet ERROR!" <<    endl;
        if ((baFrame = (unsigned char*)malloc( PicSize )) == NULL)
            cout << "ini_BufPicSet ERROR!" <<    endl;
        if ((bbFrame = (unsigned char*)malloc( PicSize )) == NULL)
            cout << "ini_BufPicSet ERROR!" <<    endl;
}
//fseek(after_file,after_index*PicSize,SEEK_SET);
```

•實作練習•

1. 請將「CITY_176*144_15_avc_128」範例影片根據下列要求做 H.264/AVC 編碼，並將結果與原始影片作 PSNR 與 RS 品質測量之比較。

　(A) 刪除 B frame。

　(B) 量化參數 IPB 分別設為 24、36、40。

2. 請將「BUS_352x288_30」範例影片根據下列要求做 H.264/SVC 編碼，並將結果與原始影片作 PSNR 與 RS 品質測量之比較。

　(A) 將影片壓成三層架構 (3 Layer)。

　(B) 各層量化參數分別設為 24、36、40。

　(C) 壓完後將結果提取出第一與第二層做合併動作。

ϟ 第二章

視訊串流應用與服務

2-1 網路影音串流應用

2-1-1 前言

有鑑於網路服務越來越盛行，視訊串流越來越興盛，例如：Youtube，許多使用者透過網路而點選所需要的影片進行觀看的動作，這些影片內容都是透過網路的串流傳輸技術串流傳輸（Streaming）是在網路上即時傳輸媒體以供觀賞的一種技術或過程。

它將一個影音資料分段傳送，觀賞者不需等待整個影片傳送完，即可觀賞。

串流傳輸可以由一個現場資料來源所提供，比如攝影、網路傳播、由廣播電台所送出的音源、也可以是儲存在伺服器上的 streaming 影片。

當你在觀賞連續影片時，並沒有影片檔被下載到你的電腦上，這些資料在抵達觀賞者的電腦後立即由 streaming plugin 播放；觀賞者的硬碟上不會存有影片；為達 Streaming 的效果，影片或聲音大小通常都會經過壓縮處理，以降低影音品質，以便減少檔案大小。

由上面的實例，可預想而見的是，往後網路應用、行動計算的發展不容小覷，Client server 視訊串流用途也會越來越廣泛；影音串流技術也將拜『雲端服務』的模式，擴展應用領域至行動運算上。

為使讀者能接觸到目前最為熱門的網際網路應用技術（網路影音串流），以及行動運算，因此本章節將依序介紹視訊串流應用的現況與未來發展，並結合實作實驗，讓讀者能夠瞭解視訊串流傳輸的架構基礎，並能學習行動裝置應用程式的撰寫。

2-1-2 Youtube

「YouTube」是設立在美國的一個視訊分享網站，它所提供的服務可以讓使用者上載、觀看及分享視訊或者是短片。

圖 1 知名影音分享網站「YouTube」

YouTube 於 2005 年 2 月，由臺裔美國人陳士駿、Chad Hurley、Jawed Karim 等人所創立，而在 2006 年的 11 月被 Google 公司以 16.5 億美元收購，目前為 Google 旗下的一間子公司。至今，YouTube 已經成為同類型網站的參考典範，並且造就了許多網路名人的崛起且激發了許多人在網路上的創作。

相關技術

YouTube 的網站藉由 Flash video 以及 HTML5 視訊來播放各式各樣由使用者所上傳製成的視訊內容，包括電影剪輯、短片、音樂創作等等，大部分 YouTube 上的影片是由使用者自行上傳的，但也是有一些媒體公司如哥倫比亞廣播公司、英國廣播公司、VEVO 以及其他團體與 YouTube 有合作夥伴計劃，上傳自家公司所錄製的視訊。

YouTube 的網站技術，是採用 Sorenson spark [註釋 1]與 Adobe flash11 所提供之影像編碼技術，將用戶上傳影像檔案進行壓縮與轉檔。而在影片觀賞的部分，使用者必須在其個人電腦網頁瀏覽器上，安裝 Adobe flash player 的外掛程式才能夠進行影片的觀看，此外 Youtube 也另設有一個網站，使用內置的多媒體功能以替代網路瀏覽器來達到 HTML5 的標準，這使得觀看視訊前，並不需要先安裝 Adobe flash player 或者是任何其他的外掛模組，但目前這個實驗網站僅支援 HTML5 格式且可使用 H.264

或 WebM 格式的瀏覽器直接播放視訊，並非所有影片都可以播放。

註釋 1

Sorenson spark 是 Flash 內建的高品質動態視訊轉碼器，其提供了在 Flash 內加入內嵌視訊內容的功能，藉此可以大幅降低將視訊傳送到 Flash 的頻寬，同時增加視訊品質。

Spark 視訊轉碼器是由一個編碼器及一個解碼器所組成。

- 編碼器（或稱壓縮程式）：用來壓縮內容的組件
- 解碼器（或稱解壓縮程式）：將壓縮內容解壓縮以供檢視

在影片的上傳，YouTube 的視訊上傳支援了大多數常見的視訊檔案格式，包括 AVI、MKV、MOV、MP4、DivX、FLV 和 Theora、MPEG-4、MPEG 和 WMV 等格式。此外，也支援 3GP [註釋 2]，讓使用者也可以使用行動裝置來上傳視訊或影片。

註釋 2

3GP 是一種多媒體儲存格式，由 Third generation partnership project（3GPP）定義，主要用於行動電話（手機）上。

3GP 是 MPEG4 的一種版本，它減少了儲存空間以及較低的頻寬需求，讓手機上有限的儲存空間可以使用。其檔案影像的部份可以用 MPEG-4 Part 2、H.263 或 MPEG-4 Part 10（AVC/H.264）等格式來儲存，聲音的部份則支援 AMR-NB、AMR-WB、AMR-WB+、AAC-LC 或 HE-AAC 來當作聲音的編碼。

而視訊編解碼器和影片品質的部分，早期的 YouTube 僅提供視訊使用 H.263 視訊編解碼器，所以只有 320x240 像素畫質以及單聲道 MP3 音訊的水平。隨著時間又陸陸續續地增加了能在行動電話上選擇觀看 3GP 格式視訊的功能、480x360 像素解析度的高品質模式、720p 的高清晰度視訊支援模式，同時播放器也能從 4：3 螢幕大小改為 16：9 的寬屏螢幕。

有了這項新功能，YouTube 開始改使用 H.264/MPEG-4 AVC 作為其預設的視頻編解碼器，而音訊則是改為 AAC 格式。隨後又加入了 1080 pHD 的視訊支援模式。目前 YouTube 的影片可在一個範圍內選擇所想要的像素水平，分別以標準質量（SQ），高品質（HQ）和高清晰度（HD）來取代之前以數值代表垂直解析度的方法。[註釋 3]

註釋 3

Youtube 支援的影像顯示畫質

影像掃描方式	螢幕顯示比例	影像規格	解析度
一律都是採用逐行掃描	4 : 3	240p	320x240
	其他	360p	640x390
		480p	855x510
	16 : 9	720p	1280x720
		1080p	1920x1080

2-1-3 網路電視

簡介

Internet protocol televison（簡稱 IPTV），全名為網路協定電視，是寬頻電視的一種，傳統意義上的 IPTV 主要功能是提供隨選視訊服務，像是直播、點播、回看、時移電視等等的功能，除此之外，還有提供個人本地節目和網路節目錄製、Web on TV、Flash on TV 以及在線遊戲等等的服務及應用。而結合 IMS 網路服務後，IPTV 還能夠提供聊天、短訊接收及發送、視訊聊天、線上購物、電子地圖等豐富的功能。

IPTV 是透過寬頻網路作為介質傳送電視信息的一種系統，它將廣播節目利用寬頻網路上的協議向訂閱的用戶傳送數位電視服務。由於需要使用網路，IPTV 服務供應商經常會一併提供網際網路連線及 IP 電話等相關的服務，通常稱為「三合一服務」（Triple play）。IPTV 同時也是數位電視的一種，因此普通電視機只需要配合相對應的數位機上盒來接收頻道，也能夠使用這些視訊服務。

IPTV 系統架構及運作方式

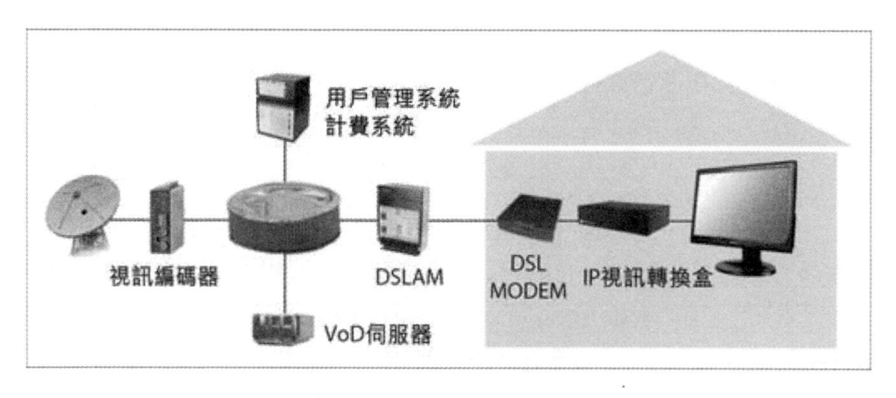

圖 2　IPTV 系統架構示意圖

- 視訊編碼器：將廣播電視轉換成 IP 數據封包。
- VoD 伺服器：提供隨選視訊 [註釋 5]給使用者。
- 用戶管理系統：提供用戶資料管理。
- 計費系統：根據所紀錄的用戶下載資料，進行計費。
- DSLAM：數位用戶迴路接取多工器，一種 ADSL 設備，放置於機房中。可以將許多 ADSL 用戶線集縮成一路 ATM（非同步傳輸模式）[註釋 6]。
- DSL MODEM：DSL（Digital subscriber line）為數位用戶迴路，由於傳統的撥接式電話網路頻寬無法負荷多媒體傳輸，因此發展出了 DSL 網路。DSL MODEM 主要的功能是將接收到的類比訊號轉換成數位訊號。
- IP 視訊轉換盒：主要負責接數位廣播電視訊號。

註釋 5

隨選視訊（Video on demand, VoD）是將各種媒體，如：多媒體光碟（CD-TITLE）、VCD、LD、錄影帶、錄音帶、音樂 CD、幻燈片、圖片等影音資料，以數位化方式儲存於伺服資料庫中，而能同時提供多位使用者，經由網路，同時使用同一資料或不同資料之即時互動性多媒體電腦網路系統。不需要下載影音檔案，並且可以依照個人喜好「隨選隨看」，不受播放權限、時間的約束。

註釋 6

非同步傳輸模式（Asynchronous transfer mode, ATM）所有資料的傳輸是利用小且固定長度的封包傳送，我們稱它為細胞（Cell）。

每個 cell 的長度為 53Byte，前 5 個 Byte 為標頭（Header），剩下 48 個 Byte 為資料。

傳統的同步傳輸（Synchronous, STM）會採用分時多工的方式，將頻寬均等分配給所有用戶（若有 4 個使用者就會切成 4 個通道），即使當切分過的傳送通道上沒有人在傳送資料，仍然必須保留著，因此造成頻寬的浪費。

而非同步傳輸模式則允許每個通道擁有不同比例的時槽（Time slot），傳送時依照通道的需求優先權來進行頻寬的動態分配，可以有效提升傳輸效能。

IPTV 的運作方式，首先用戶必須透過用戶管理系統登入 IPTV 系統，接著連線到 VoD 的伺服器，隨個人需要選擇節目觀看。

節目選取完成後，節目的內容會透過衛星訊號接收器傳送到視訊編碼器，接著將廣播電視轉換成 IP 數據封包。

節目的 IP 數據封包會傳送到 DSLAM，再來會將節目分送到區域網路中欲收看節目的用戶家中。

當數據封包傳送到用戶家中的 DSL MODEM 後，DSL MODEM 會將接收到的類比訊號轉成數位訊號，轉換完成後的數位訊號會傳送到 IP 視訊轉換盒，轉換成視訊影片在螢幕上播放。

2-1-4 數位視訊廣播

簡介

數位視訊廣播（Digital video broadcasting, DVB），是由「DVB Project」維護的一系列為國際所承認的數位電視公開標準，DVB 透過數位化的訊息與通道來傳遞，將製作好的節目內容透過數位廣播的方式，從電視台與發射器傳送到家裡的數位電視或機上盒接收後播放。

因傳輸媒介的不同可以細分為下列幾種類型：

傳輸標準	特色	發表時間
衛星電視（DVB-S 及 DVB-S2）	由衛星傳送	1994
有線電視（DVB-C）	由電纜傳送	1994
地面電視（DVB-T）	以地面電波傳送的數位電視訊號	1997
手持式數位視訊廣播（DVB-H）	主要用在支援手持行動設備	1998

- 衛星電視（DVB-S、DVB-S2）

衛星電視，是通過接收人造衛星轉播過來的電視訊號節目的電視廣播方式。

衛星電視的傳輸過程一般為：通過衛星將地面基站發射的微波訊號遠距離傳輸，最終用戶使用定向天線將接收的訊號通過解碼器解碼後輸出到電視終端收視的一整套過程。早期的微波訊號為模擬訊號，常常需要很大的天線來接收。90年代後期起數位訊號漸漸成為主流，所以現在模擬訊號大多已經遭到淘汰。

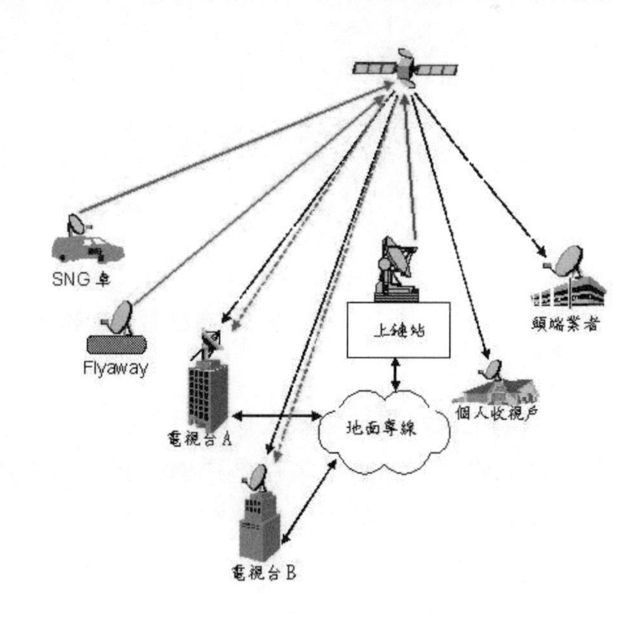

圖 3　衛星電視傳輸示意圖

• 有線電視（DVB-C）

有線電視是一種使用同軸電纜作為媒介，直接傳送調頻廣播節目到使用者電視端的一種廣播系統。

此種廣播系統模式在許多亞洲國家以及加拿大、美國、歐洲等十分普及，但在人煙較為稀少的國家，此種模式就會顯得不符合成本效益。

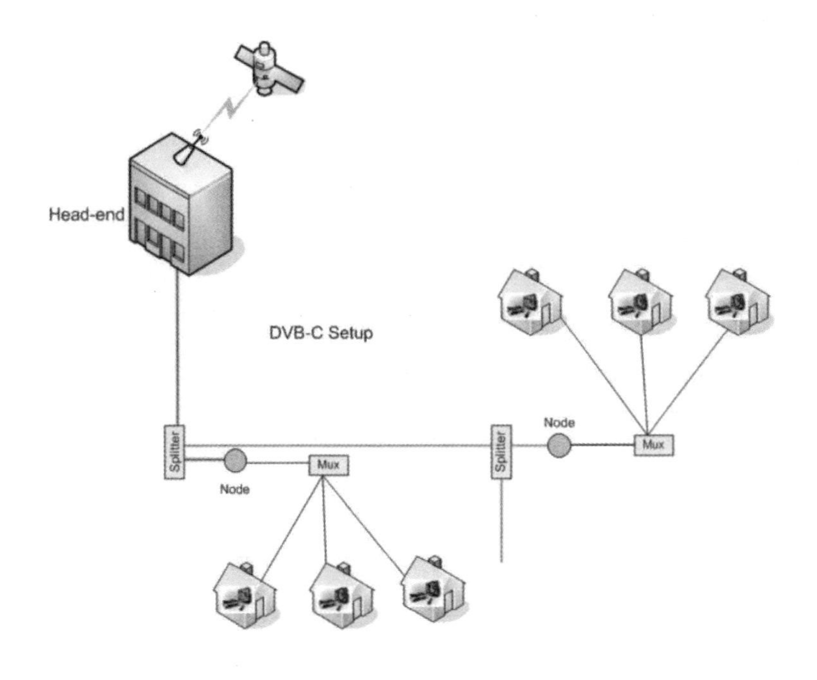

圖 4　有線電視傳輸示意圖

• 地面數位視訊廣播電視（DVB-T）

地面數位視訊廣播電視是透過地面上的訊號發射站、天線塔或電波塔等設施，在大氣層中以無線電波的方式發送電視訊號，收視戶再使用天線接收訊號以收看電視節目，在早期沒有人造衛星的時代，電視台大多以此方式來進行節目播送。

早期無線電視所接收到的訊號為類比訊號，而類比訊號會受到地形影響，產生折射或反射的現象，因此會導致電視畫面產生殘影之類的異常畫面；近年來，許多國家積極推動無線電視數位化（即數位電視），電視節目改用數位訊號來做傳送，解析度和細緻度相對於類比電視提高很多。此外，數位電視還有抗干擾能力使畫質不受氣候影響，現在還能提供各種互動功能和軟體升級功能，是目前無線電視廣泛發展的趨勢。

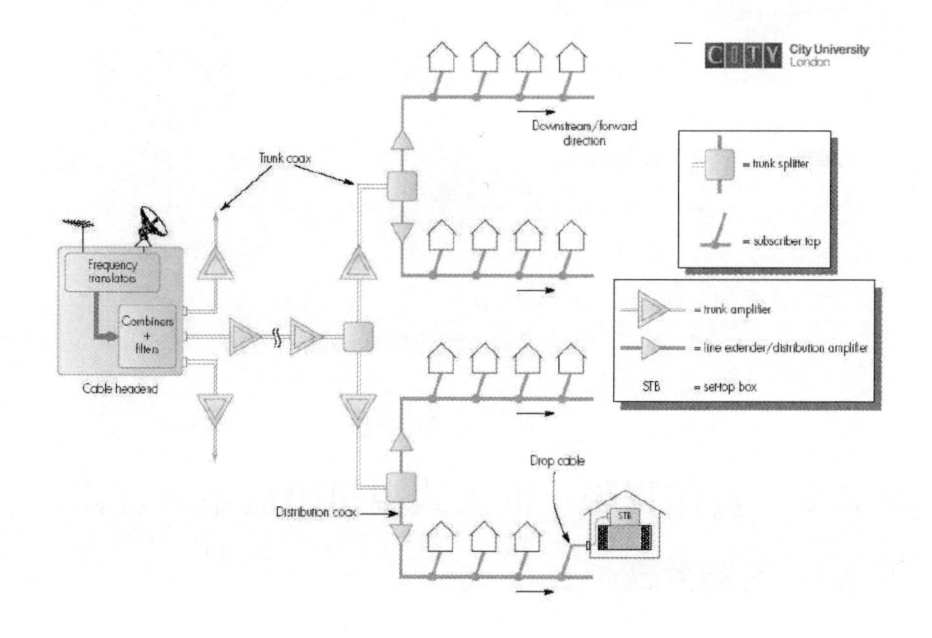

圖 5　地面電視傳輸示意圖

- 手持式數位視訊廣播（DVB-H）

　　手持式數位視訊廣播技術規格，是以地面數位視訊廣播（DVB-T）傳輸技術標準為基礎，透過手持式數位視訊廣播技術增加可以滿足手持式裝置所需之功能，未來可藉由行動通訊網路與手持式數位視訊廣播網路之整合提供使用者更多樣化的內容與互動式服務。

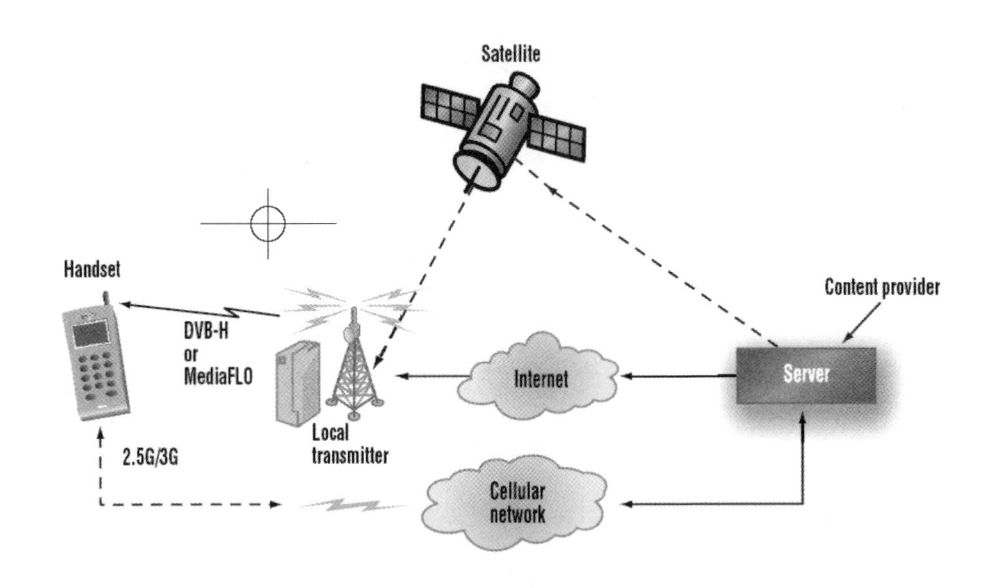

圖 6　手持式數位視訊廣播傳輸示意圖

2-2　實作實驗：嵌入式視訊串流系統實作

2-2-1　實驗大綱

實驗目的

本實驗主要內容為製作智慧型手機程式，藉由網路透過視訊串流存取伺服器影片，主要為使用目前所暢行之智慧型行動裝置，設計程式，以透過網路來存取並播放影像串流的程式實作實驗，實驗的主旨為讓讀者瞭解行動裝置如何透過 Client Server 架構進行影像串流傳輸，使用網際網路服務。

學習目標

1.學習如何使用 Eclipse 開發平台製作 Android 專案，並且於 Eclipse 平台上學習開發、完成 Android 專案。

2.瞭解利用 Java 撰寫程式以進行影像擷取、顯示。

3.學習如何撰寫 Java 程式進行網路串流媒體（Stream Media）擷取程式。

4.達成在 Eclipse 上，利用 ADT 工具進行 Android 專案測試、開發、以及除錯。在 ADT 上，可以虛擬 Android 裝置進行除錯、或者以實體裝置進行除錯。

5.瞭解 Android 程式的生命週期、程式特性，包括 Android 程式以 XML 搭配 CSS 進行介面設計、並用 XML 紀錄專案程式的設定、Android 程式的生命循環的四個階段：開始→執行→暫停→結束。

環境設置

1.下載 Google Android development tool（ADT）並安裝。

2.使用 SDK Manager 進行 API 更新以及建立、管理虛擬裝置（Android virtual devices）

3.設定 Eclipse Java IDE 上的 Android development Plug-in。

實驗步驟

1.新建、並設定 Android 專案。

2.在 Android 專案當中，瞭解 Manifest.xml 的內容，並且更改內容以設定 Android 應用程式的設定。

3.設定 Android 專案程式的程式介面（Layout）、及程式環境參數內容 strings.xml

4.開始編寫 Android 程式，貼入並編輯實驗教材內容。

5.將影片檔進行轉換動作。

6.透過 Windows XP IIS 架設影音伺服器。

7.完成實驗內容，並且測試實驗程式。

■ 進階實驗

修改主程式程式碼，讓程式自動更新伺服器影片列表，可供使用者自行點選所需要的影片（VOD）進行觀看的動作。

2-2-2 環境設置

■ 環境需求

JDK 套件：Java SE 8.0 JDK

Android 開發套件：Android Development Toolkit（ADT）

開發平台：Eclipse JAVA SE IDE。

備註：依照實驗內容，建議學生也可將執行程式部署於 Android 手持裝置來進行實驗程式的測試，會較為方便且快速。

環境安裝

1.首先先下載及安裝完成 JAVA SE JDK、Eclipse IDE。

2.至 Android 官方首頁下載 Android SDK。

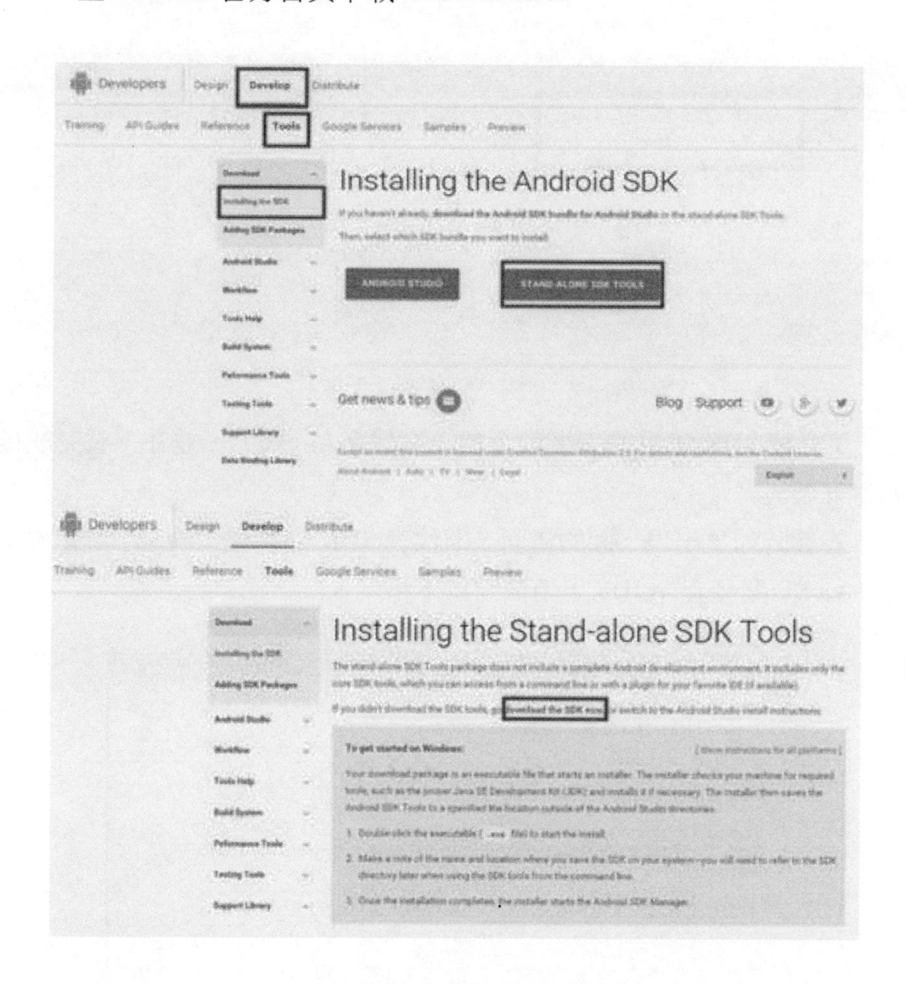

選擇合適的版本以及安裝形式（下載頁面標明 Zip 版本及 Exe 安裝執行檔，兩者皆可，內容無差異；只有設定部分順序有所不同。本教材以 Exe 版本進行解說，建議讀者下載 Exe 版本的 SDK 工具）。

SDK Tools Only

If you prefer to use a different IDE or run the tools from the command line or with build scripts, you can instead download the stand-alone Android SDK Tools. These packages provide the basic SDK tools for app development, without an IDE. Also see the SDK tools release notes.

Platform	Package	Size	SHA-1 Checksum
Windows	installer_r24.3.3-windows.exe (Recommended)	139463749 bytes	bbdae40a7665e55b3cdb1fbae865986e6cd3df14
	android-sdk_r24.3.3-windows.zip	187480692 bytes	b6a4899efbf20fc593042f1515446c6630ba502e
Mac OS X	android-sdk_r24.3.3-macosx.zip	98330824 bytes	41f0f3e76d6868018740e654aefb04fd765c357d
Linux	android-sdk_r24.3.3-linux.tgz	309109716 bytes	cd4cab76c2e3d926b3495c26ec56c831ba77d0d0

3.下載 SDK 工具的安裝執行檔（副檔名為 exe），並在下載完成後執行安裝。

安裝時如果出現下面的畫面，即代表 SDK 安裝程式偵測不到本機電腦 Java SE 開發套件 JDK，請依照以下指示。

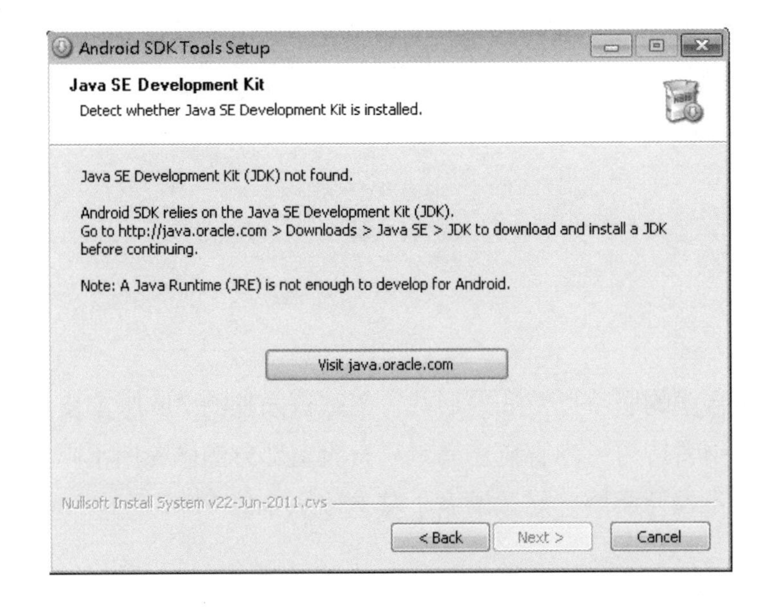

發生 Java SE 開發套件 JDK 偵測不到的情況時，請到 Oracle 網站的下載頁面，並點選圖中所標示的 Java SDK 版本，其他版本亦可，但 Android 開發只需 SE JDK 即可。

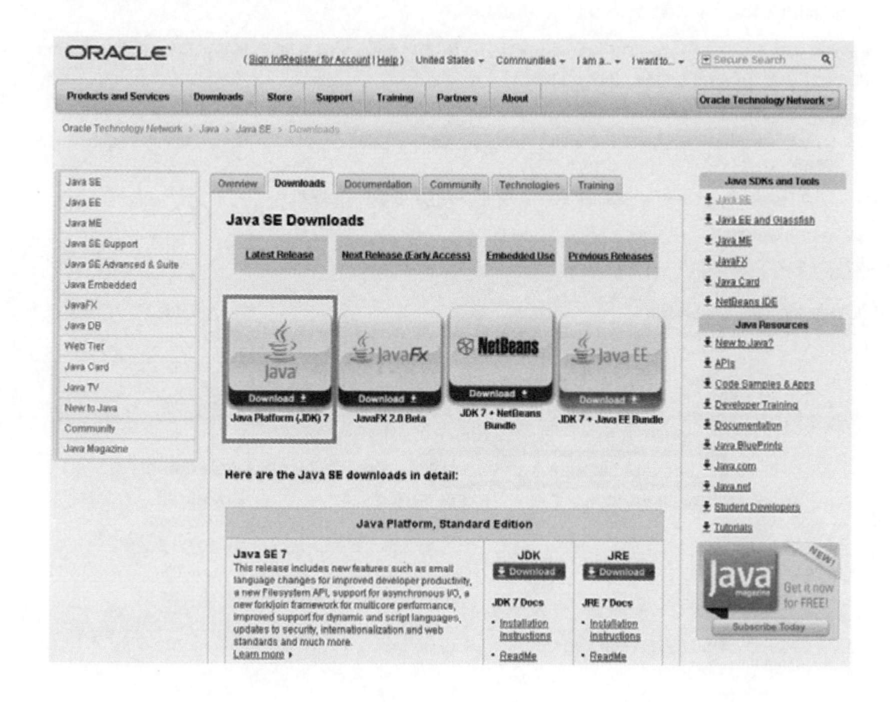

在下載頁面中，按下圖所標示之同意授權（Accept license agreement）後，並選擇適合的作業系統平台，下載 Java JDK，並進行安裝。安裝完成後，請先關閉 SDK 安裝程式，再重新開啟，即可正常安裝了。

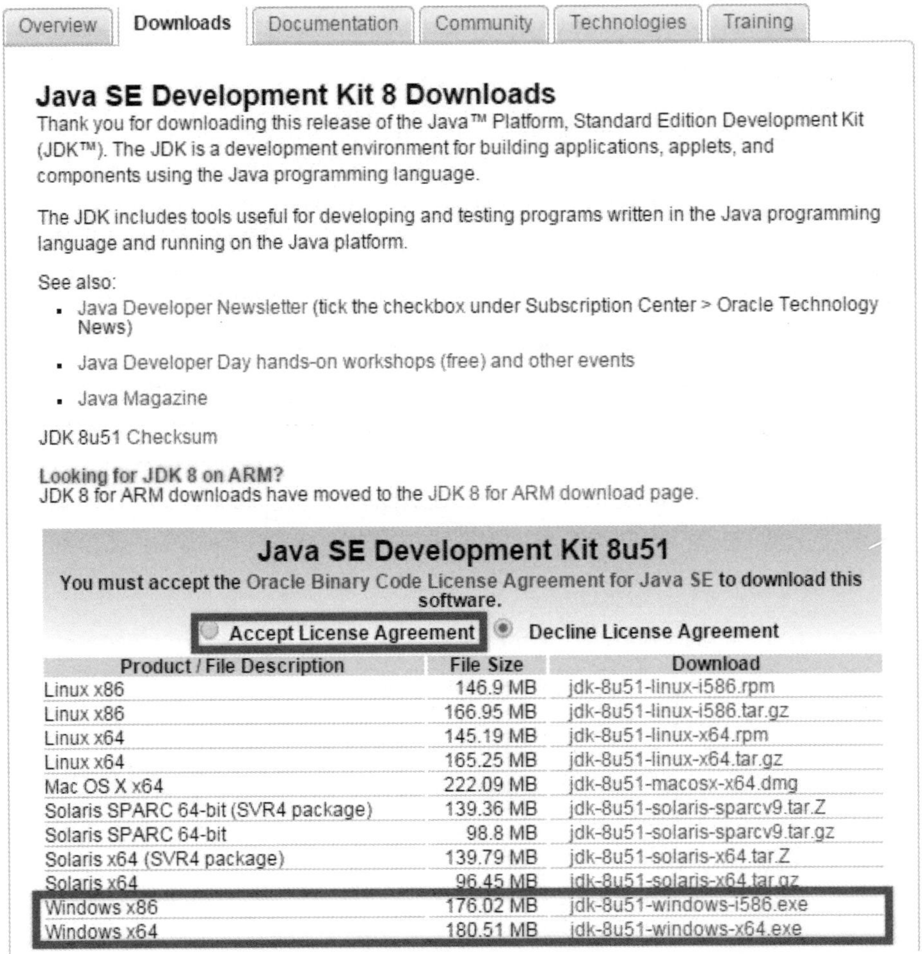

Overview | Downloads | Documentation | Community | Technologies | Training

Java SE Development Kit 8 Downloads

Thank you for downloading this release of the Java™ Platform, Standard Edition Development Kit (JDK™). The JDK is a development environment for building applications, applets, and components using the Java programming language.

The JDK includes tools useful for developing and testing programs written in the Java programming language and running on the Java platform.

See also:

- Java Developer Newsletter (tick the checkbox under Subscription Center > Oracle Technology News)
- Java Developer Day hands-on workshops (free) and other events
- Java Magazine

JDK 8u51 Checksum

Looking for JDK 8 on ARM?
JDK 8 for ARM downloads have moved to the JDK 8 for ARM download page.

Java SE Development Kit 8u51

You must accept the Oracle Binary Code License Agreement for Java SE to download this software.

Accept License Agreement　Decline License Agreement

Product / File Description	File Size	Download
Linux x86	146.9 MB	jdk-8u51-linux-i586.rpm
Linux x86	166.95 MB	jdk-8u51-linux-i586.tar.gz
Linux x64	145.19 MB	jdk-8u51-linux-x64.rpm
Linux x64	165.25 MB	jdk-8u51-linux-x64.tar.gz
Mac OS X x64	222.09 MB	jdk-8u51-macosx-x64.dmg
Solaris SPARC 64-bit (SVR4 package)	139.36 MB	jdk-8u51-solaris-sparcv9.tar.Z
Solaris SPARC 64-bit	98.8 MB	jdk-8u51-solaris-sparcv9.tar.gz
Solaris x64 (SVR4 package)	139.79 MB	jdk-8u51-solaris-x64.tar.Z
Solaris x64	96.45 MB	jdk-8u51-solaris-x64.tar.gz
Windows x86	176.02 MB	jdk-8u51-windows-i586.exe
Windows x64	180.51 MB	jdk-8u51-windows-x64.exe

1.安裝完 SDK 套件工具後，安裝程式將會自動把 SDK 管理程式開啟，並執行自動更新、下載 API 的動作（請注意！初次進行更新時，將下載所有的 API 套件，因此若無更新安裝套件，則無法使用 SDK 當中的 API 進行程式開發。）

自動安裝更新時，會下載所有 API 工具以及 Google Android 官方所提供的 Google 服務套件，某些套件須同意（Accept）使用協議，請選取同意所有「Accept All」，同意所有使用協議，便可進行安裝（Install）流程。

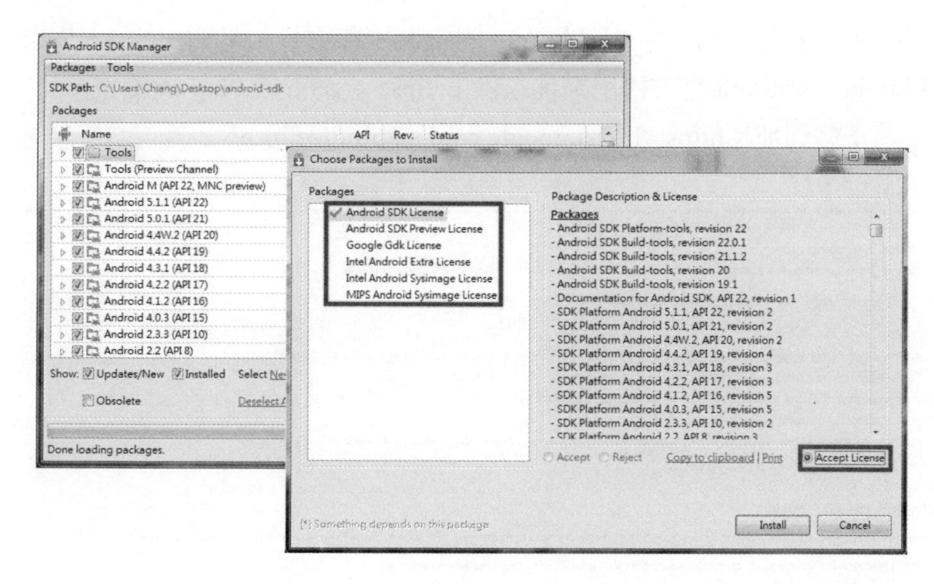

接著，Android SDK & AVD 管理程式會進行下載並更新 API 資料及其他官方套件。

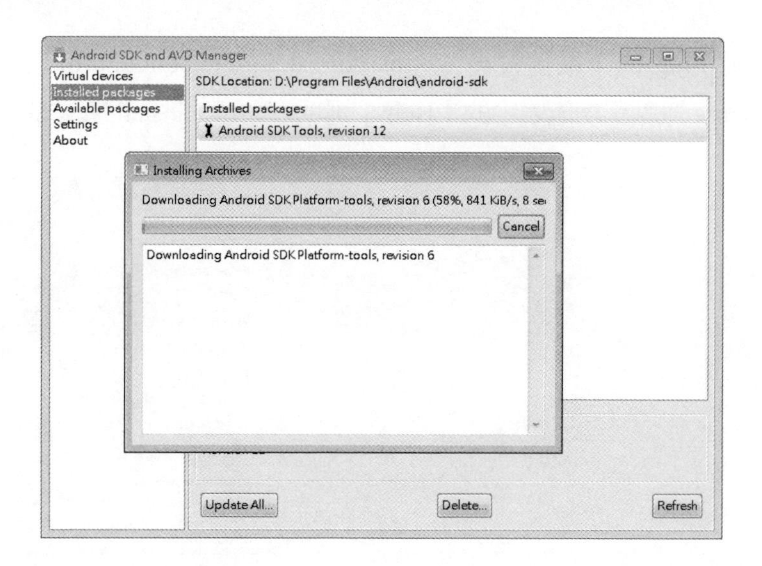

2.完成更新之後，接下來需要在 Eclipse 開發平台上，安裝 Android Development Plug-in。

下方圖片為官方解說 Plug-in 的安裝步驟網頁，針對 Eclipse 安裝 Plug-in。Android 官方釋出網址以供 Eclipse 上網下載 Plug-in 檔案。

下載網址：https://dl-ssl.google.com/android/eclipse/

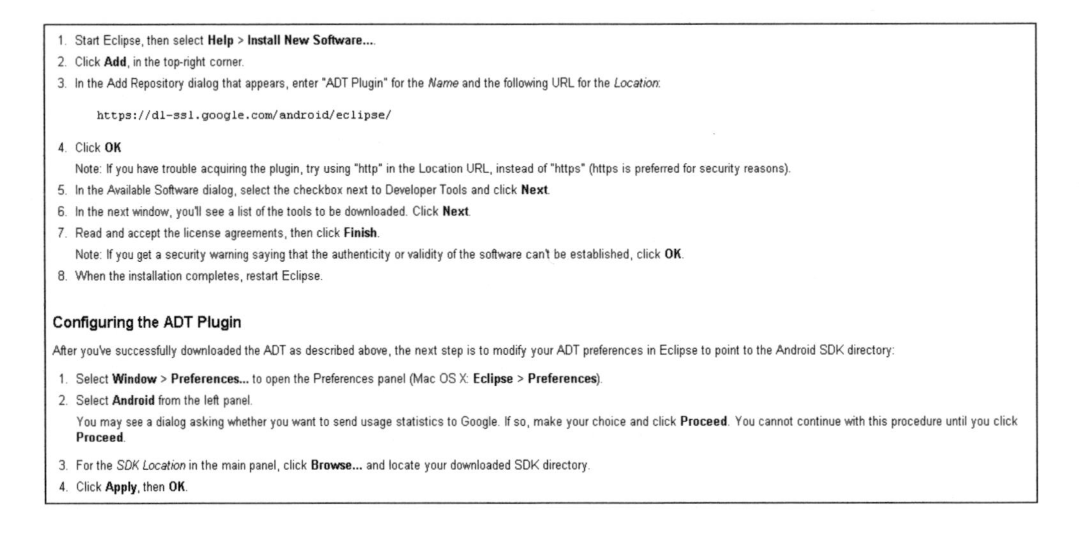

1. Start Eclipse, then select **Help** > **Install New Software...**.
2. Click **Add**, in the top-right corner.
3. In the Add Repository dialog that appears, enter "ADT Plugin" for the *Name* and the following URL for the *Location*:

   ```
   https://dl-ssl.google.com/android/eclipse/
   ```

4. Click **OK**
   Note: If you have trouble acquiring the plugin, try using "http" in the Location URL, instead of "https" (https is preferred for security reasons).
5. In the Available Software dialog, select the checkbox next to Developer Tools and click **Next**.
6. In the next window, you'll see a list of the tools to be downloaded. Click **Next**.
7. Read and accept the license agreements, then click **Finish**.
   Note: If you get a security warning saying that the authenticity or validity of the software can't be established, click **OK**.
8. When the installation completes, restart Eclipse.

Configuring the ADT Plugin

After you've successfully downloaded the ADT as described above, the next step is to modify your ADT preferences in Eclipse to point to the Android SDK directory:

1. Select **Window** > **Preferences...** to open the Preferences panel (Mac OS X: **Eclipse** > **Preferences**).
2. Select **Android** from the left panel.
   You may see a dialog asking whether you want to send usage statistics to Google. If so, make your choice and click **Proceed**. You cannot continue with this procedure until you click **Proceed**.
3. For the *SDK Location* in the main panel, click **Browse...** and locate your downloaded SDK directory.
4. Click **Apply**, then **OK**.

取得 Plug-in 下載位置後（https://dl-ssl.google.com/android/eclipse/）開啟 Eclipse 並點選功能表中的「Help」選項，點選「Install New Software」選項。

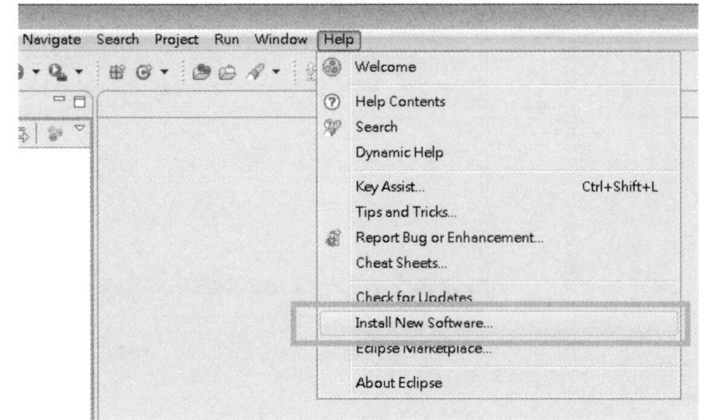

將網址貼到上方 Work with 的欄位中，並點選 Add 將下載位置加入元件更新站台，如果已有加入 Plug-in 位置，則 Work with 上會有紅色 x 表示重複元件，且不能使用 Add 按鈕，輸入站台的顯示名稱按 OK 完成加入站台的工作。

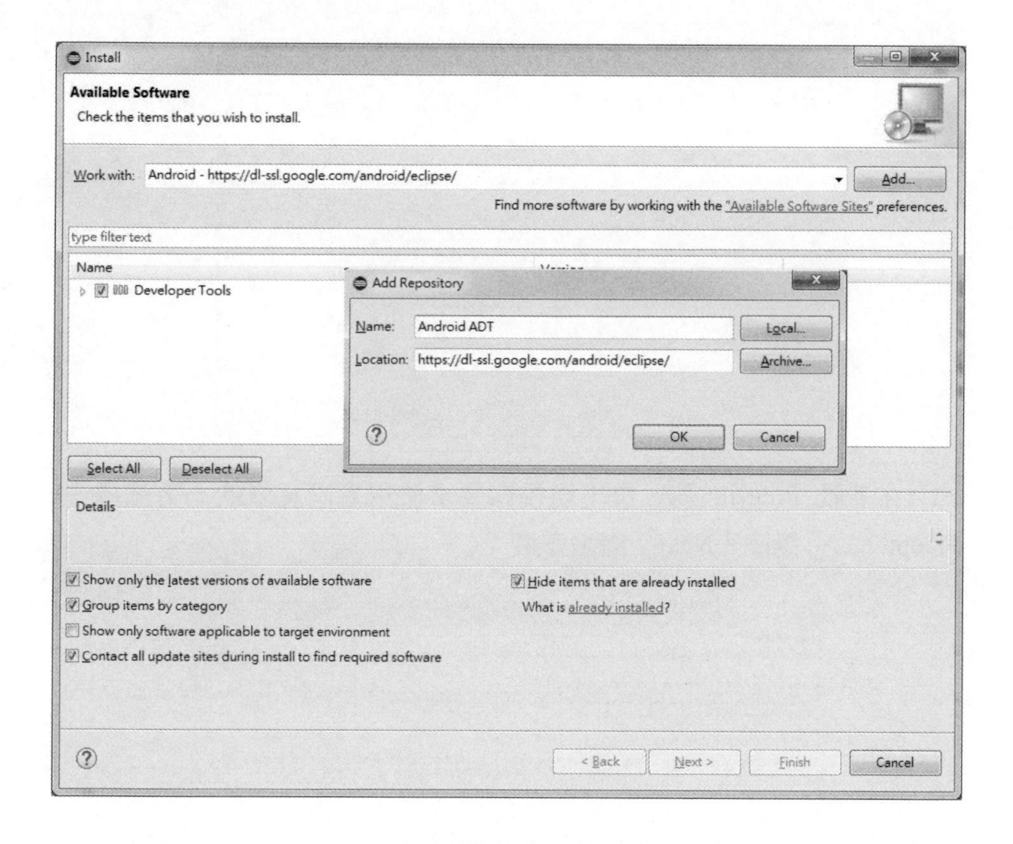

加入站台後（即使顯示紅色標示位置重複亦可）下方便會顯示 Developer Tools，勾選後，按「Next」開啟下載 Plug-in 視窗。

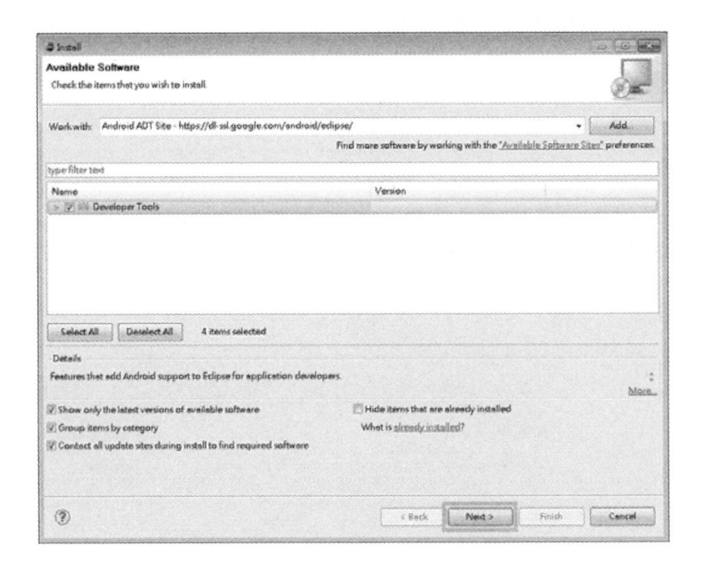

在下載 Plug-in 前，會出現視窗要求使用者同意條款，請選擇「I accept……」後按「Next」繼續安裝：

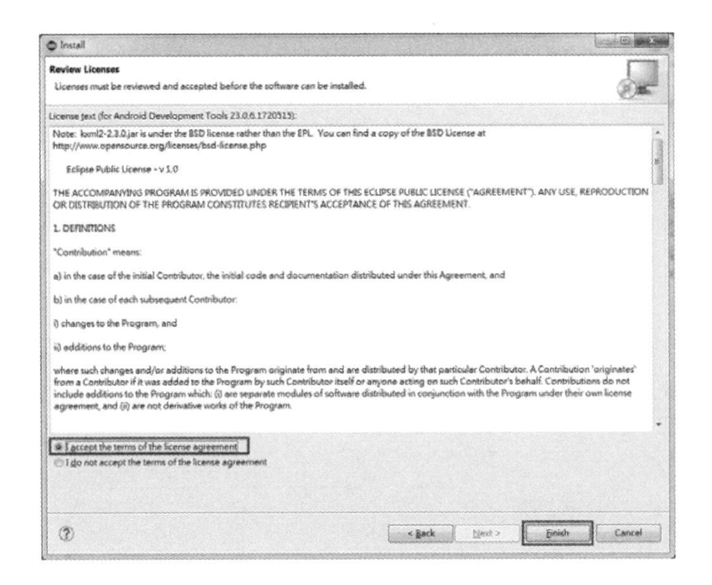

安裝時會顯示「Plug-in 內容含有 IBM 未簽署認證之內容，是否要進行安裝的選項」，選擇「OK」；繼續安裝作業。

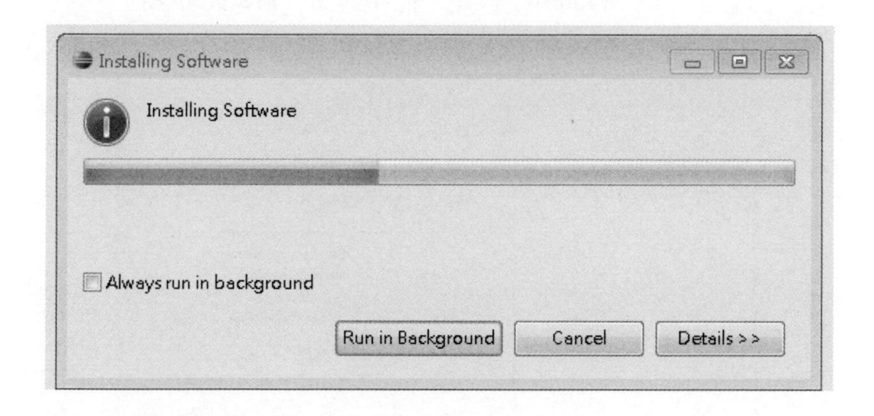

進行安裝步驟：

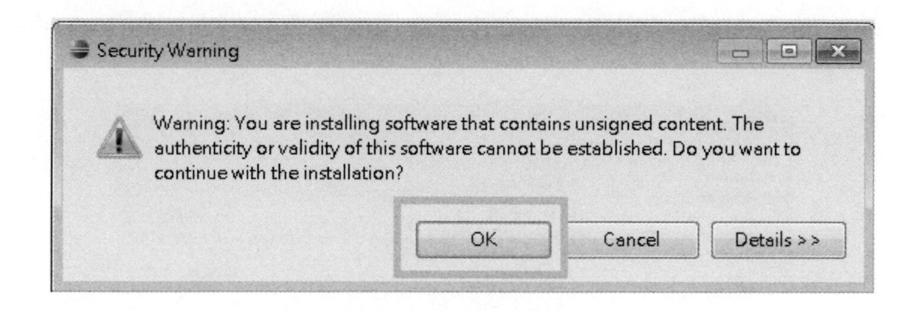

安裝完畢之後，點選「OK」重新啟動。

3.安裝完 Plug-in 以後，必須為 Eclipse 的開發工具選擇可以使用的 Android SDK 以及 AVM 檔案。

開啟功能表中的 Window 選項，並且選擇「Preferences」。

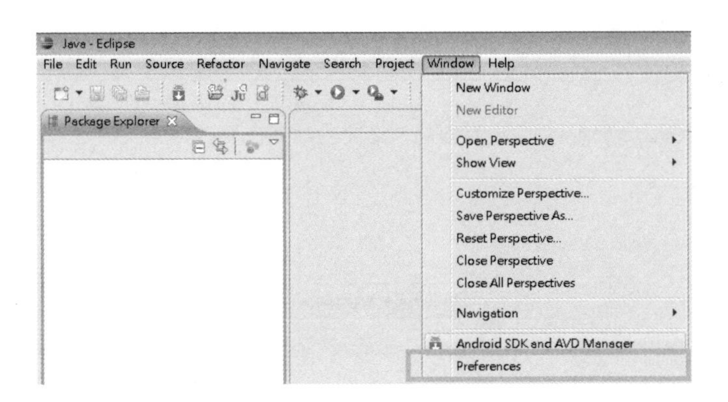

在左方選取「Android」，顯示 Android 開發套件的設定內容，在 SDK Location 輸入 Android SDK 的位置(可使用瀏覽資料夾模式選取 Android SDK 位置）。

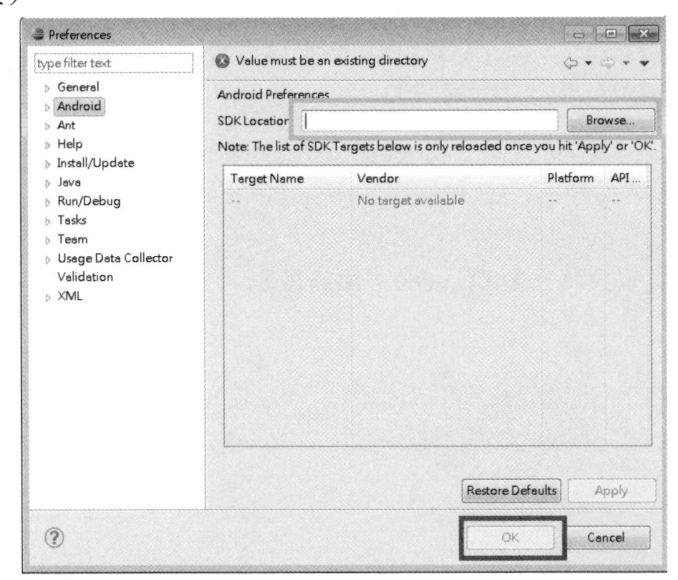

再開啟 SDK 工具管理員（Android SDK and AVD Manager），設定虛擬 Android 裝置（AVD）：

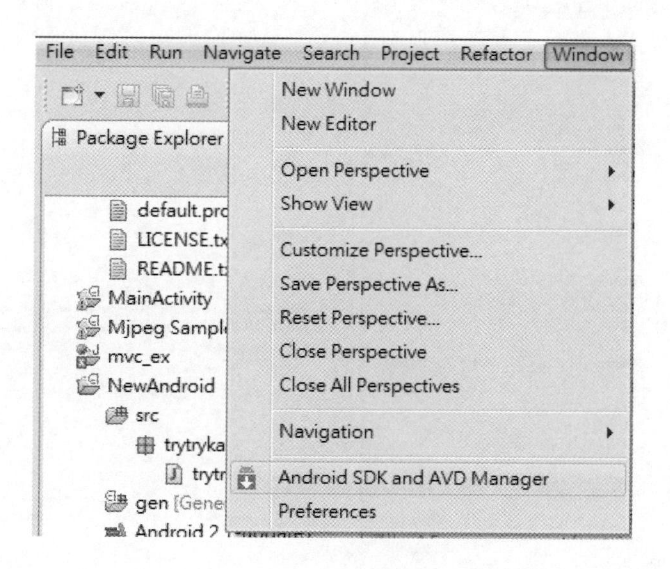

在左方選取 Virtual Device，並在右邊按 New 新增 AVD 裝置；出現左方的 AVD 設定視窗。設定以下屬性：

- Name：虛擬裝置名稱
- Target：裝置所設定的 Android 平台版本。（API Level）
- CPU/ABI：處理器（無須設定）
- SD Card：設定 SD 卡大小（無須設定）
- Snapshot：允許螢幕截圖（請勾選）
- Skin：顯示 Android 介面顯示大小。
- Hardware：選擇硬體規格，無須設定，除非需開發特別功能；如影像加速、攝影機。

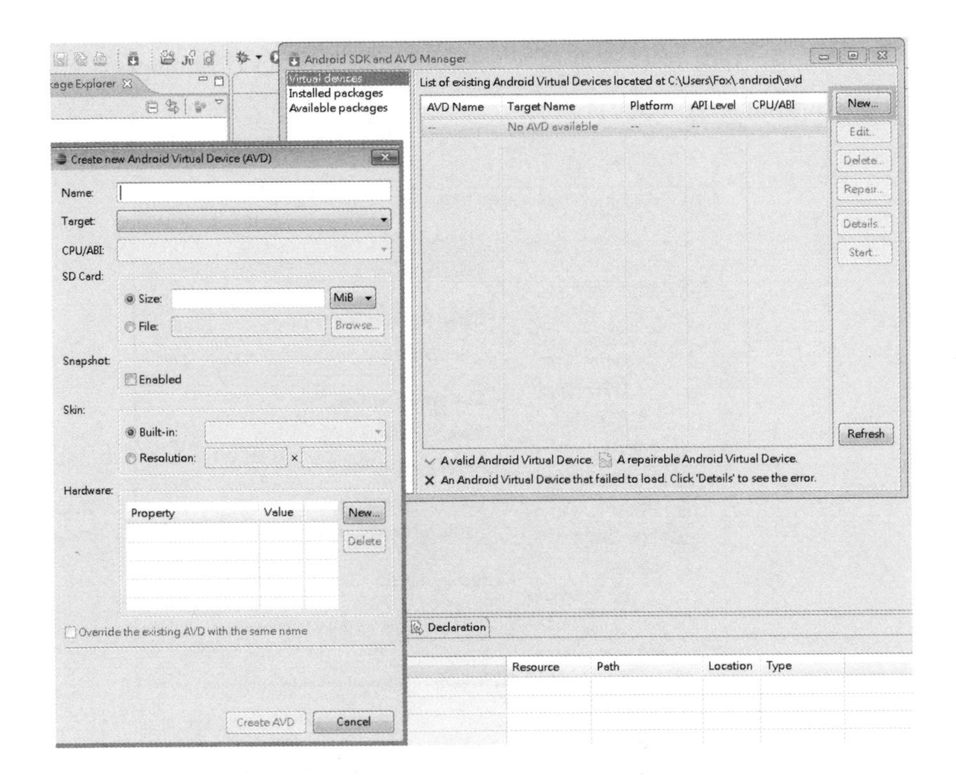

2-2-3 實驗步驟

專案建立

- 建立新的 Android 專案，並執行設定。

　　從功能表中的檔案（File）選項中，選取 New 來建立新專案。並從下方的 Other 中可選擇其他類型專案選項的視窗。（一般來說，剛安裝完成 Android 專案，尚未啟用時並不會如圖中顯示，New 功能表中可以看到 Android 專案。因此內容上可能與範例圖片不符。）

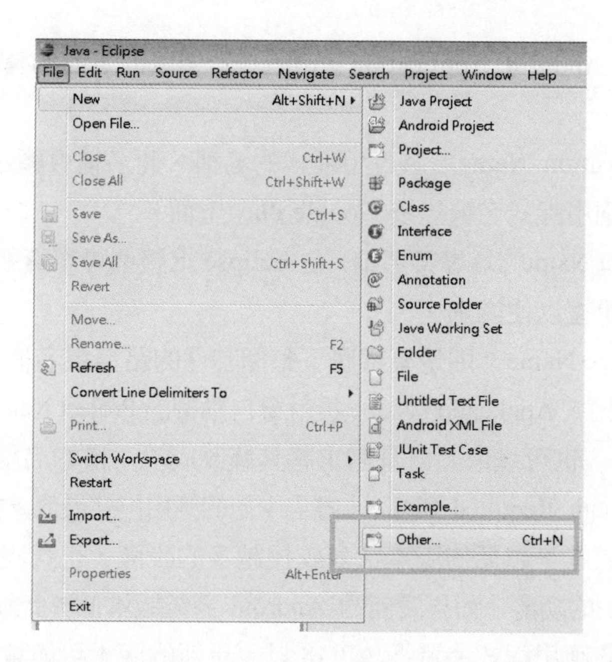

在建立新物件的視窗中，找到 Android 資料夾，開啟後便可以點選「Android Application Project」。點選後便進入 Android Application Project 設定視窗。

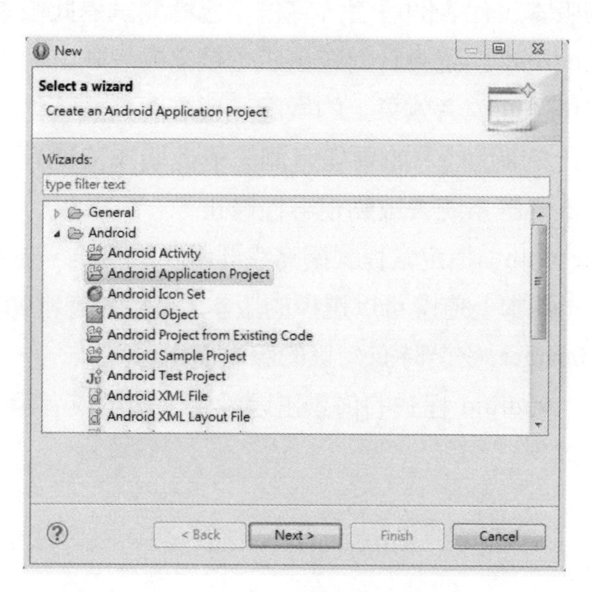

在設定 Android Application Project 當中填入下面的資料以建立專案。

1.Application Name：為應用程式的名稱，此名稱會顯示在 Android 系統應用程式名稱以及 Google Play 上面。

2.Project Name：為專案名稱，在 Eclipse 上整個專案資料夾的名稱，不可重複以便識別。

3.Package Name：則是專案底下整個套件的路徑跟名稱。

（註：輸入 Application Name 後就會自動帶出 Project Name 及 Package Name，也可以依照自身需求將其修改成不一樣的名稱。）

4.Minimum Required SDK：「宣告」您的應用程式最低支援的 Android 系統版本，越低的版本代表支援越多的設備，也代表著只能使用比較少的功能，如果設備的 Android 系統版本低於此設定，則無法安裝該應用程式。選擇 API 8 以及更新的版本可能會有接近 95% 的相容性，基本上 API 8：Android 2.2 是目前建議的預設值。

5.Target SDK：這裡是選擇應用程式可能在最高的 Android 系統下執行的版本，代表開發者「宣告」已經測試過此版本。因為新版本的 Android 系統會針對較舊版本撰寫的程式去做相容性的調整（可能是畫面或者效果上的微調，或許會造成不如預期的結果或者效能上的問題），如果您有測試過此版本沒問題，指定 Target SDK，不要讓系統去啟動相容性修正。

6.Compile With：指定當程式撰寫完要編譯的時候，要用哪一個版本去編譯，基本上這邊可以選擇的版本，是根據您當初透過 Android SDK Manager 安裝時有勾選的版本而定。

7.Theme：Android 程式的佈景主題設定，預設或者選 None 自行修改都可以。

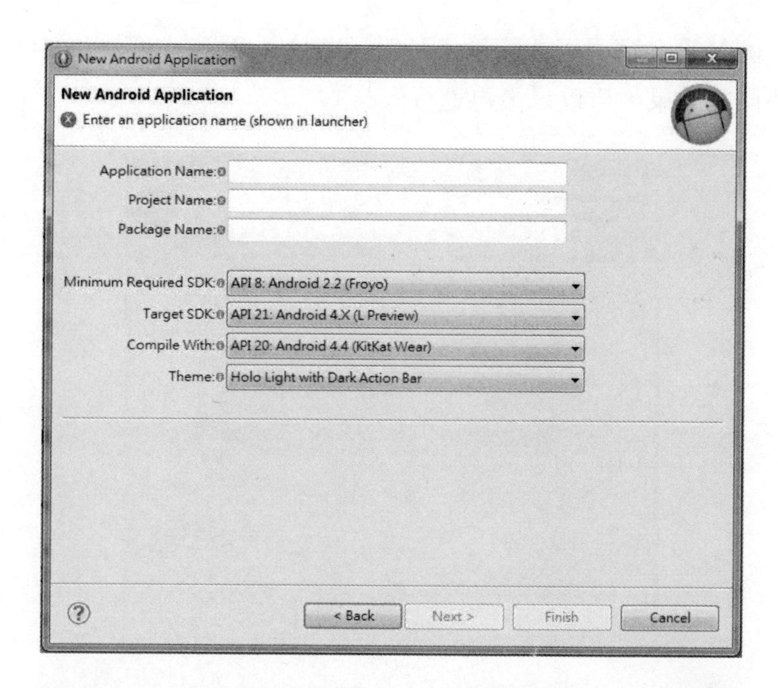
New Android Application
New Android Application
Enter an application name (shown in launcher)
Application Name:
Project Name:
Package Name:
Minimum Required SDK:
API 8: Android 2.2 (Froyo)
Target SDK:
API 21: Android 4.X (L Preview)
Compile With:
API 20: Android 4.4 (KitKat Wear)
Theme:
Holo Light with Dark Action Bar
< Back
Next >
Finish
Cancel

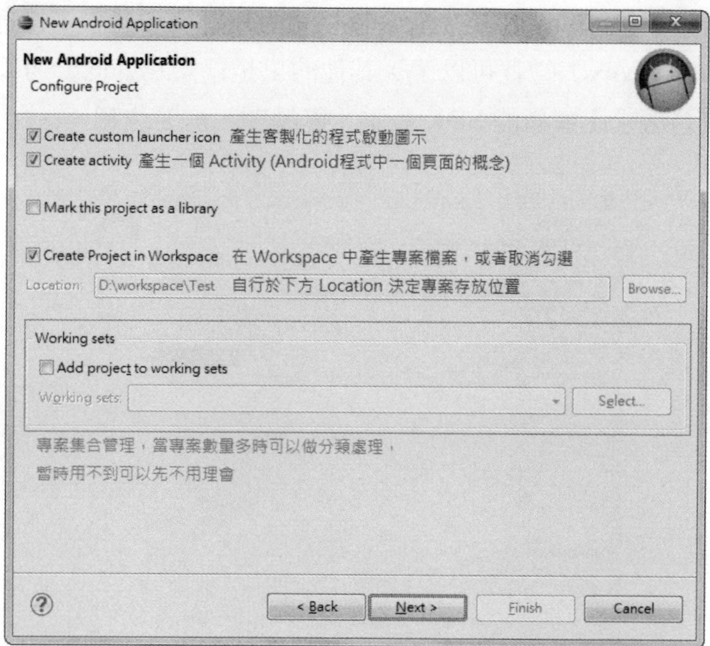
New Android Application
New Android Application
Configure Project
Create custom launcher icon 產生客製化的程式啟動圖示
Create activity 產生一個 Activity (Android程式中一個頁面的概念)
Mark this project as a library
Create Project in Workspace 在 Workspace 中產生專案檔案，或者取消勾選
Location: D:\workspace\Test 自行於下方 Location 決定專案存放位置
Browse...
Working sets
Add project to working sets
Working sets:
Select...
專案集合管理，當專案數量多時可以做分類處理，
暫時用不到可以先不用理會
< Back
Next >
Finish
Cancel

下圖為設定應用程式圖示（可以是圖片、圖示、文字），自行設定看看不同的效果，可以日後再進行修改。

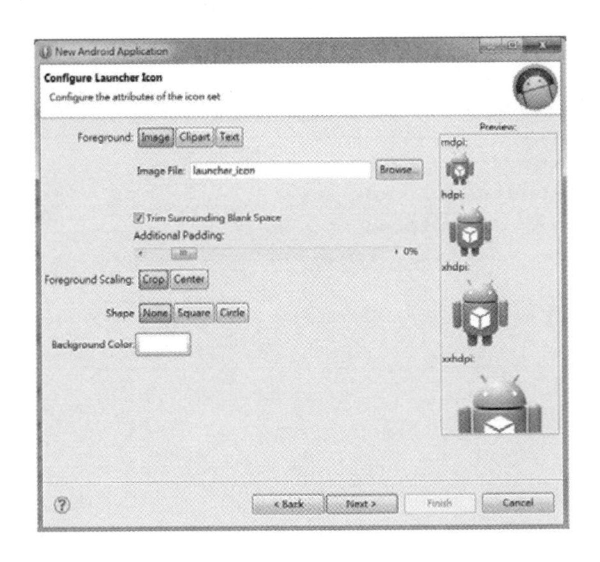

下圖針對 Activity 設定，有多種格式可以選擇，基本上選擇預設空白（BlankActivity）的就可以了，其他的只是幫您寫好的參考範例，有一些範例會要求比較新的 SDK 版本才能編譯，需要注意。

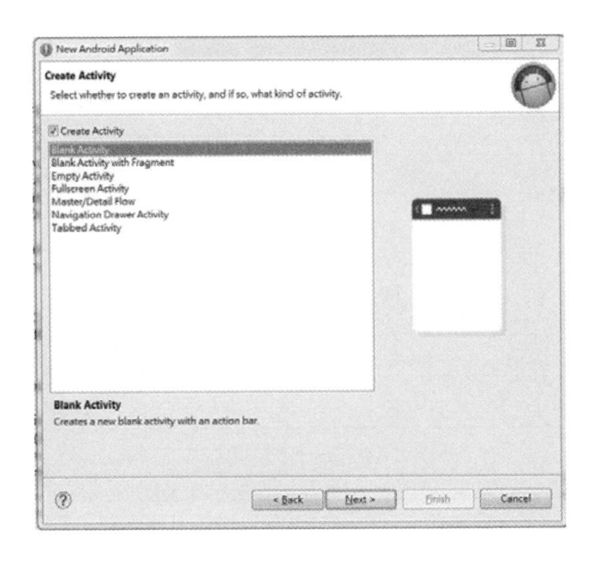

這裡是設定程式第一個頁面（Activity）的主程式名稱及布局（Layout）設定檔的名稱，預設是 MainActivity.java 以及 activity_man.xml（設定畫面中，副檔名省略）。Navigation Type 是在 Android 3.0（API 11）以後才有的功能，一般程式比較少直接套用此功能，因此預設也是 None，最後點選 Finish 專案就產生了。

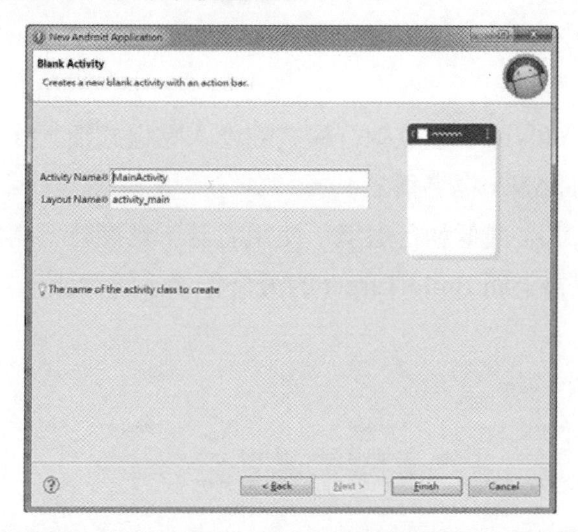

在設定 Android Project 當中填入下面的資料以建立專案。

1.Project Name：專案名稱（與應用程式名稱無關）

2.Contents：選擇專案的建立方式，可以選擇建立新的專案，或者匯入開發中的專案資料。

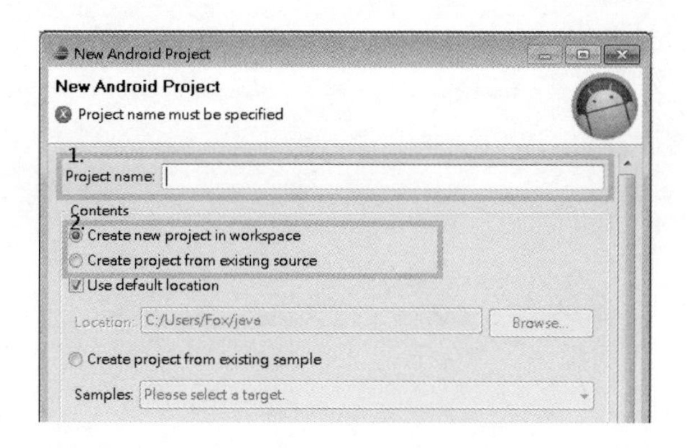

3.Bulid Target：選擇程式執行的 Android 版本（單選實則成為最低運作版本，將使其他更低版本的 Android 裝置無法執行程式。

4.Properties：依序應填入

- Application Name：程式名稱
- Package Name：應用程式的 Package 名稱（Android 開發時，為確保資料不互相影響，因此程式至少要有兩層 Package 作為程式間的分隔）。
- Creaty Activity：建立執行程式的進入點程式檔，此處輸入程式進入點的 JAVA 檔名稱。
- Min SDK：最低執行環境，使用者若不選擇時，開發工具將會自己定義為上面 Build Target 的最低作業系統等級。

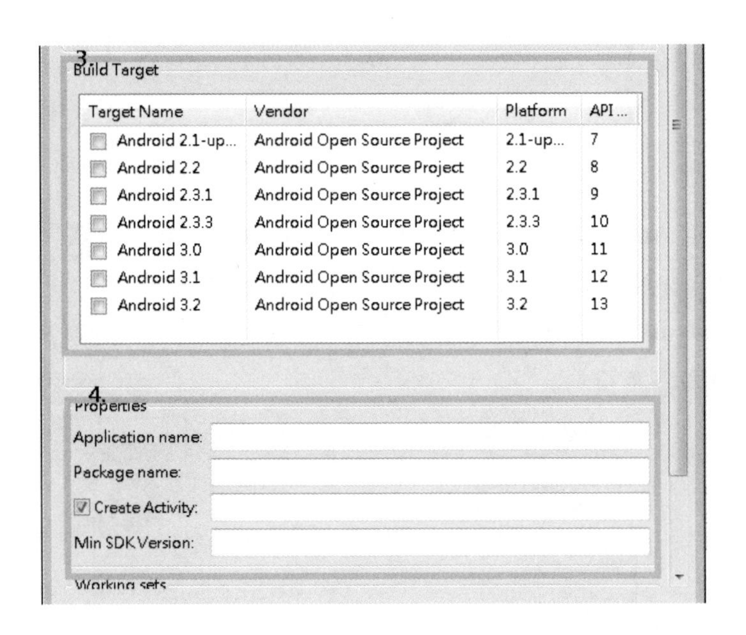

專案屬性設定

- 認識 Android 專案內容架構

程式開發專案內容架構，如下面圖片所標示，程式原始檔存放於 src 資料夾當中；程式相關附加檔案存放於 assets；程式設定檔存放於 res 資料夾當中，其中 layout 存放介面設計 XML 檔、value 存放應用程式設定參數（通常為 strings.xml）。AndroidManifest.xml 則儲存程式主要設定。

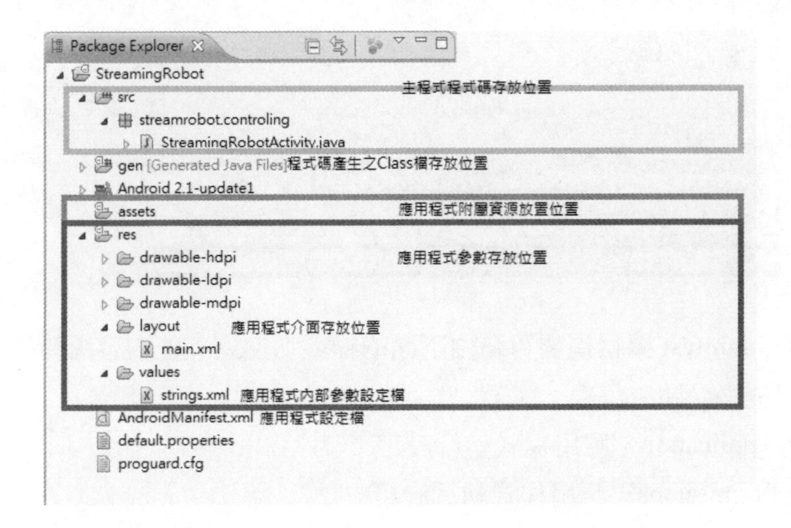

- 編輯程式設定檔（AndroidManifest.xml）

開啟 AndroidManifest.xml 可以看見下面的視窗。

點選 AndroidManifest 之後，可看見以下視窗（Manifest 編輯視窗下方的標籤預設為編輯 Manifest，會因使用者上次開啟紀錄有所不同），在 Manifest 設定視窗，可以設定專案的 packet 路徑、此次版本的版本編號、版本名稱。

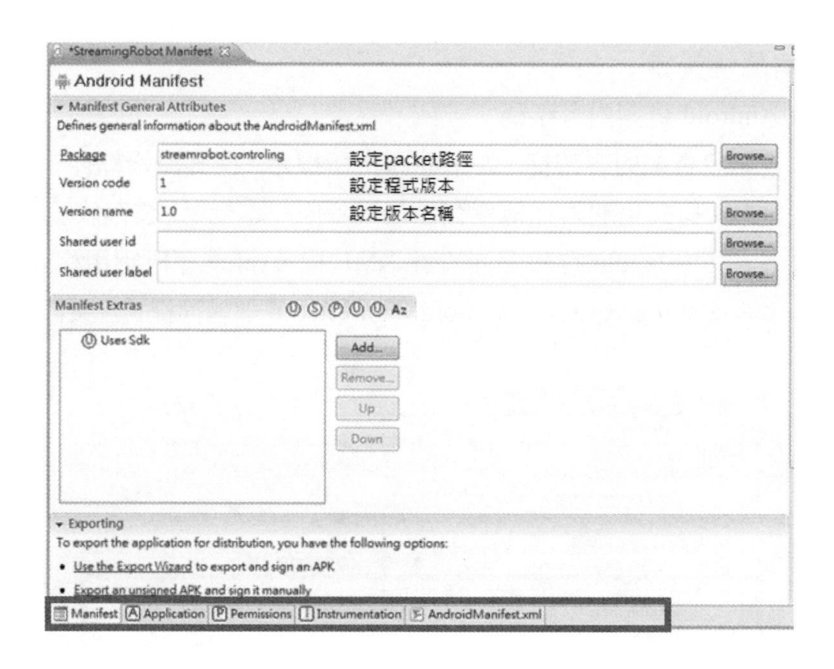

而 Manifest 編輯視窗可藉由下面的標籤切換到其他內容編輯視窗，以下將依序介紹：

- Application：應用程式執行設定。
- Permissions：應用程式執行許可。
- Instrumentation：Manifest 說明文件。（本教學並不詳細說明，功能暫時無使用之必要。）
- AndroidManifest.xml：XML 內容原始碼。
- Application 頁面的設定內容（部分說明）。
- Name：專案主類別（Class）的名稱。
- Label：應用程式所顯示的名稱（在應用程式區的顯示名稱）。
- Icon：專案圖示（在應用程式區顯示的圖示）。
- Application Nodes：設定專案執行的活動類別（可執行的類別，程式如果有需要切換多個畫面或活動時，則須在這邊註冊才可啟動）。

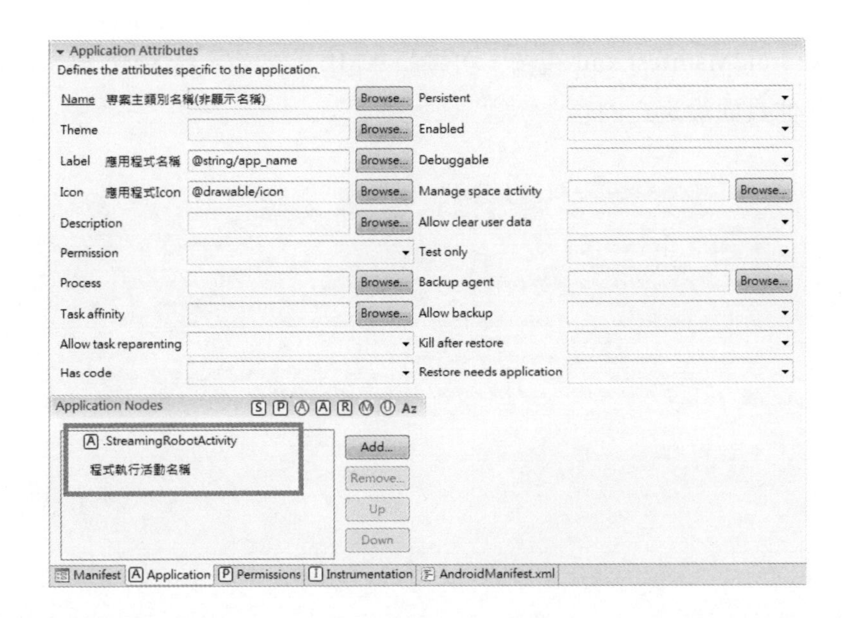

Permission 視窗，可在此設定程式所需要用到的使用者協議（即提醒使用者程式需啟動網路、使用硬體儲存空間等告知，在 Android 系通當中，程式必須取得使用者允許才可以存取額外的硬體功能）。

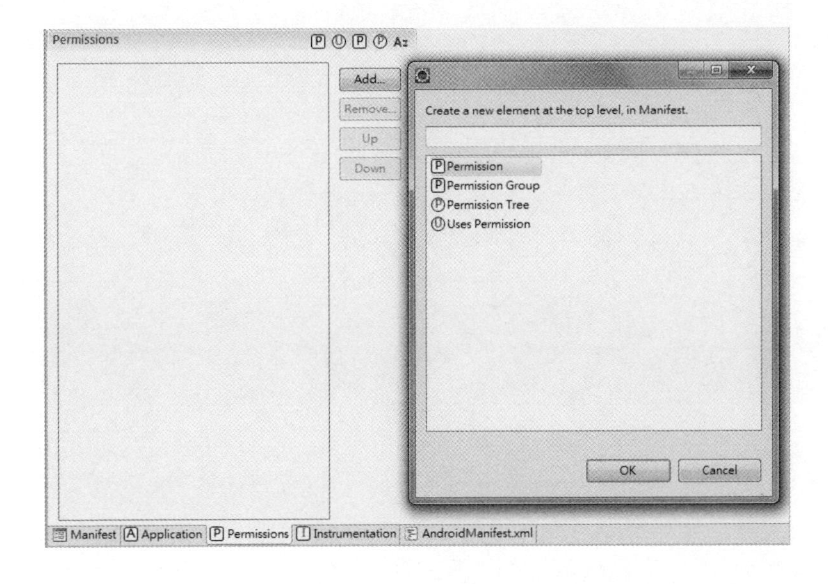

AndroidManifest.xml 視窗，可編輯 XML 的內容。（XML 標籤內容即為其他頁面設定之內容。）

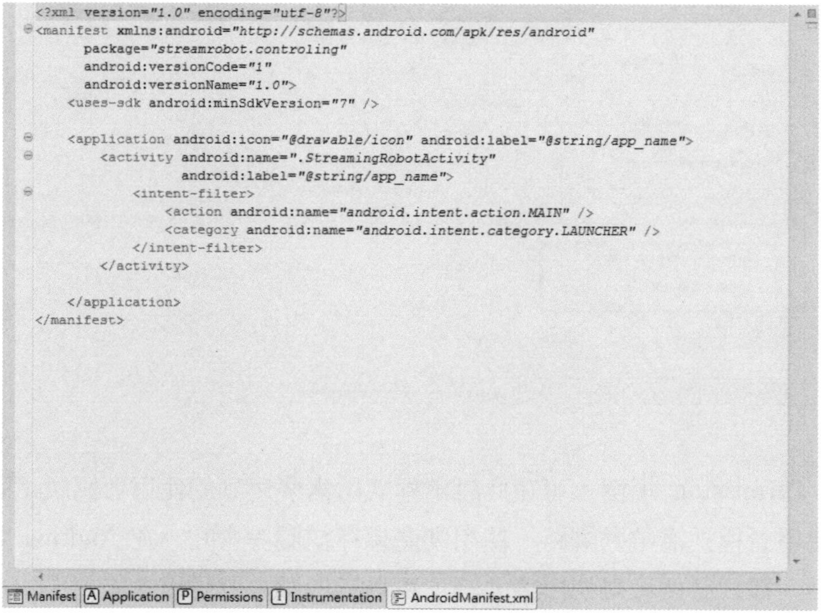

```
<?xml version="1.0" encoding="utf-8"?>
<manifest xmlns:android="http://schemas.android.com/apk/res/android"
      package="streamrobot.controling"
      android:versionCode="1"
      android:versionName="1.0">
    <uses-sdk android:minSdkVersion="7" />

    <application android:icon="@drawable/icon" android:label="@string/app_name">
        <activity android:name=".StreamingRobotActivity"
                  android:label="@string/app_name">
            <intent-filter>
                <action android:name="android.intent.action.MAIN" />
                <category android:name="android.intent.category.LAUNCHER" />
            </intent-filter>
        </activity>

    </application>
</manifest>
```

Manifest | Application | Permissions | Instrumentation | AndroidManifest.xml

■ 介面設定

1.請開啟專案中之 values 資料夾，並在上面點選滑鼠右鍵，選擇「New……」，之後開啟「Other」，並選擇「Android XML Values File」點選「Next」，並把「NewFile.xml」更改為「color」，接著點選「Finish」完成新增。

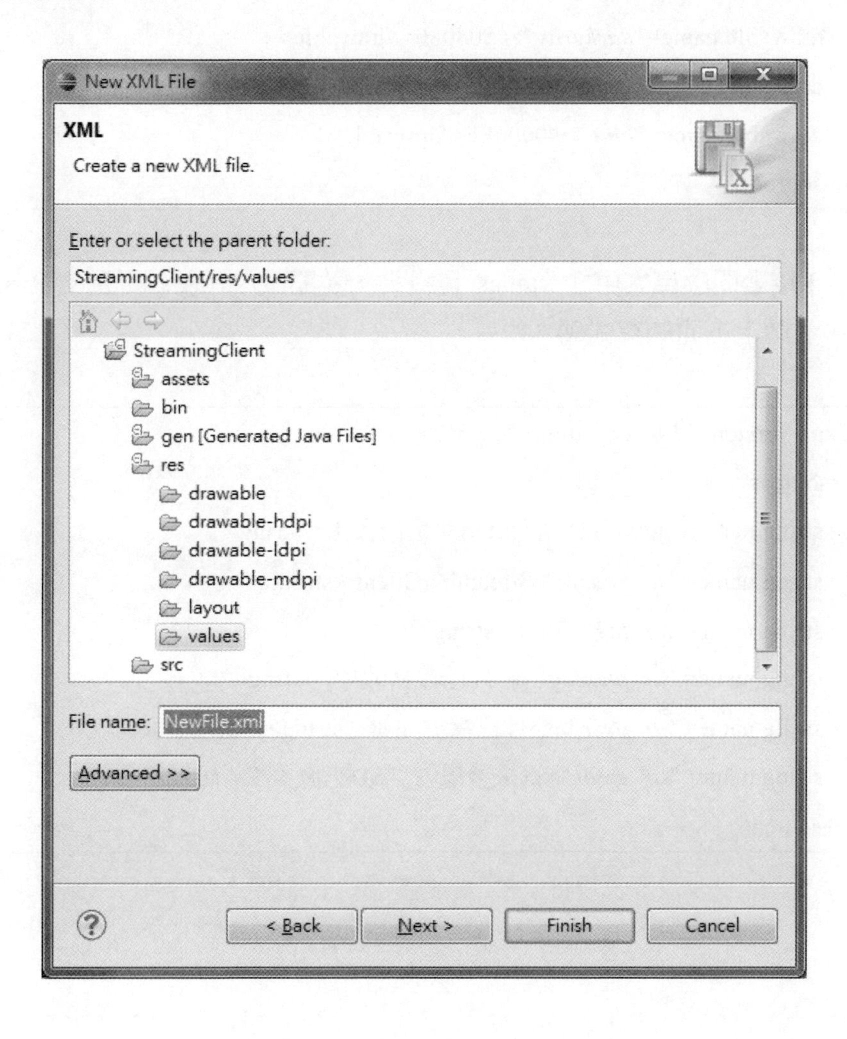

2.接著開啟專案中之 values 資料夾，並開啟 color.xml 為文字編輯器，並貼上下面的程式碼。

```
<?xml version="1.0" encoding="utf-8"?>
<resources>
   <drawable name="darkgray">#808080</drawable>
   <drawable name="white">#FFFFFF</drawable>
   <drawable name="blue">#0000FF</drawable>
</resources>
```

3.接著開啟專案中之 values 資料夾，並開啟 string.xml 為文字編輯器，並貼上下面的程式碼。

```
<?xml version="1.0" encoding="utf-8"?>
<resources>
   <string name="hello">請點選Start開始撥放！</string>
   <string name="app_name">StreamingClient</string>
   <string name="str_bt1">Start</string>
   <string name="str_playing">影片已在播放中</string>
   <string name="str_over">影片已播放完畢</string>
   <string name="str_error">※未發現安裝SD記憶卡※</string>
</resources>
```

4.接著請開啟專案中之 res 資料夾，並開啟 main.xml 為文字編輯器，並貼上以下的程式碼。

```
<?xml version="1.0" encoding="utf-8"?>
<LinearLayout
  xmlns:android="http://schemas.android.com/apk/res/android"
  android:background="@drawable/white"
  android:orientation="vertical"
  android:layout_width="fill_parent"
  android:layout_height="fill_parent" android:weightSum="1">
  <TextView
    android:id="@+id/myTextView1"
    android:layout_width="fill_parent"
    android:layout_height="wrap_content"
    android:textColor="@drawable/blue"
    android:text="@string/hello"
  />
  <VideoView
    android:id="@+id/myVideoView1"
    android:layout_height="240px"
  android:layout_weight="0.26" android:layout_width="wrap_content"/>
  <LinearLayout
    android:orientation="horizontal"
    android:layout_width="wrap_content"
    android:layout_height="wrap_content"
  >
```

```
  <Button
    android:id="@+id/myButton1"
    android:layout_width="wrap_content"
    android:layout_height="wrap_content"
    android:text="@string/str_bt1" />
  </LinearLayout>
</LinearLayout>
```

5.接著將畫面切換至「Graphical Layout」即可有此畫面。

範例程式碼

1.開啟專案主程式，建立專案時設定為 StreamingClientActivity 的程式，也是專案中唯一由 Eclipse 產生的 Java 檔。在撰寫程式之前，需先開啟網路連線權限，如下程式碼：

```
<uses-permission android: "androic:name="android_penmission. INTERNET">
```

2.接著在下面的程式碼中，貼上以下的程式碼：

```
package StreamingClient.client;


import android.app.Activity;
import android.graphics.PixelFormat;
import android.media.MediaPlayer;
import android.net.Uri;
import android.os.Bundle;
import android.view.View;
import android.widget.Button;
import android.widget.MediaController;
import android.widget.TextView;
import android.widget.Toast;
import android.widget.VideoView;


public class StreamingActivity extends Activity {
        private TextView TV1;
        private VideoView VV1;
```

```
        private Button bt1, bt2;
        private String StreamingVideoPath =
"http://140.127.34.210/Streamingserver/Larva.mp4";

        /** Called when the activity is first created. */

        public void onCreate(Bundle savedInstanceState)
        {
           super.onCreate(savedInstanceState);
           /* 全螢幕 */
           getWindow().setFormat(PixelFormat.TRANSLUCENT);
           setContentView(R.layout.main);

           TV1 = (TextView)findViewById(R.id.myTextView1);
           VV1 = (VideoView)findViewById(R.id.myVideoView1);
           //顯示影片路徑
           VV1.setOnPreparedListener(new MediaPlayer.OnPreparedListener()
           {

              public void onPrepared(MediaPlayer mp)
              {
                 // TODO Auto-generated method stub
                 TV1.setText(StreamingVideoPath);
              }
           });
```

```
        /*判斷影片是否撥放完畢，如果撥放完畢，則顯示"str_over"*/
        VV1.setOnCompletionListener(new
MediaPlayer.OnCompletionListener()
        {

          public void onCompletion(MediaPlayer arg0)
          {
            // TODO Auto-generated method stub
            MTToast
            (
              getResources().getText(R.string.str_over).toString(),
              true
            );
          }
        });

        bt1 = (Button)findViewById(R.id.myButton1);


        bt1.setOnClickListener(new Button.OnClickListener()
        {
          /*，點選撥放，設定影片路徑*/
          public void onClick(View arg0)
          {
            // TODO Auto-generated method stub
              Play(StreamingVideoPath);
```

```
        }
      });



    }

    private void Play(String strPath)
    {
      if(strPath!="")
      {
        /* 呼叫VideoURI方法，指定解析路徑 */
        VV1.setVideoURI(Uri.parse(strPath));

        /* 設定控制Bar顯示於此Context中 */
        VV1.setMediaController(new
MediaController(StreamingActivity.this));
        VV1.requestFocus();

        /* 呼叫VideoView.start()自動播放 */
        VV1.start();
        if(VV1.isPlaying())
        {
          /* 下程式不會被執行，因start()後尚需要preparing() */
          TV1.setText("Now Playing:"+strPath);

        }
      }
```

```
    }
    //訊息提示
    public void MTToast(String str, boolean Long)
    {
      if(Long==true)
      {
        Toast.makeText(StreamingActivity.this, str,
Toast.LENGTH_LONG).show();
      }
      else
      {
        Toast.makeText(StreamingActivity.this, str,
Toast.LENGTH_SHORT).show();
      }
    }
  }
```

影片格式轉檔

- 先安裝 My MP4Box GUI 軟體。

因為 Android 內建的 VideoView 只能夠播放 Progressive streamable（漸進式串流）的影片，不能直接播放一般的 MP4 影片，所以我們需要先透過轉檔的方式，將一般的 MP4 轉換成漸進式串流影片，才能進行串流影片播放的動作。

1.首先，請先安裝 My MP4Box GUI 的軟體，在安裝檔上面點兩下（Double Click）進行安裝的步驟，接著會進入安裝畫面，請點選「Next」，進行安裝步驟。

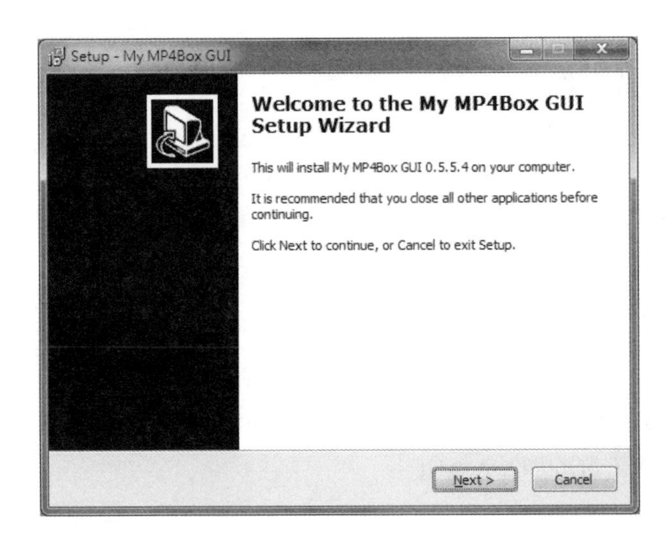

2.接著在此部份是安裝條款，請點選「I accept the agreement」（我同意），接著請點選「Next」，進行下一步的安裝步驟。

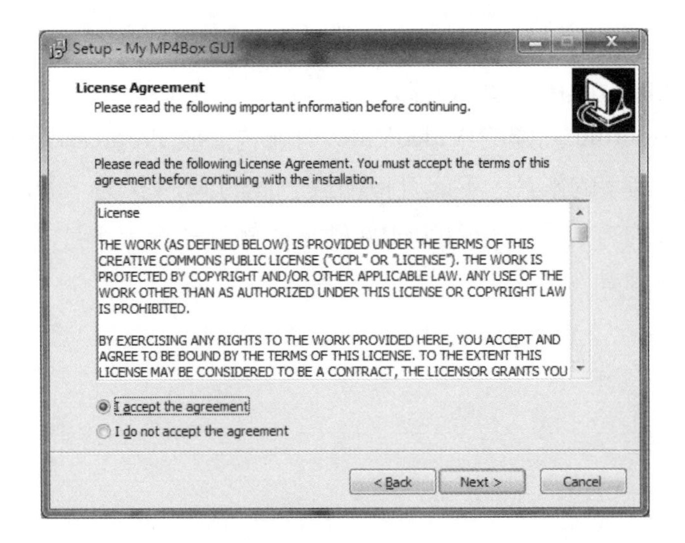

3.此部分主要是一些 My MP4Box GUI 的資訊說明，請點選「Next」，進行下一步的安裝步驟。

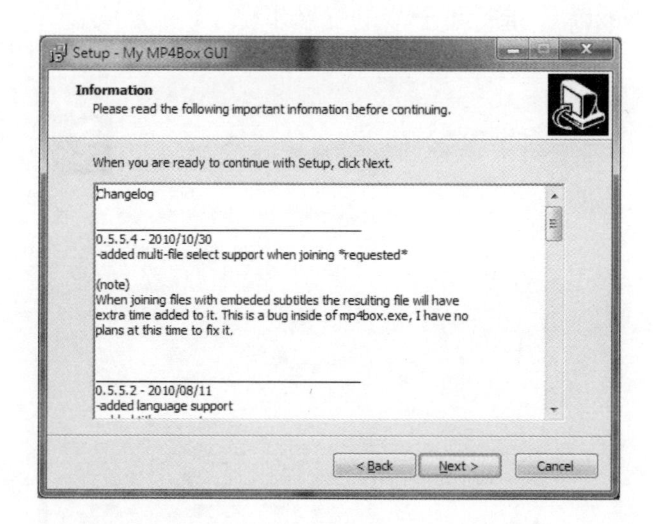

4.接著是軟體的安裝位置，使用者可以自行點選「Browse...」去設定該軟體所需要安裝的位置，另外使用者也可以使用預設的路徑來進行安裝即可，接著請點選「Next」，進行下一步的安裝步驟。

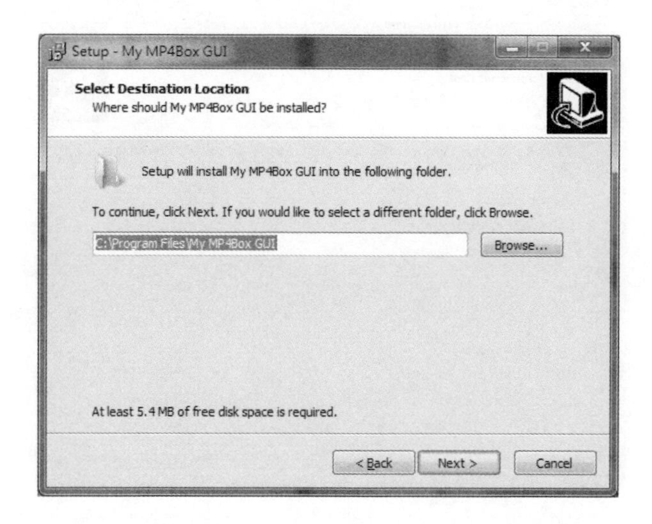

5.這個安裝步驟主要是設定資料夾名稱，使用者可以依據自己需要的名稱來進行設定的動作，此部分使用者可以使用預設的名稱即可，接著請點選「Next」，進行下一步的安裝步驟。

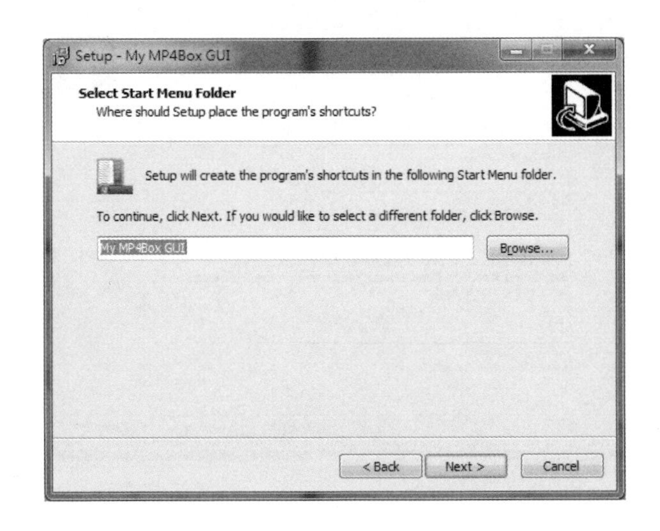

6.接著安裝程式會詢問使用者是否需要建立捷徑在桌面，使用者可以依照自己的需求來勾選符合自己需求的內容，接著請點選「Next」，進行下一步的安裝步驟。

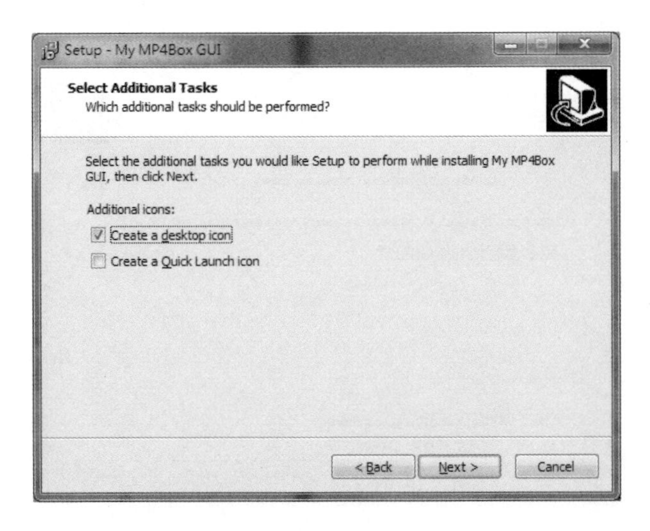

7.在此步驟會顯示前面使用者所設定的一些相關資訊，使用者可以點選「Back」回到前面進行修改，另外如果沒有問題的話，則可以點選「Install」進行軟體安裝。

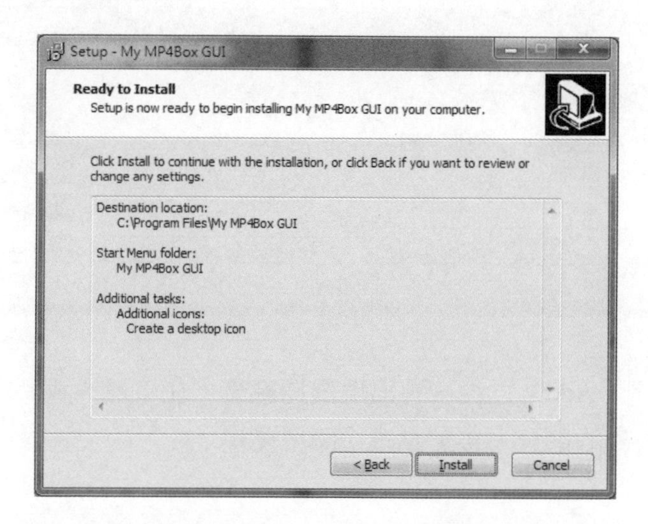

8.最後安裝完成，可以勾選「Launch My MP4Box GUI」來選擇是否開啟此軟體的動作，最後則點選「Finish」完成安裝。

9.開啟軟體過後，會看到此畫面，在此畫面裡面，我們可以點選「Add」來選擇我們所要進行編碼的 MP4 影片。

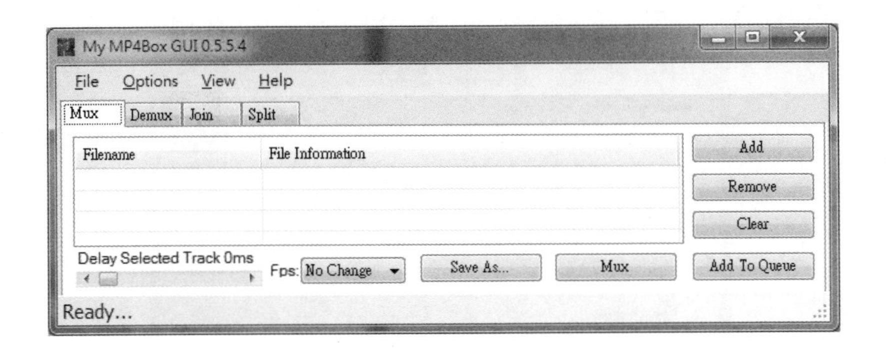

10.點選「Add」之後，會出現選擇視窗，在這裡，我們就可以選擇我們需要編碼的影片，接著點選「開啟舊檔」。

11.檔案新增完畢之後，我們會看到有剛剛點選的影面資訊在視窗中央出現。

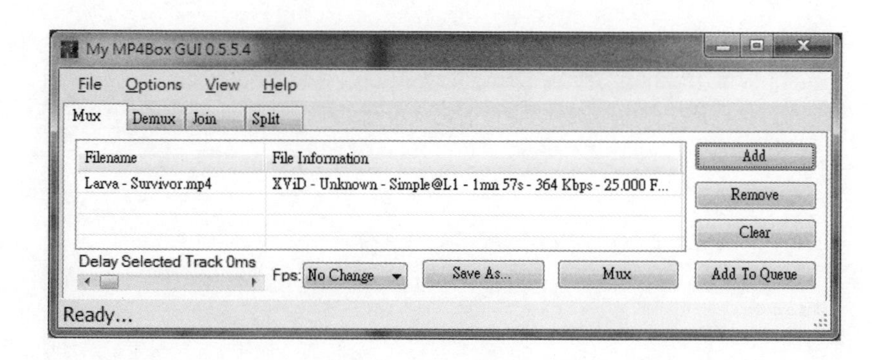

12.接著我們選擇完要編碼的影片之後，就點選「Save As......」來選擇影片編碼完之後，所要儲存的路徑位置。

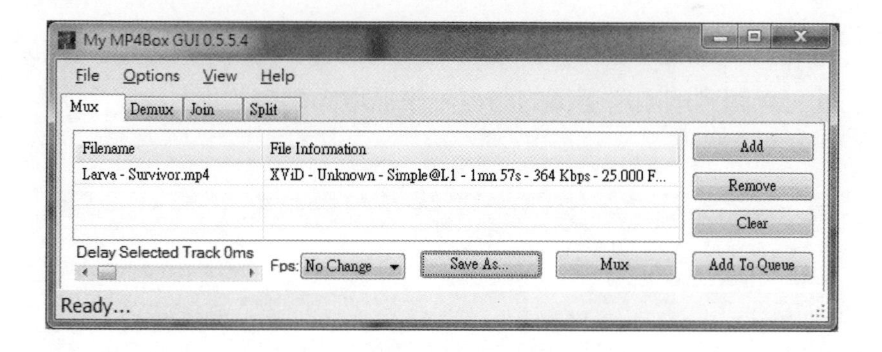

13.在這裡，我們可以選擇編碼過後的影片所要儲存的路徑，接著點選「存檔」。

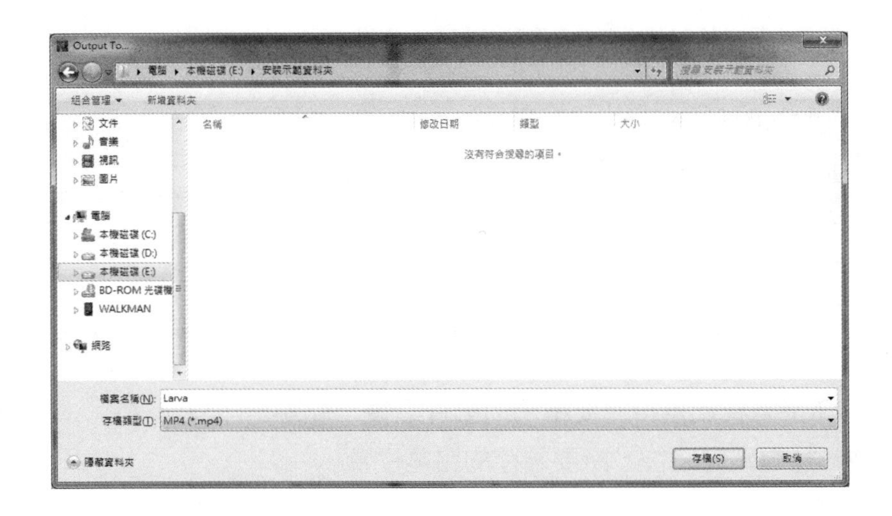

14.最後，點選「Mux」來進行編碼的動作，過一下子即編碼完成，我們就可以回到剛剛所選擇的路徑，來抓取編碼完的影片。

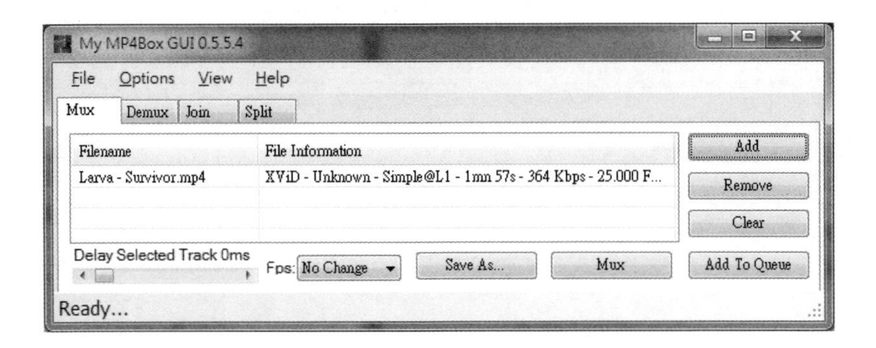

伺服器（Server）架設

- 架設伺服器軟體-IIS。

首先，請先安裝 IIS 軟體才可以進行伺服器架設的動作。

1.首先，開啟「我的電腦」，接著點選上方功能列的「控制台」。

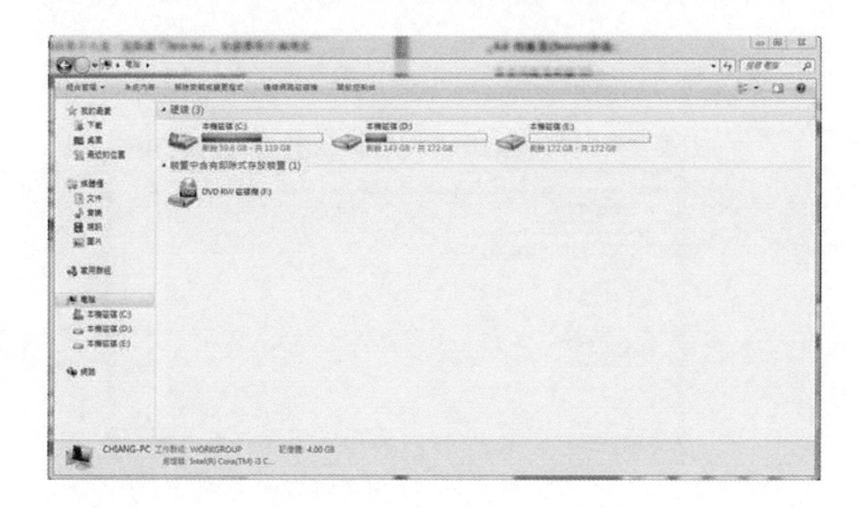

2.開啟控制台後，請尋找「新增或移除程式」／「解除安裝程式」，並點兩下進行下一步。

3.進來「新增／移除程式」之後，請點選左邊功能列的「開啟或關閉 Windows 功能」。進到「開啟或關閉 Windows 功能」之後，會有可以安裝的 Windows 元件選項，接著尋找「Internet Information Services（IIS）」的選項皆勾選，並點選「確定」。

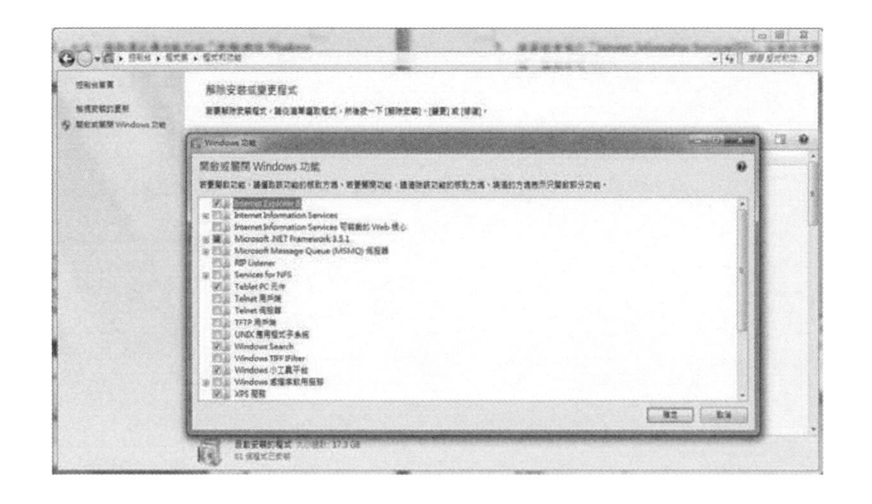

4.接著就會進行「Internet Information Services（IIS）」啟動的步驟，稍後一下就會完成。完成安裝之後，請至桌面以滑鼠點選右鍵「我的電腦」，接著選擇「管理」，就會進來到下面的「電腦管理畫面」，接著尋找「服務及應用程式」下，並點選開啟「Internet Information Services」，接著在「預設的網站」上用滑鼠右鍵點選，並選擇「新增虛擬目錄」，並設定其名稱及實體路徑。範例以「StreamingServer」來命名。

5.於虛擬目錄點選右鍵「編輯權限」，在選擇上方標籤「安全性」就可以設定使用者的權限。

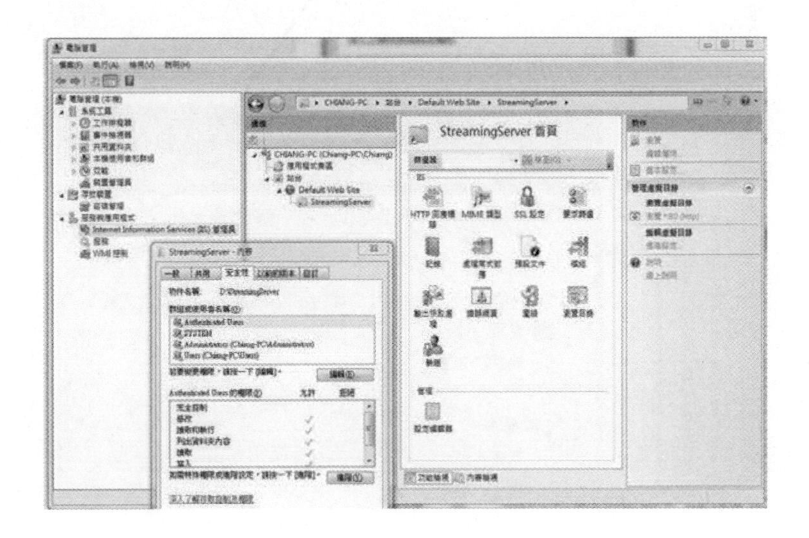

6.完成之後，我們就可以到剛剛設定的目錄資料夾放置剛剛編碼出來的影片檔，Client 端即可把該電腦的網路位置當作伺服器，做串流傳輸的動作。

例：http://IP 位置/streamingserver/影片檔名.mp4

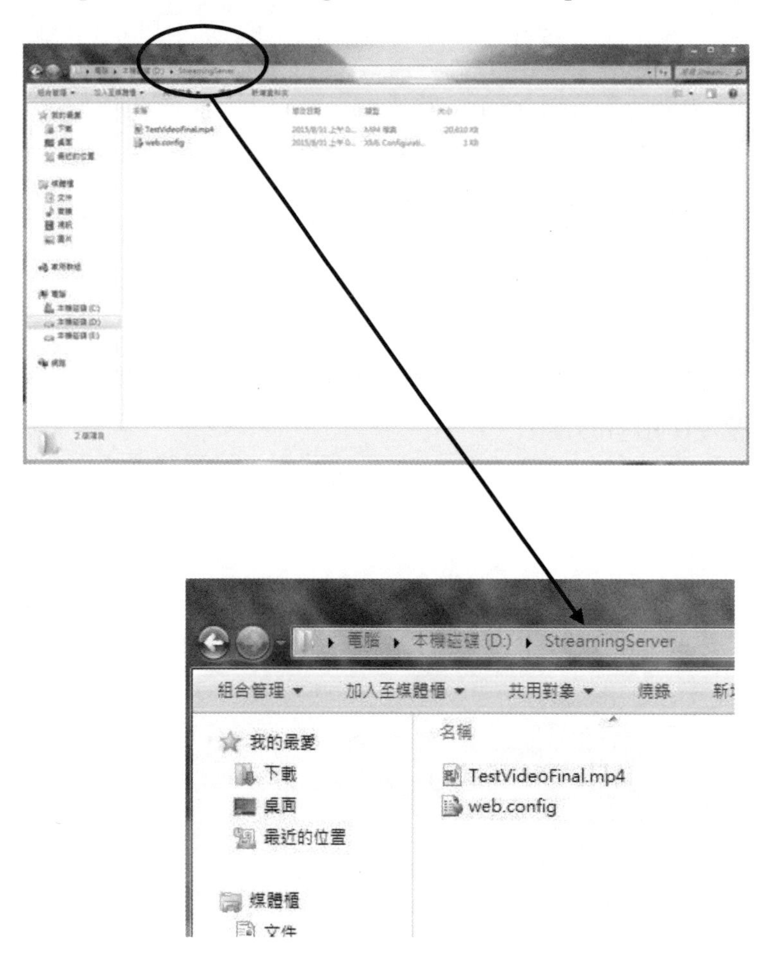

開啟檔案並執行

1.開啟執行之後，點選 Start 可以進行影像串流播放，程式會自行連結至前面我們在程式碼中寫到的影片串流網址，進行播放的動作。

2.點選啟動之後，程式會連線至影片的網址，連線的過程中，可能需要一點等待的時間，這主要是跟伺服器連線過程的延遲。

連線到伺服器之後，我們會看到影片在平板電腦或手機上的畫面進行播放的動作。另外我們也可以進行快轉、暫停與回轉的動作。

在下方影片的時間軸，由紅色框起來的部分，就是影片預先 Cache 的資料，在使用者觀看之前，就預先用剩餘的頻寬下載後面的影片，減少使用者的等待與影片延遲。

•實作練習•

1. 讓影片播放器可依照使用者手機方向與螢幕大小自動調整顯示方向與全螢幕顯示。
2. 試著建立一個串流伺服器，可以提供使用者端目前擁有的影片資訊。使用者端可以顯示出目前可播放的影片列表，可以提供使用者挑選所需要的影片，並進行播放的動作，以實作一個 VOD 嵌入式視訊串流系統。
3. 將使用者端影片顯示列表的方式，改成圖片預覽方式，顯示在畫面上，並在旁邊顯示影片介紹，可供使用者點選所需要播放的影片，類似於 Youtube 介面。

ϟ 第三章

視訊串流服務平台

3-1 網路影音串流技術

3-1-1 影音串流概述

影音串流是讓使用者可以在下載影片的同時也能觀看的一種技術，傳統的非串流技術則必須要將整部影片下載後才能夠播放，而視訊串流技術為了達到即時播放的功能，需要將原始影音檔案經過壓縮以及分段，其過程如圖 1 所示，雖然壓縮會犧牲影片品質但卻可以將影片的檔案變小，如此一來便可以減少傳送時的頻寬需求。而分段則是讓影片資料能夠切割成獨立片段，這樣方便打包成封包，較適合網路的傳送，壓縮過後的影片將放置於負責回應使用者需求的串流伺服器上，讓使用者透過播放器下載以及播放影片，播放器提供緩衝區作為資料的重組以及解壓縮的空間，封包有可能會因為某些傳輸協定，在發送封包後就不會檢查是否正確無誤的傳送到目的地，並且封包在傳送的路徑不一定每次都相同，因此到達的時間也不一定，那麼接收端就不見得會按照傳送的順序收到封包，所以接收端就必須要將封包按照順序排列才能恢復原本的檔案。

播放的同時緩衝控制（Buffer control）機制是將播放完的資料從緩衝區中移除以節省暫存的空間，這個暫存器的功能對於緩衝區不大的行動裝置非常重要，因為如果沒有足夠的緩衝空間接收後面的封包，播放器會因為播放進度比收到檔案的速度還要快而沒辦法順暢的播放後面的影片，因此緩衝區控制在串流技術中是非常重要的一環，而當傳送速率大於播放速率時，影片就能順暢的播放。

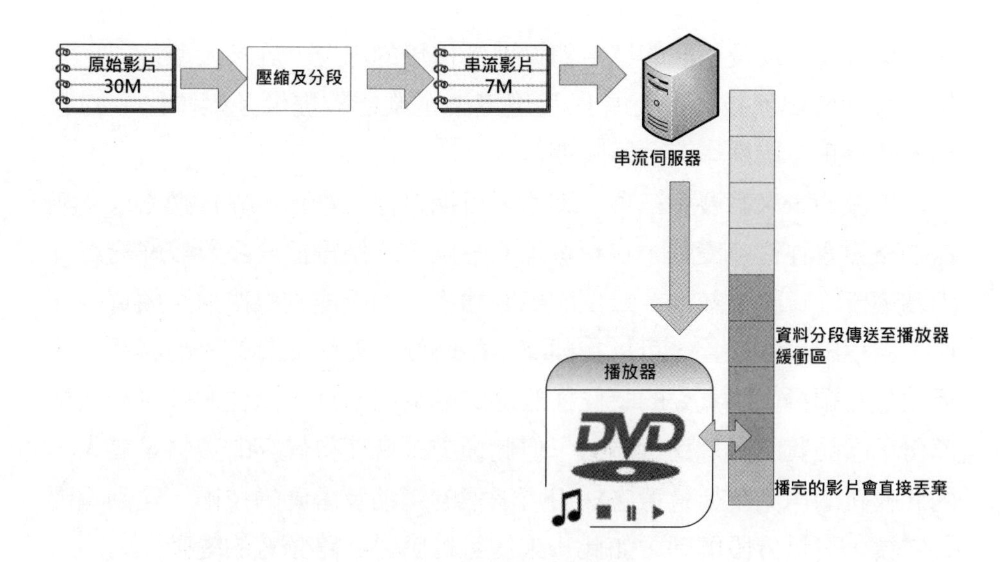

圖 1　影音串流

3-1-2　串流發展歷史

探究串流技術的發展，是受到許多相關技術和理論發展的影響，早期硬體設備及網路頻寬不高的情況下，多媒體視訊在網路上不容易處理，隨著硬體設備及網路基礎的發展逐漸成熟後，串流的技術才慢慢發展起來，所以串流的發展與網際網路發展有很大關聯。

在 1980 年代以前，中央處理器的效能不佳及匯流排速率限制的問題，所以串流的議題還未受關注，並且多媒體資訊在處理上也有些問題。然而在 1980 年代末期，電腦的硬體已經比較進步，多媒體資訊的處理及播放的問題也得到瞭解決，但是多媒體資訊的播放還是限制於電腦的儲存設備，例如硬碟及光碟機。如果要透過網路傳送及播放仍受到網路傳送速率的影響而無法承載多媒體。

1990 年代末期網路以及硬體的技術成長快速，所以以往的問題得到解決，人們發現多媒體可以在網路上傳遞，因此這個時期多媒體的壓縮、串流技術以及相關的協定與標準都慢慢的出現，許多大型公司也開始支援一些串流技術的工具以及環境讓企業能夠提供多媒體影音的服務，此時正是快速串流發展時期。

串流的未來發展有三項：調適、可攜帶性、互動，異質網路以及無線網路頻寬往往會變動，在頻寬差的時候，會使得播放品質較好的影片因為夾帶的資料量較大，無法順暢的播放，如果能夠根據網路頻寬的好壞，調適影片的品質，可以在頻寬差的時候，傳送品質較差的影片，使播放較為順暢，頻寬好的時候播放品質較高的影片，以往的解決辦法是備份不同品質的影片進行調適，但此種方式會使得儲存的資料量變大，因此較新的串流技術會考慮採用可調適的壓縮及編碼的技術，達到編碼一次後，可以分段解碼，如此一來便可以應付網路頻寬的變動

除此之外，隨著市場的需求漸漸的意識到可攜帶性重要性，許多廠商開始發展，可播放音頻以及視頻的 PMP 產品，但是 PMP 的硬碟空間有限，因此取而代之的是使用多媒體串流技術。其優點是不需要太大的儲存空間，配合著視頻的壓縮以及錯誤控制機制，便可以播放影片，上述所談的發展還只是讓使用者單純的接收並觀看影片，但實際上與使用者互動的應用能使得服務更加的完善，像是電視購物、互動學習等等。

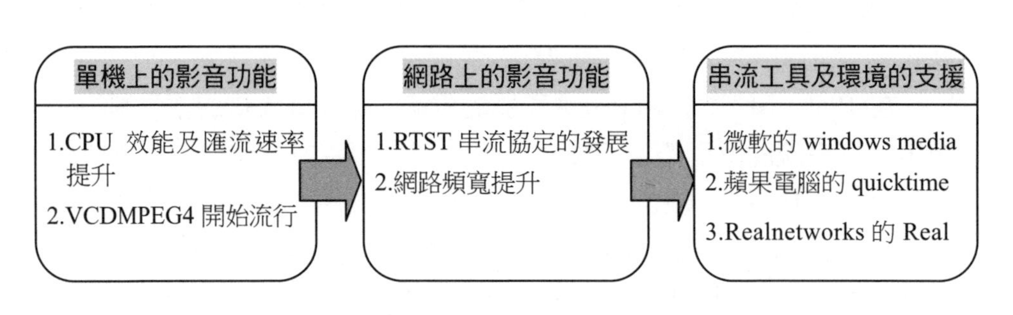

圖 2　不同階段之串流發展關鍵史

3-1-3　網路影音串流技術

網路影音串流技術分成單播、群播、廣播、點播，依序介紹。

串流播放方式

- 單播（unicast）

需要在用戶端與媒體伺服器之間建立一條單獨的通道，而且每台伺服器送出去的資料只能傳送給單一客戶端。

圖 3　單播（Unicast）

- 群播（Multicast）

利用群播的技術，使伺服器傳送的資料可以發送到特定群組內的用戶端，而且伺服器只需要發送一次封包，群組內的所有用戶端就能共用一個封包以減少網路上傳輸的封包數量，提升效率。

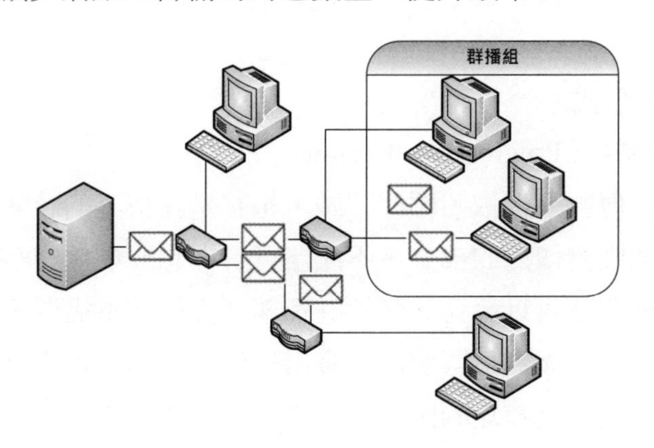

圖 4　群播（Multicast）

• 廣播（Broadcast）

所謂的廣播是指將資料發送給一定的傳輸範圍內，也就是廣播域的所有設備，因此在同一個廣播域的設備都會收到廣播的封包。

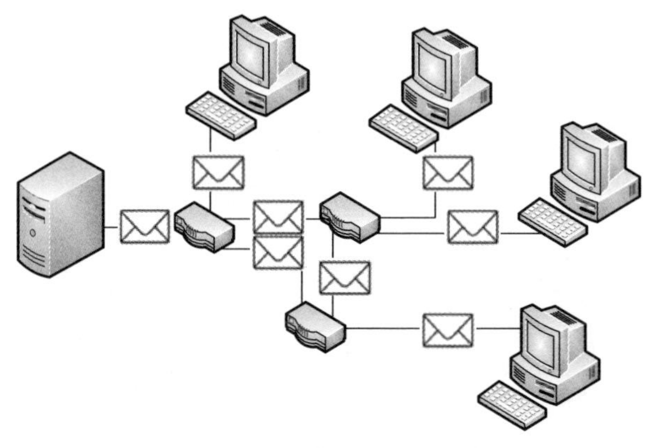

圖 5 廣播（Broadcast）

• 點播（Peer-to-peer）

用戶端可以藉由軟體，讓使用者可以對串流媒體做開始、停止、後退、快轉等等的動作，但此方法讓每個用戶端各自連接伺服器，可能會造成網路頻寬的擁擠。

串流傳輸方式

• 順序流式傳輸（Progressive streaming）

順序流式傳輸是指依照順序下載，也就是在特定的時間內用戶端只能觀看目前伺服器傳送的部分，不能自行選擇想要播放的時間點，標準的 HTTP 伺服器就可以發送此類型的檔案，因此並不需要其他特殊的協定。由於不需要考慮到不同使用者發出的需求，因此順序流傳輸較適合播放品質較高且長度較短的影片。

• 即時流式傳輸（Real time streaming）

即時流式傳輸需要專用的串流媒體伺服器與傳輸協定，如：QuickTime Streamin Server、RealServer、Microsoft Media Server，協定的部分，如：RTSP 或 MMS 等，此傳輸方式適合做 Live 播放及隨機點選播放，因為用戶端可以快轉或後退以觀看影片前後的內容。

串流傳輸協定

串流傳輸協定以 HTTP/TCP 傳輸控制資訊，RTP/UDP 則用來傳輸即時影音資料，原因在於 HTTP/TCP 的傳輸方式是傳統在網頁上使用，因此在設計上並不考慮到影片的格式問題，再者 TCP 的傳輸方式雖然在傳送端有檢查機制，如同我們寄信時的雙掛號一般，會有 ACK 訊息回傳給傳送端，以確定檔案是不是正確的送達，但是這種傳送方式一來一往耗費了相當大的時間，相較起來，UDP 的傳輸不必考慮接收端是不是有收到封包，而是在檔案上做保護的編碼，讓遺失的資料可以在接收端重新的復原，並且 RTP 協定是依照串流檔案的格式做設計，因此影片就能夠片段的傳送，還能夠做一些控制，相關的傳輸協定我們會在後面的章節提到。

»表 1　串流傳輸協定

傳輸協定	中文名稱	用途
RSVP	資源保留協定	接收端導向的網際網路控制定。
RTP	即時傳輸協議	針對多媒體資料流程的一種傳輸協定。
RTCP	即時傳輸控制協議	RTP 一起提供流量控制和擁塞控制服務。
MMS	微軟多媒體伺服器	用來訪問串流式接收 Windows media 伺服器中.asf 文件的一種協議。
RTSP	即時串流協定	用來控制聲音或影像的多媒體串流協議。
RTMP	即時訊息協定	Adobe system 在 Flash 播放器與伺服器之間，聲音、影像和資料傳輸的私有協定。
RTMFP	即時訊息流協定	RTMP 的 UDP 版本。

■ RTP（Real-time transport protocol）

RTP 提供的端點對端點的即時傳輸服務，能夠支援一對一或者一對多的傳輸，RTP 使用 UDP 協定傳送資料，以 RTCP 協定來做監控，RTCP 並不會傳送檔案片段，而是會定期將接收端或傳送端的資訊，例如：發送的封包數目、遺失的封包數，還有封包抖動的情況等等，回饋給傳送端及接收端，以便傳送端可以調適傳輸速率，因此 RTCP 負責傳送控制訊息，而 RTP 負責傳送實際資料。RTCP 控制訊息擁有下列幾種型態：

- RTCP_SR：RTP 傳送者回報訊息
- RTCP_RR：RTP 接收者回報訊息
- RTCP_SDES：來源描述的訊息
- RTCP_APP：應用程式特殊使用的訊息

00	01	02	03	04	05	06	07	08	09	10	11	12	13	14	15	16	17	18	19	20	21	22	23	24	25	26	27	28	29	30	31
V=2		P	X	CC				M	PT							Sequence Number															
Timestamp																															
Synchronization Source (SSRC) Identifier																															
Contributing Source (CSRC) identifiers																															

RTP Packet Header

圖 6　RTP 封包格式

3-2　實作實驗

3-2-1　實驗目的

本實驗主要內容為架設 FLV Streaming server，藉由網路來建置一個類似 Youtube 的視訊串流伺服器與播放平台，主要為使用目前廣為學校單位所使用之 osTube 伺服器軟體，架設伺服器與播放平台，實驗的主旨為讓同學瞭解如何架設一個客製化的網路串流伺服器平台，使用網際網路服務，進而瞭解 FLV Streaming server 的架構以及實作方式，啟發同學對於網路串流伺服器應用的創意。

3-2-2　學習目標

- 學習如何使用 Apache HTTP Server 與 MySQL，架設一個簡易的伺服器。
- 學習如何使用 osTube 軟體架設一個 FLV Streaming Server。
- 學習如何上傳自己的影片、音訊與圖片到 osTube 上。

3-2-3　環境設置

- 環境需求及安裝

  Appserv: Appserv 2.5.9

  MySQL: MySQL 5.0.45，與 Appserv 一起安裝。

  PHP: PHP 5.2.3

  phpmyadmin: phpmyadmin-2.10.2

  Ruby: Ruby186-27_rc2

  ActivePerl: ActivePerl-5.12.4.1205-MSWin32-x86

Note

由於 osTube 預設在 Linux 作業系統環境下執行，故安裝上述套件之後，仍需額外下載一些修改過的系統檔，檔案如下：

- osTube_covernsion_tools_win32
- convert-fix-win32-20080811

1.首先先完成 Appserv 的下載及安裝。

2.至 Appserv 官方首頁下載 Appserv 2.5.9。

進入 Appserv 官方網站後，點選下載連結，進入下載頁面：

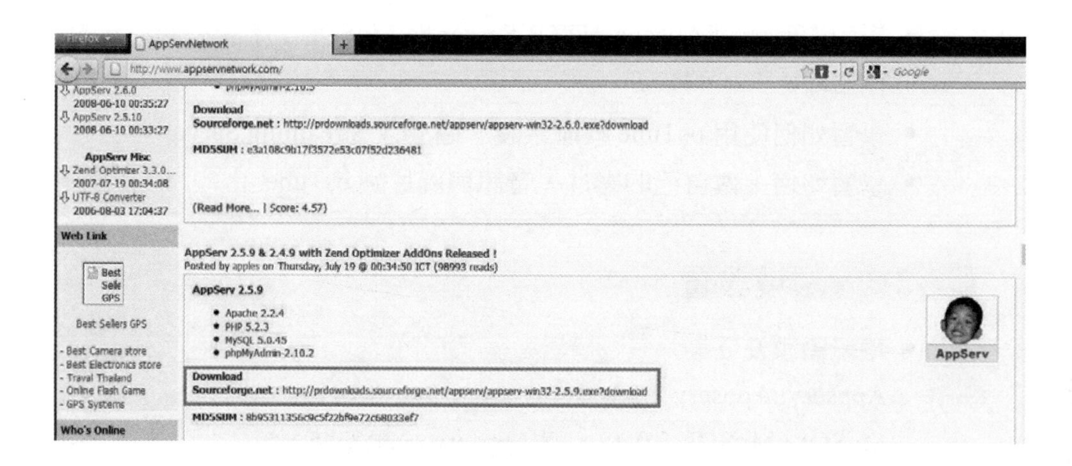

選擇合適的版本以及安裝形式（本實驗採用 Appserv 2.5.9，同學可嘗試安裝最新版本之 Appserv 軟體，但為避免不可預期的錯誤，本實驗操作上建議採用 Appserv 2.5.9 版本）。

3.下載 Appserv 後開始執行安裝。

在安裝 Appserv 之前，請先確認本機端的 IIS 服務是否已經關閉，以避免與 Appserv 發生衝突而導致架設失敗。

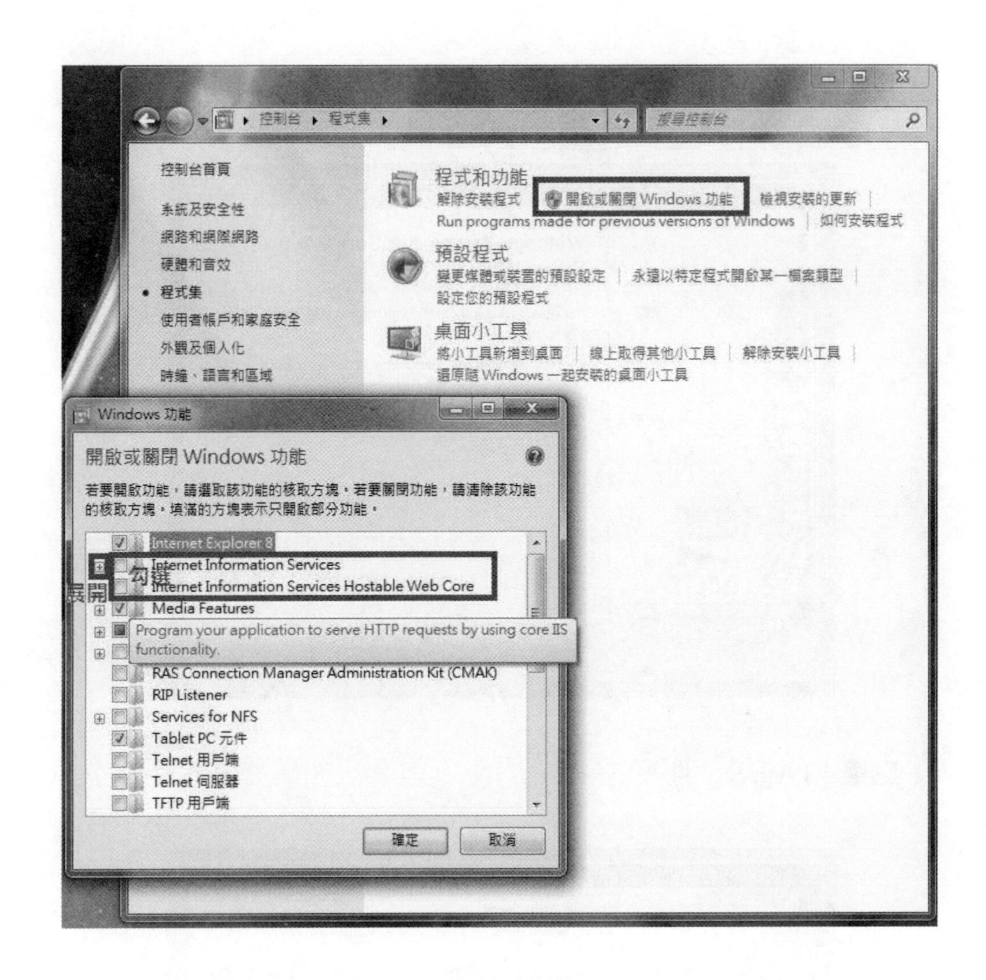

上圖為 IIS 開啟的方式，只要不勾選「Internet Information Services」以及「Internet Information Services Hostable Web Core」（Internet Information Services 可裝載的 Web 核心），就可以關閉 IIS。

接著開始安裝 AppServ 2.5.9 主程式。

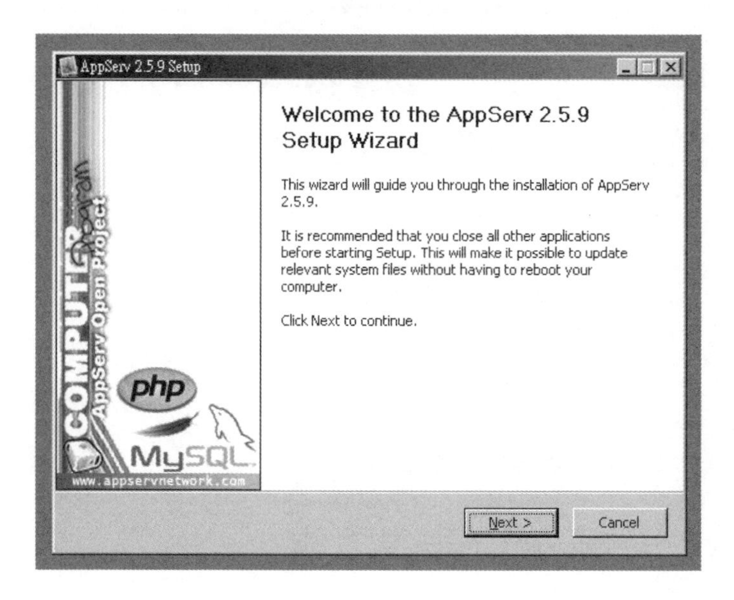

點選「I Agree」進入下一步。

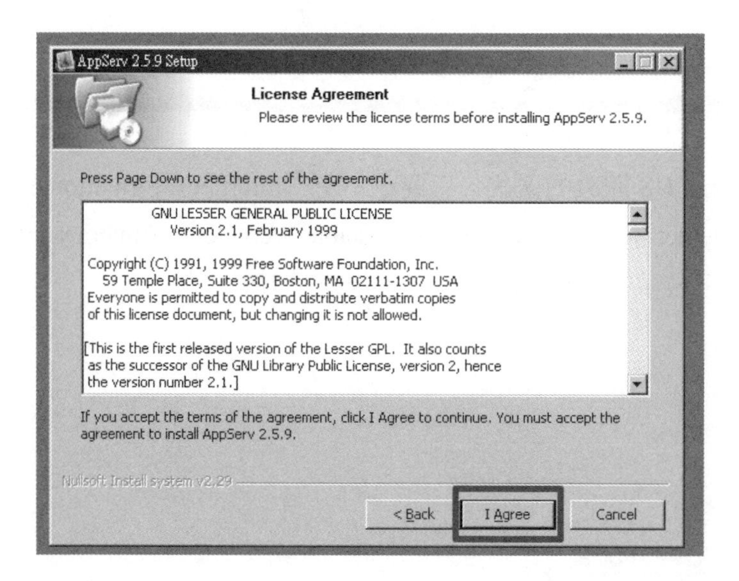

修改安裝路徑到 D：\AppServ，以方便日後資料備份。

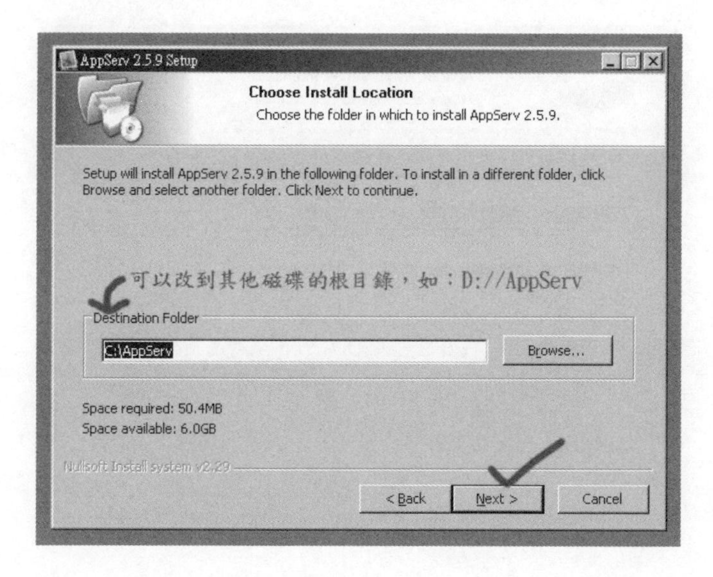

勾選「Apache HTTP Server」、「MySQL Database」、「PHP HyperTextPreporcessor」、phpMyAdmin，並進入「Next」。

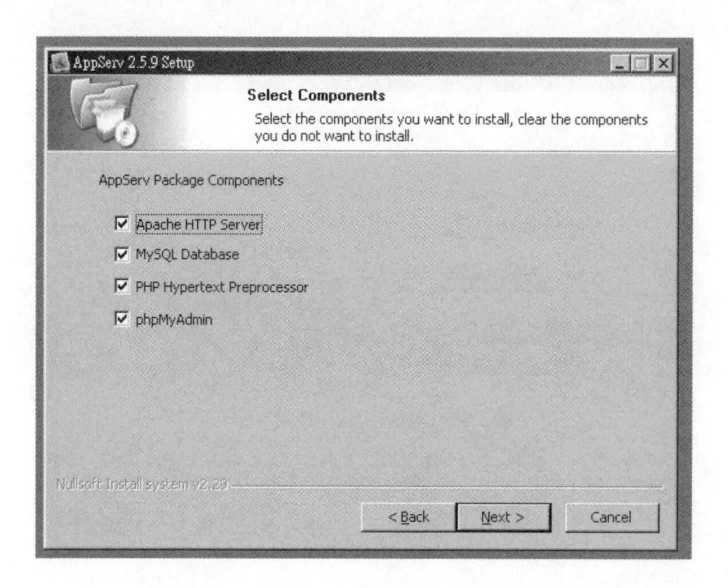

輸入伺服器名稱與管理者聯絡電子信箱，port 號採用預設的 80 即可。

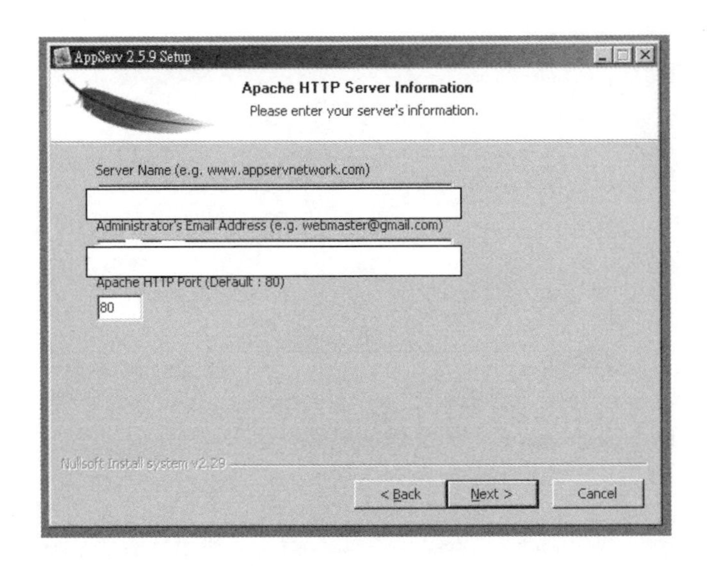

本實驗預設伺服器名稱為 localhost，若學生主機為固定 IP 則可設定為本機端 IP，若為浮動 IP 則設定 localhost 即可。

輸入 mysql 的密碼，進入下一步。

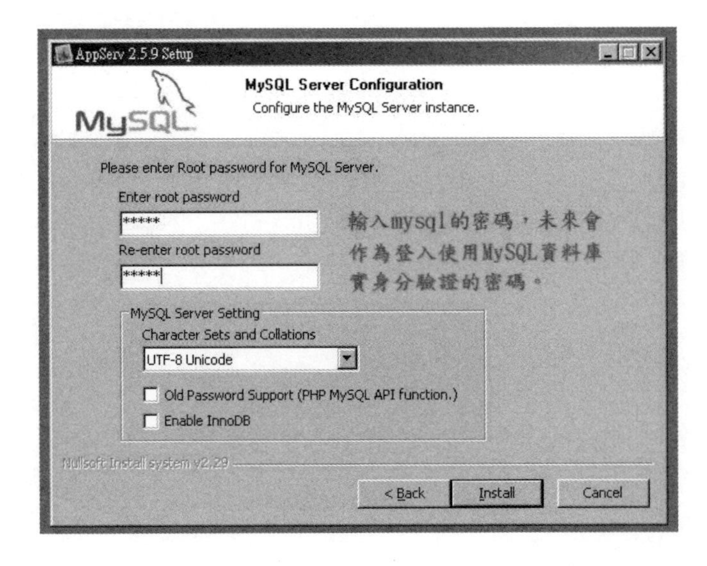

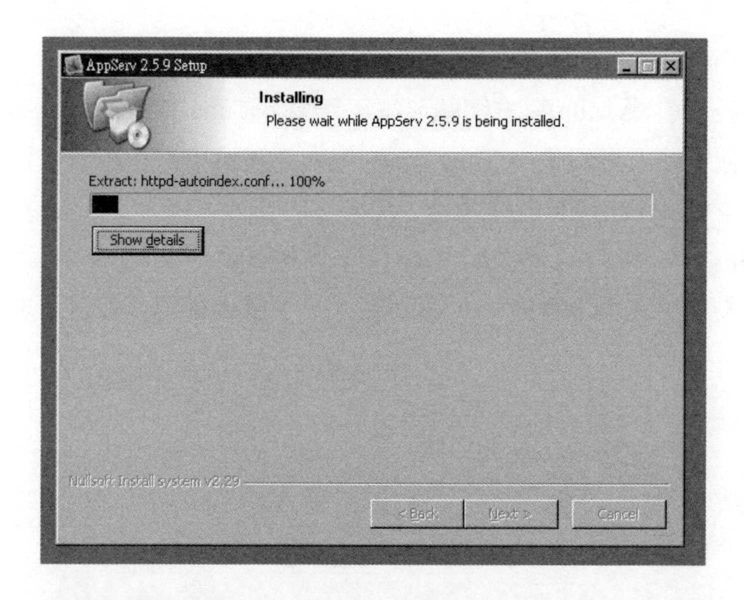

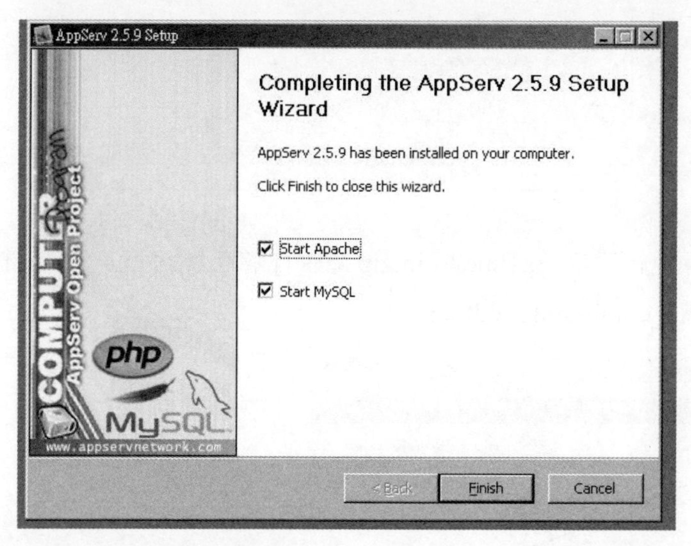

到此 AppServ、MýSQL 等套件安裝完成，點選「Finish」完成安裝程序。

4.下載 osTube2.6

由於目前 osTube 官方網站已經不再對 osTube 做更新，故本實驗特別到其他網路上有提供 osTube2.6 的個人部落格下載主程式，請連到以下網站下載 osTube2.6 主程式：

http：//www2.tiec.tp.edu.tw/osTube26-in.zip

（仍提供官網下載網址、個人部落格下載網址則是替代下載網址）

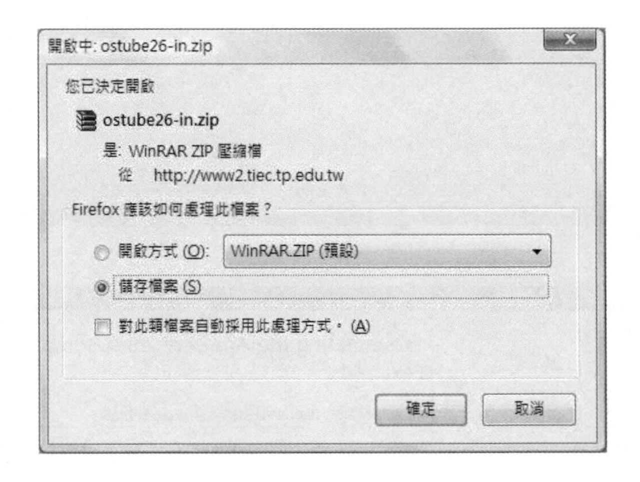

自網站上下載 osTube26-in.zip，並且解壓縮後檔名為 osTube_2.6_osTube_2.6_community_edt.tar。

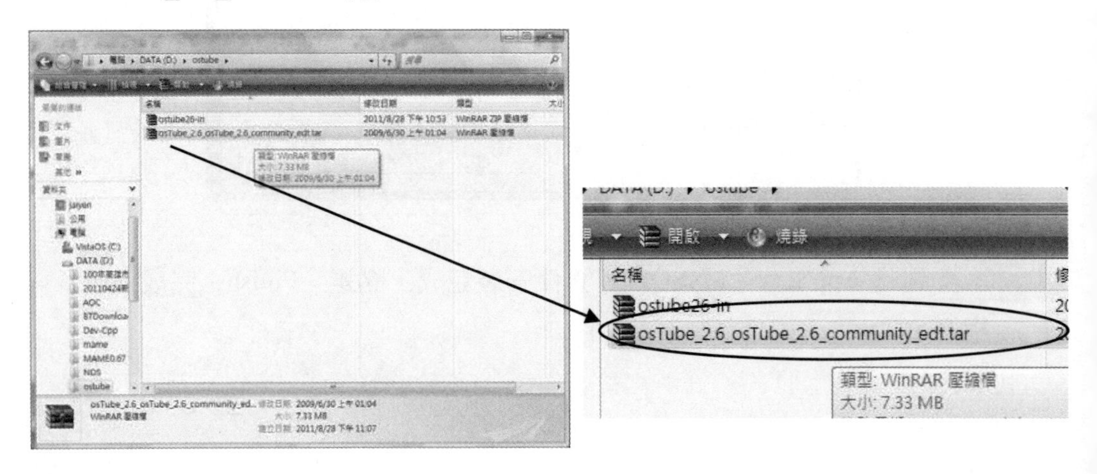

將 osTube_2.6_osTube_2.6_community_edt.tar 解壓縮到 osTube2.6 資料夾中。

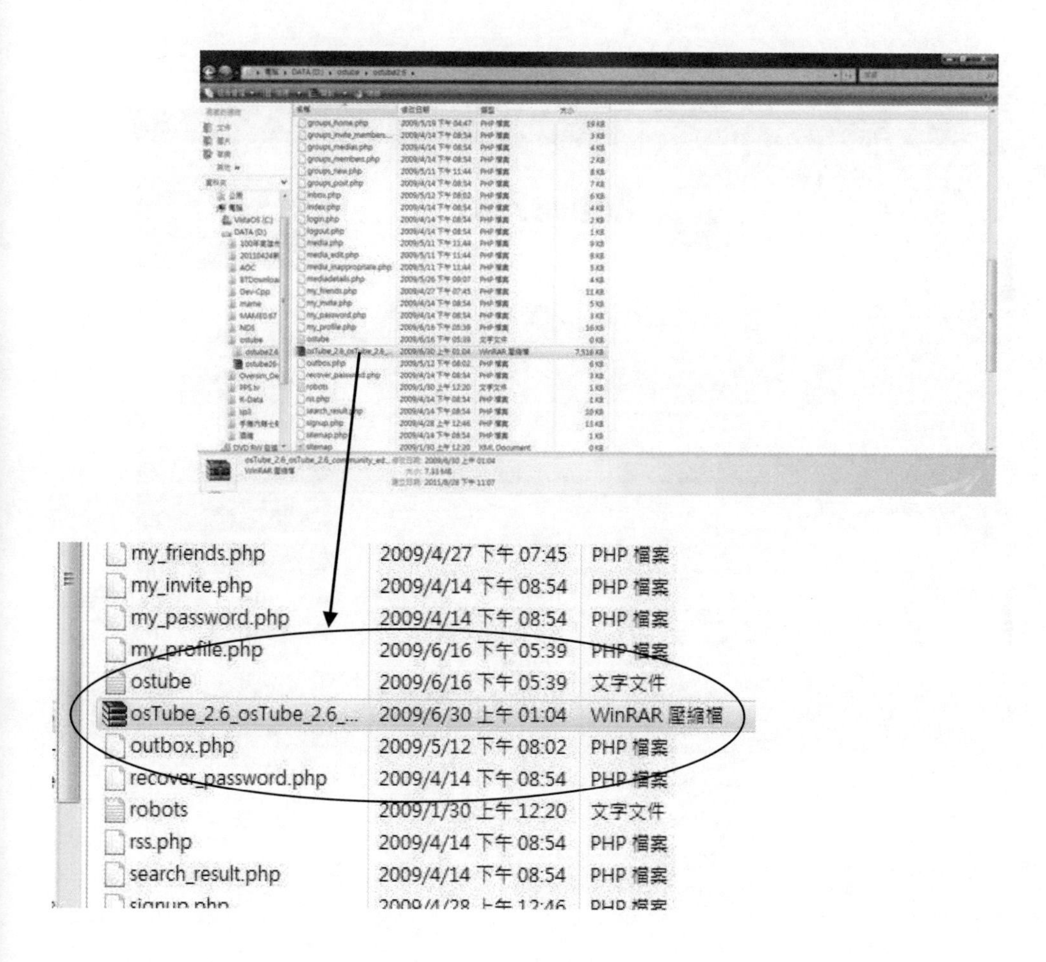

5.下載 ActivePerl。

到 ActivePerl 官方網站下載，點選右上方的「Free Download」。

進入下載頁面後，點選 Windows 版本。

點選後出現下載式窗，點選儲存。

下載後執行安裝程式。

進入安裝程序後，按「Next」。

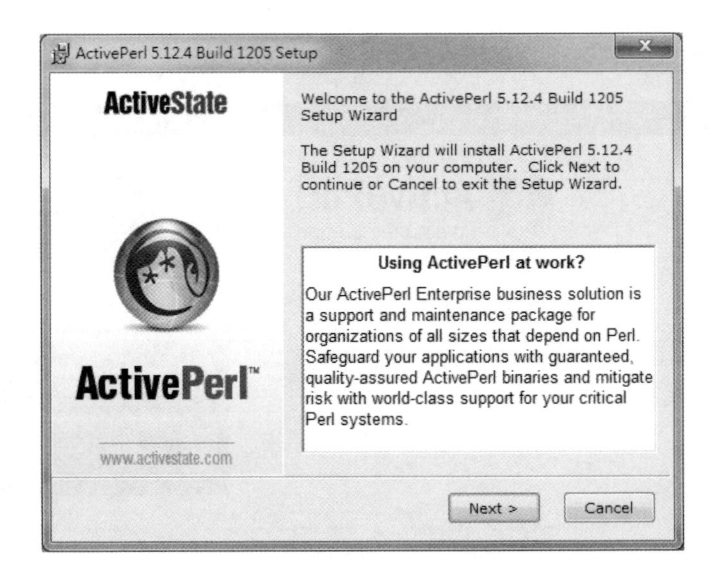

點選「I agree the term in License Agreement」，接著按「Next」。

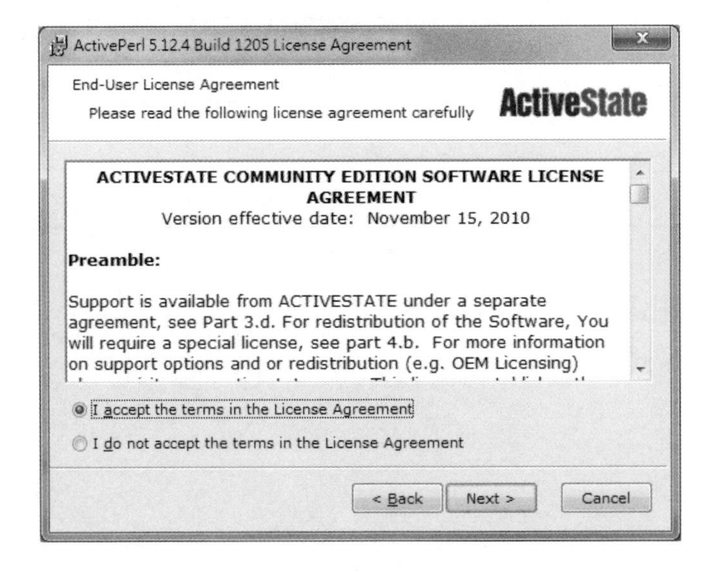

這部分照著系統預設的設定即可。

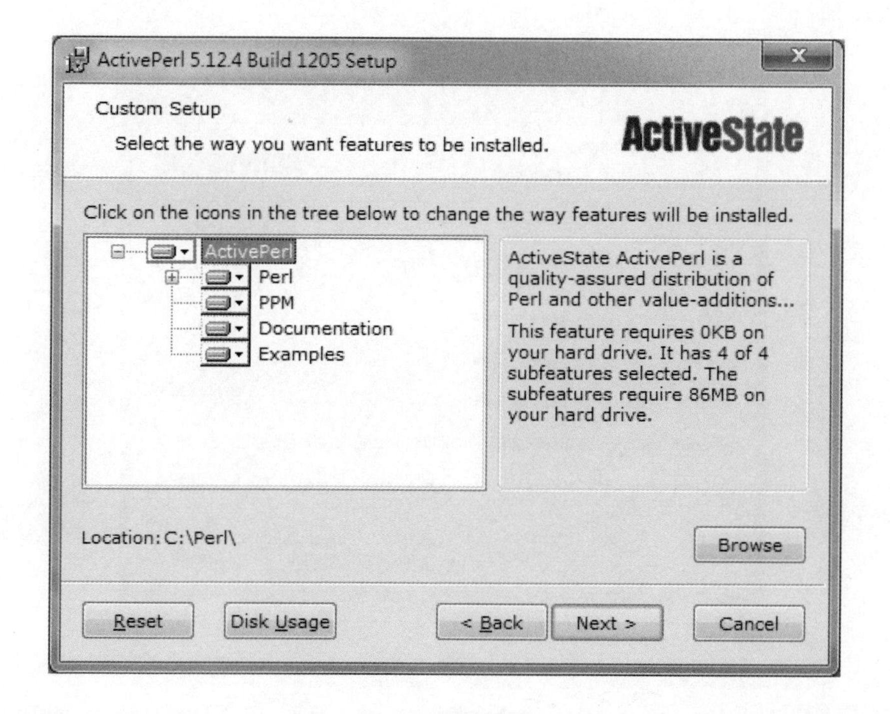

所有選項都選（→自訂安裝選項：勾選全部，對應副檔名……至 Perl 執行。

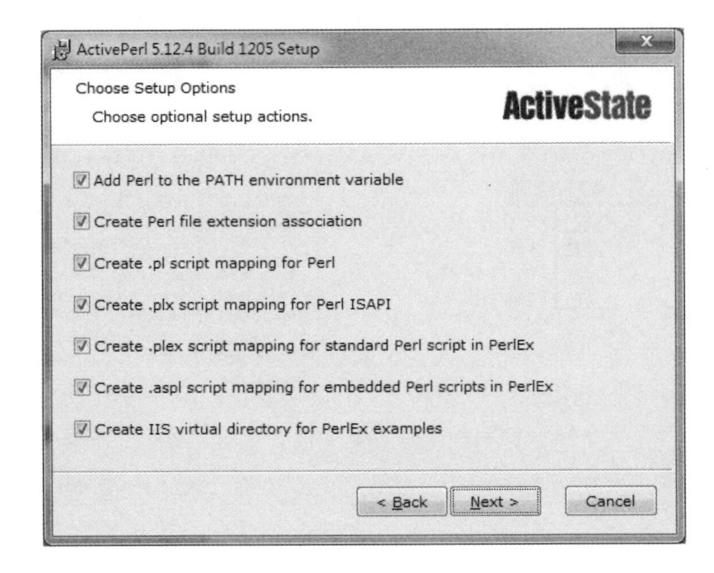

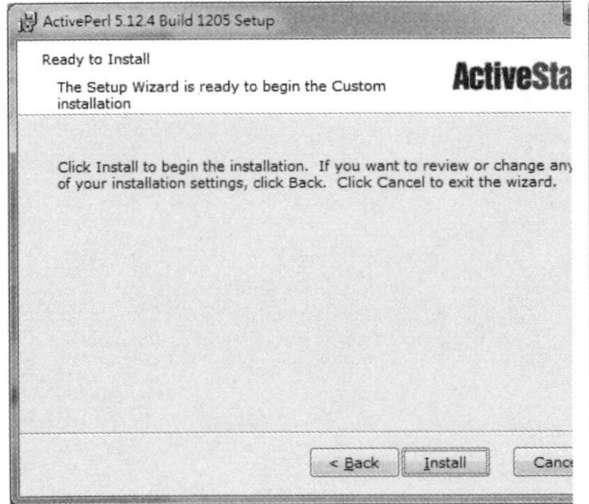

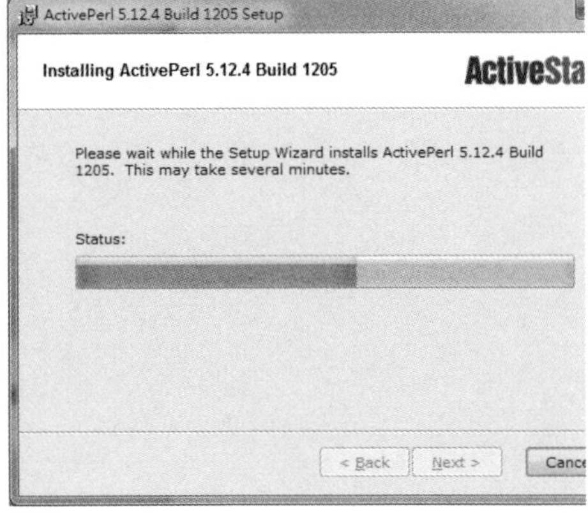

安裝完成畫面，點選「Finish」完成安裝程序。

6.下載 Ruby

到 Ruby 官方網站，下載 Ruby 主程式，點選右上角的「Download Ruby」。

本實驗已提供 Ruby186-27_rc 主程式供學生下載安裝使用，請到以下連結直接下載即可：http：//rubyforge.org/frs/download.php/47082/ruby186-27_rc2.exe

檔案下載視窗，點選儲存。

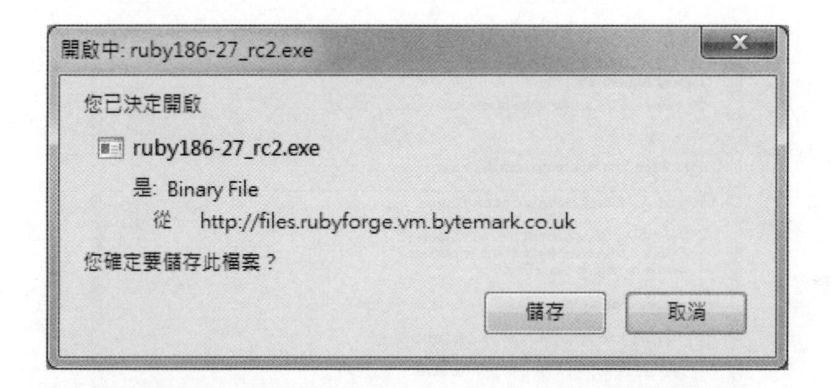

下載完畢後，點選下載的檔案，進入安裝程序。

點選「I Agree」。

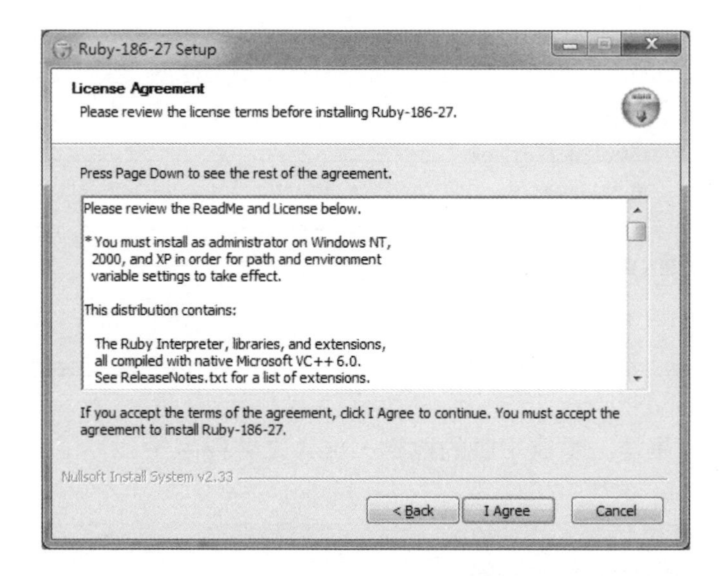

此部分只要選擇「SaTE」套件即可，選完後按「Next」。

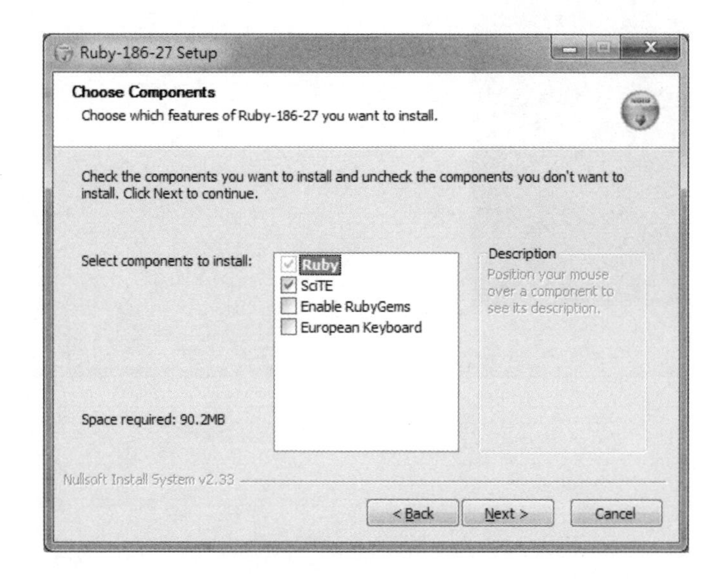

程式安裝路徑按照預設即可，按「Next」。

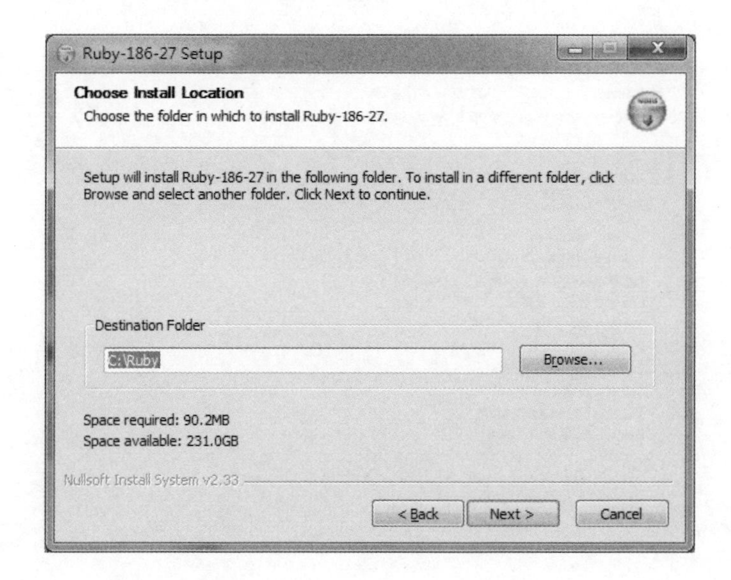

此部分直接按「Install」。

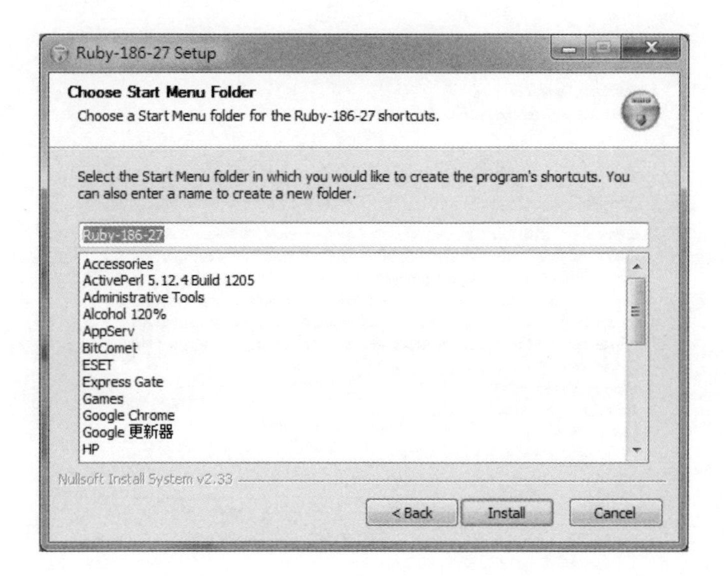

程式安裝畫面。

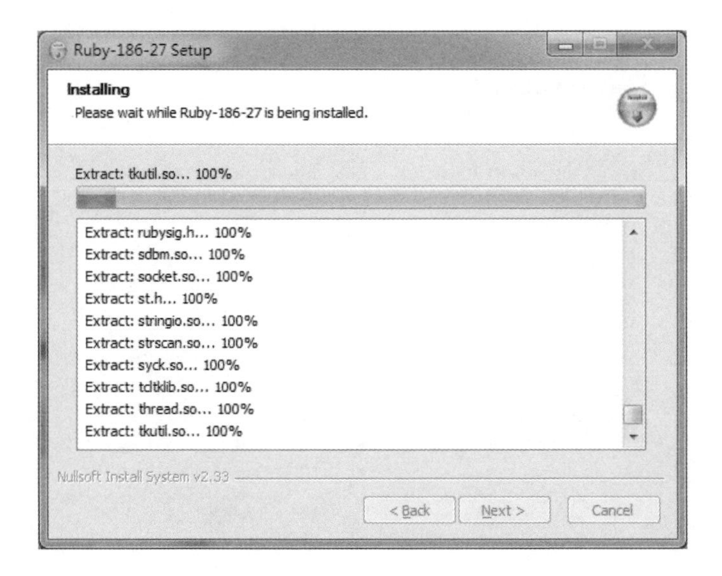

安裝完成後點選「Next」。

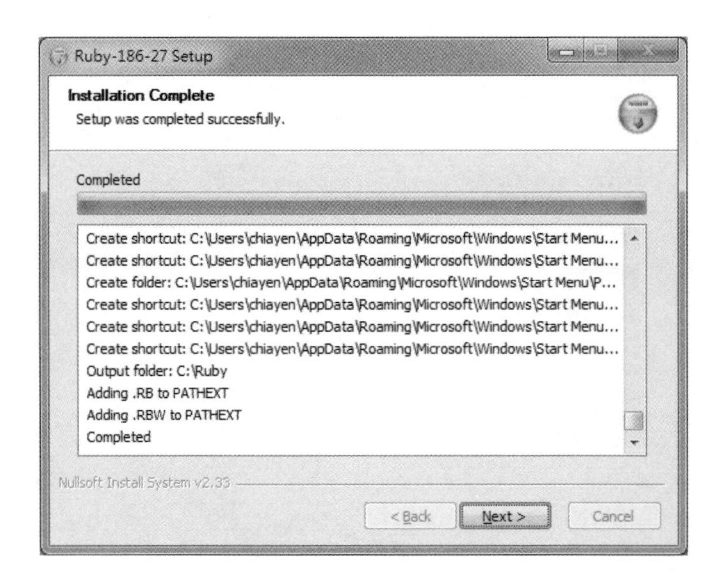

到此為止程式安裝完畢，點選「Finish」離開安裝程序。

7.下載轉檔工具。

共有四個轉檔工具要下載：

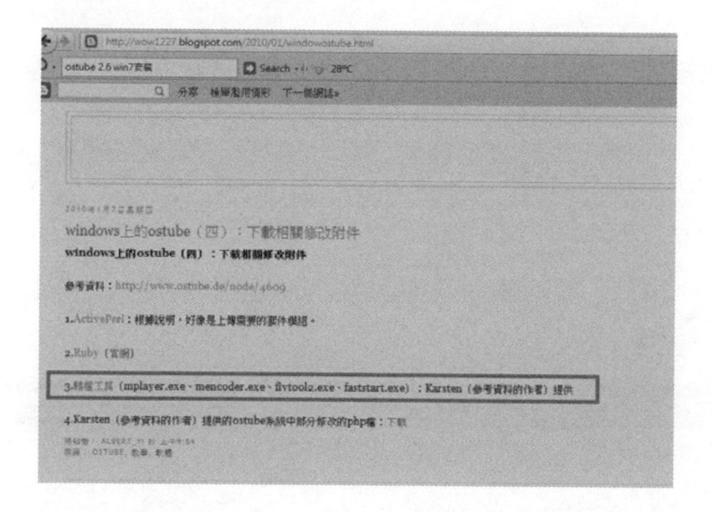

轉檔工具下載連結：http：//jetzweb.de/bluelotus/auvica_temp/osTube_conversion_tools_win32.zip

下載後將其解壓縮至 c：\ost_coversion_tool

解壓縮完之後會出現三個檔案，之後會用到。

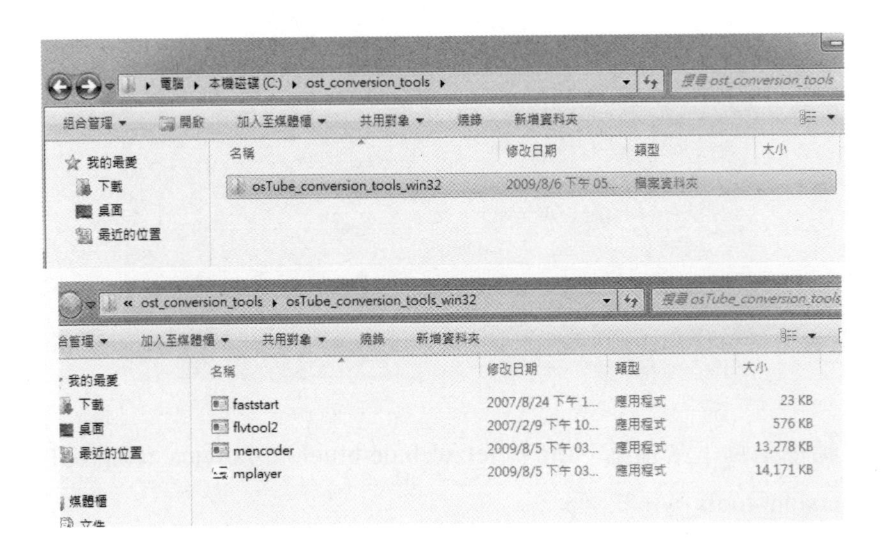

最後請確認所有的套件是否都下載齊全，並安裝完成，確認無誤後便進行設定。

ActivePerl-5.12.4.1205-MSWin32-x86-...	2011/8/26 上午 0...	Windows Installe...	26,968 KB
appserv-win32-2.5.9	2011/8/26 上午 0...	應用程式	15,015 KB
convert-fix-win32_20080811	2011/8/26 上午 0...	WinRAR ZIP 壓縮檔	42 KB
osTube_conversion_tools_win32	2011/8/26 上午 0...	WinRAR ZIP 壓縮檔	11,424 KB
ruby186-27_rc2	2011/8/26 上午 0...	應用程式	25,010 KB

8.安裝完所有套件之後，必須進入 localhost 設定 mysql。

打開瀏覽器，輸入 localhost，進入 phpMyAdmin。

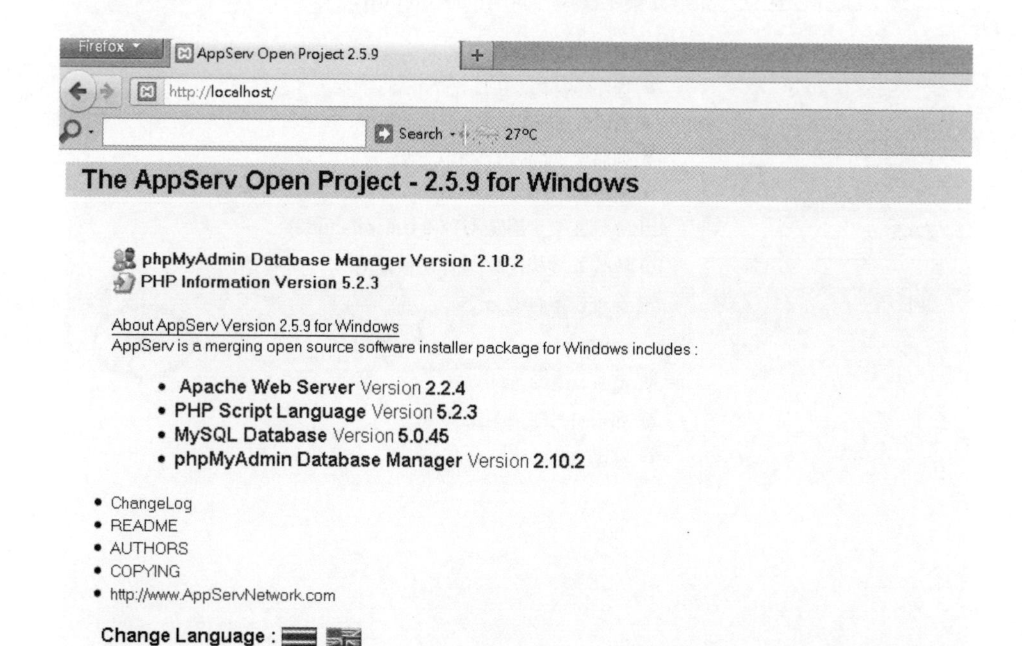

點選 phpMyAdmin Database Mangaer Version 2.10.2 進入資料庫。

需要授權

http://localhost 要求輸入帳號及密碼，該網站說: "phpMyAdmin"

使用者名稱:

密碼:

確定 取消

輸入先前安裝 appserv 時所設定 mysql 的帳號與密碼。

進入之後建立一個新資料庫，命名為 osTube。

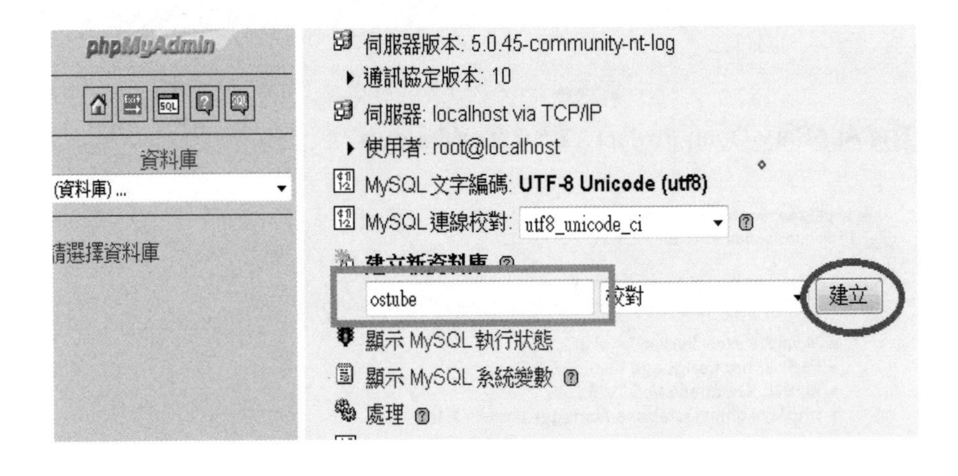

建立好資料庫之後，點選「權限」以新增使用者。

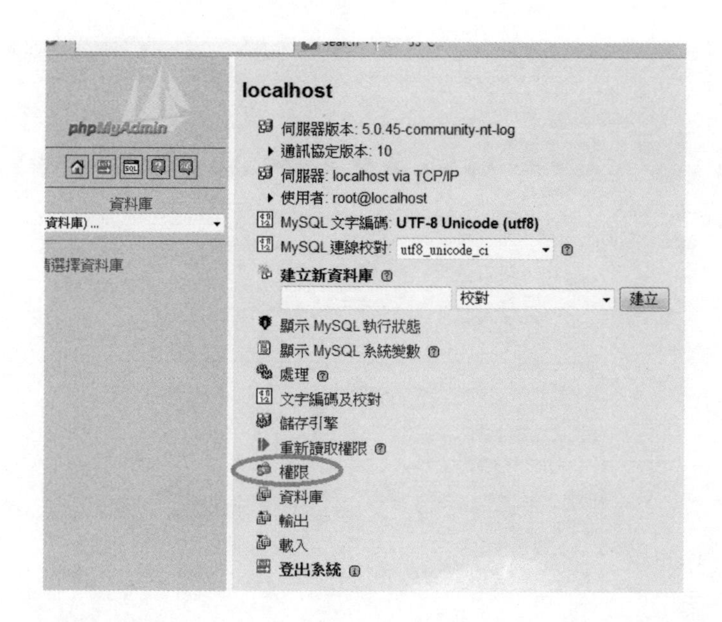

建立新用戶 osTube。

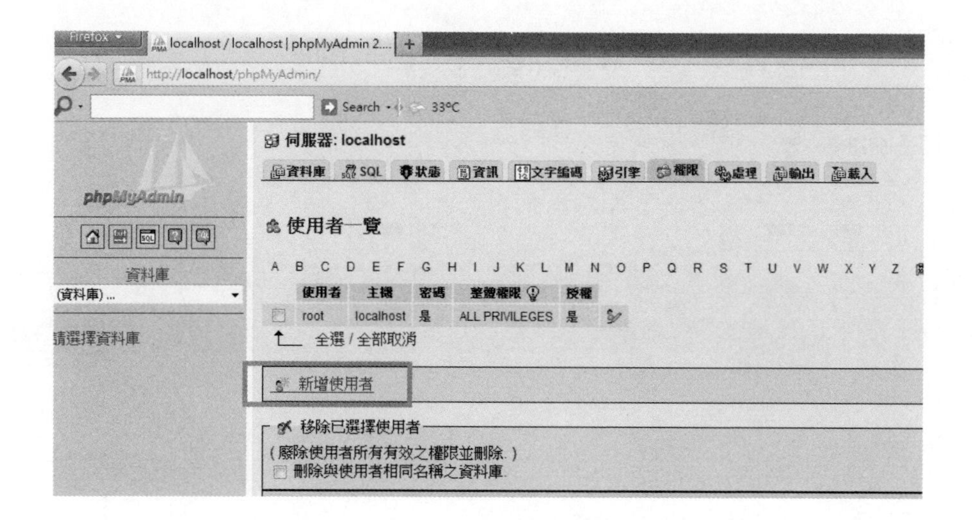

建立新用戶 osTube，主機選擇本機端，並設定密碼。

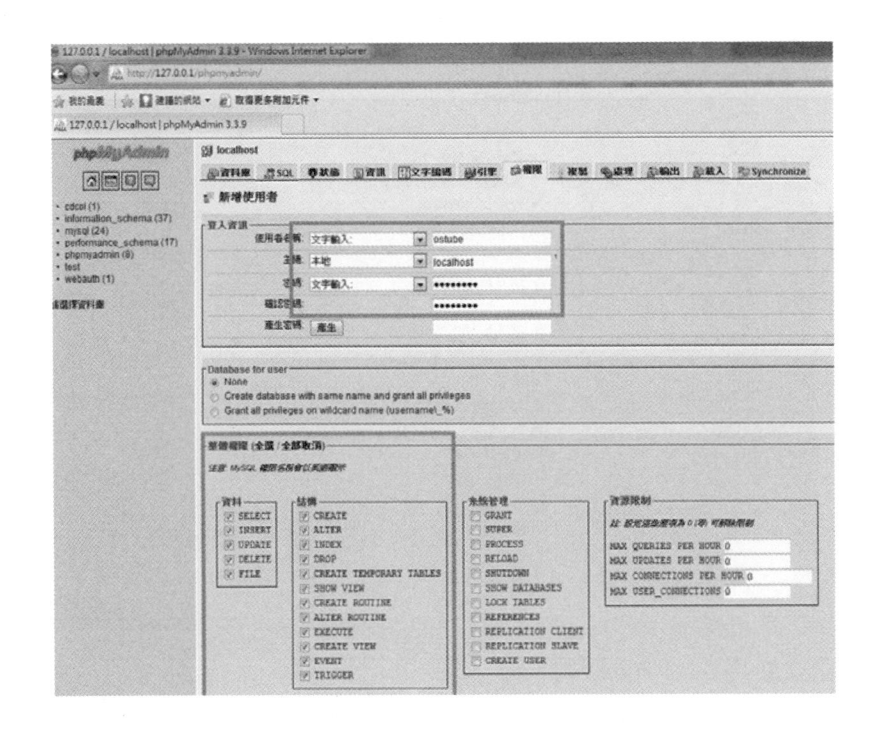

新增完畢後可以在「權限」選項中看到 osTube。

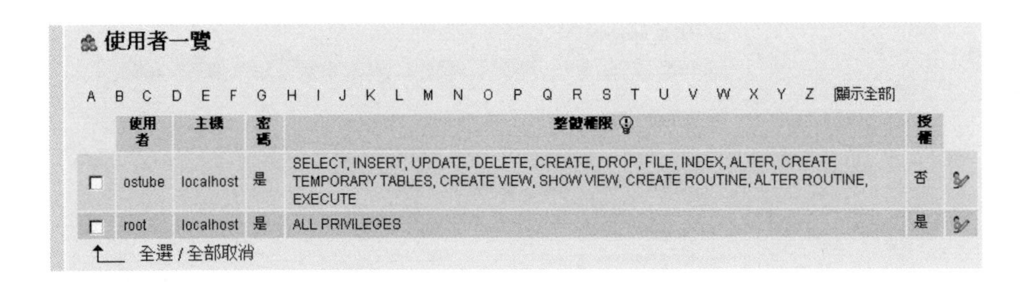
使用者一覽

A B C D E F G H I J K L M N O P Q R S T U V W X Y Z [顯示全部]

	使用者	主機	密碼	整體權限	授權	
☐	ostube	localhost	是	SELECT, INSERT, UPDATE, DELETE, CREATE, DROP, FILE, INDEX, ALTER, CREATE TEMPORARY TABLES, CREATE VIEW, SHOW VIEW, CREATE ROUTINE, ALTER ROUTINE, EXECUTE	否	
☐	root	localhost	是	ALL PRIVILEGES	是	

全選 / 全部取消

9.安裝 osTube

將之前解壓縮完成的 osTube 複製到 Appserv 底下的 www 資料夾中。

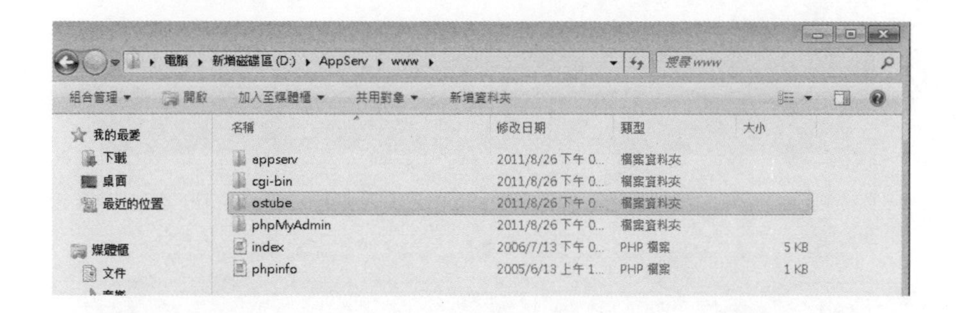

開啟瀏覽器，輸入 localhost/osTube，或 127.0.0.1/osTube，就可以進入 osTube 安裝畫面。

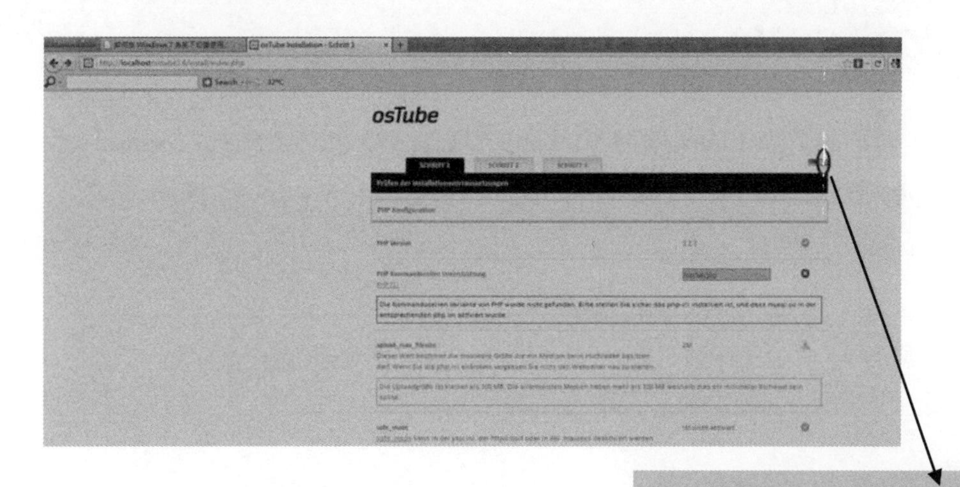

先在安裝畫面中，點選右上角的英國國旗符號，切換成英文介面。

修正 PHP command line interface 錯誤。

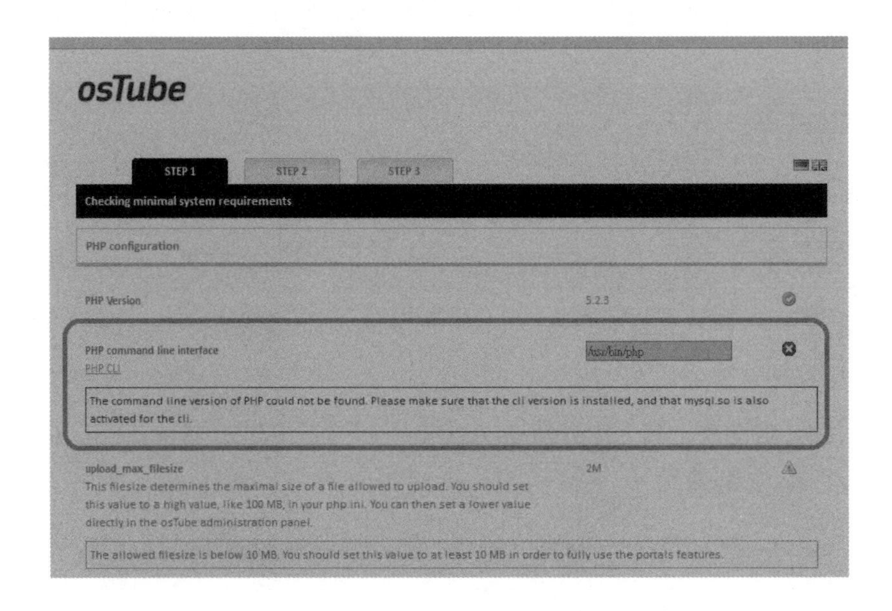

由於預設值為 Linux 環境下的 php 服務位置，故必須修改為 appserv 中的 php 服務程式，將「/usr/bin/php」改為「D：//Serv//php5/php.exe」，修改完後再按 enter。

設定先前在 phpMyAdmin 中設定的 mysql 帳號與密碼，設定好之後進入下一步。

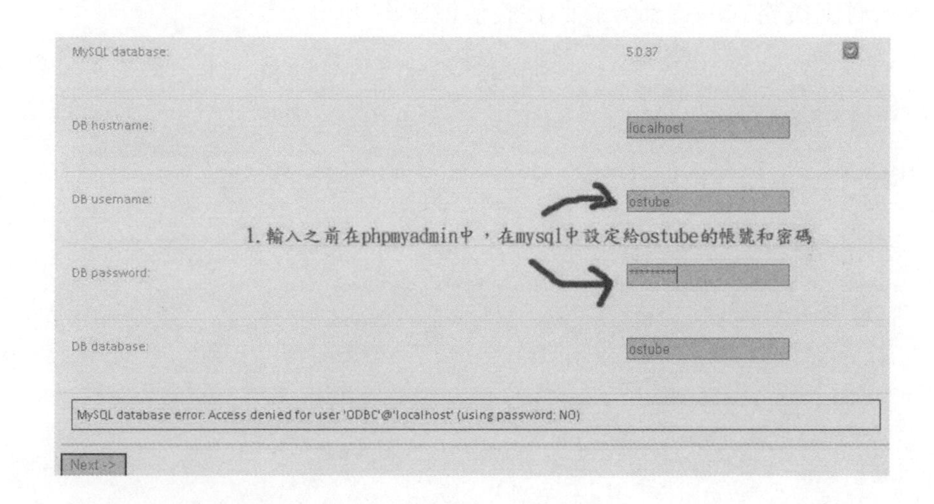

Absolut path 和 Releative path 可以不必修改。

osTube

STEP 1　STEP 2　STEP 3

Media and conversion

Homepage directory

Absolut path
Please check if this path matches the real path.
D:/AppServ/www/ostube/

Relative path
Please check if the relative path matches your real config.
http://127.0.0.1/ostube/

Active media 的部分，主要是設定系統支援的上傳格式，有 Video（影片）、Picture（圖片）、Sounds（聲音）、Document（文件）。預設值為開放所有支援格式，這部分就照預設值設定即可。

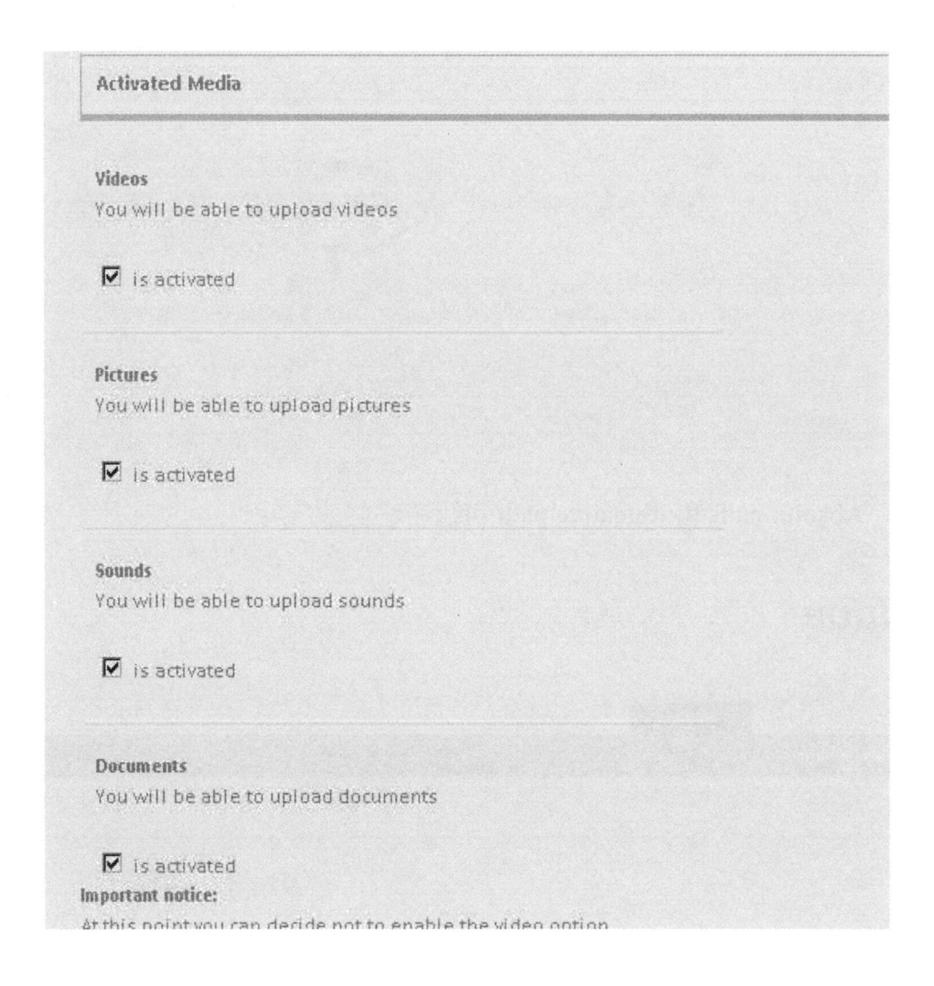

External programs 的部分，MPlayer support、Mencoder support、Ruby、FLVTool2 support 都必須修正為正確的路徑才可以正常使用。

External programs

MPlayer support
MPlayer Homepage
/usr/local/bin/mplayer
MPlayer could not be found. Please make sure MPlayer is installed or disable video support.

Mencoder support
MEncoder Homepage
/usr/local/bin/mencoder
MEncoder could not be found. Please make sure MEncoder is installed or disable video support.

Ruby
Ruby Homepage
/usr/local/bin/ruby
Ruby could not be found. Please make sure Ruby is installed or disable video support.

FLVTool2 support
FLVTool2
/usr/local/bin/flvtool2
FLVTOOL2 could not be found. Please make sure FLVTOOL2 is installed or disable video support.

如果是照之前步驟來安裝的話，就照下面來填。

MPlayer support：C：\ost_conversion_tools\mplayer.exe

Mencoder support：C：\ost_conversion_tools\mencoder.exe

Ruby：C：\Ruby\bin\ruby.exe

FLVTool2 support：C：\ost_conversion_tools\flvtool2.exe

最後設定轉檔的影片品質，預設為中等，可依照個人需要做調整。

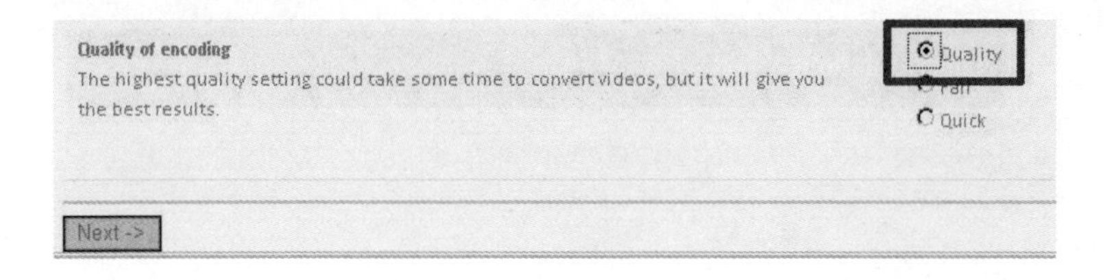

接著填入管理員的帳號和密碼，以及管理員的 email，填完以後進入下一步。

osTube

STEP 1 STEP 2 STEP 3

Admin settings

Portal settings

Name of your portal　1. 載入網頁標題　osTube

Users have to fill their profile?
Users have to fill their profile in order to be fully registered　2. 是否開放他人註冊 Yes No

Admin username　admin

3. 輸入官理ostube的帳號密碼

Admin password

Admin email　4. 輸入官理者的mail　admin@127.0.0.1

Next ->

到此 osTube 安裝流程結束。

osTube

The installation was successfully finished!
You can now log into the admin panel

接著進入 osTube 資料夾中，把 install 資料夾刪除或更改名稱（在此建議更改名稱即可）。

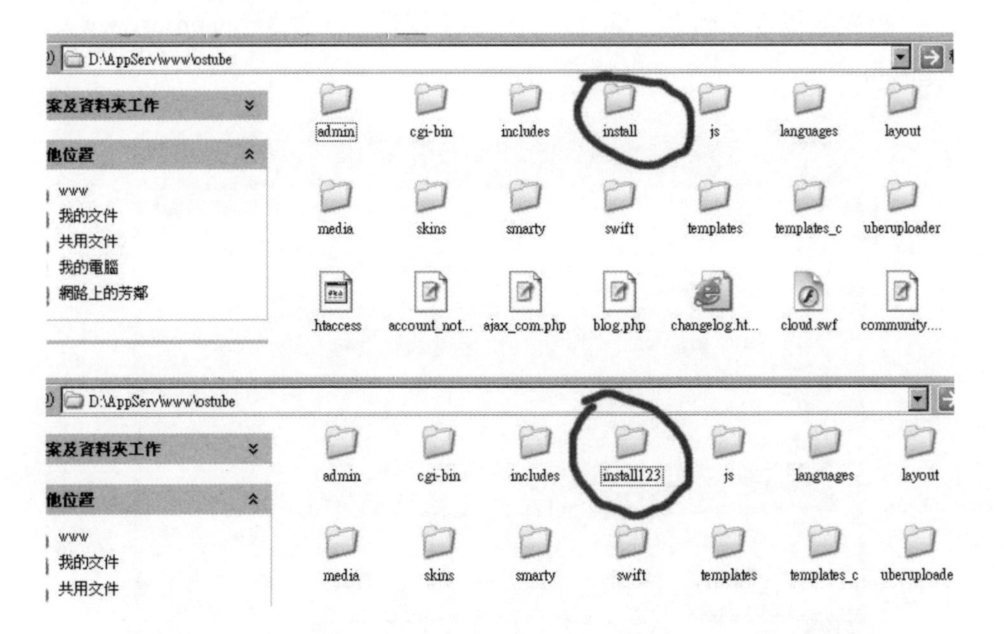

輸入網址 localhost/osTube 即可看到架好的伺服器。

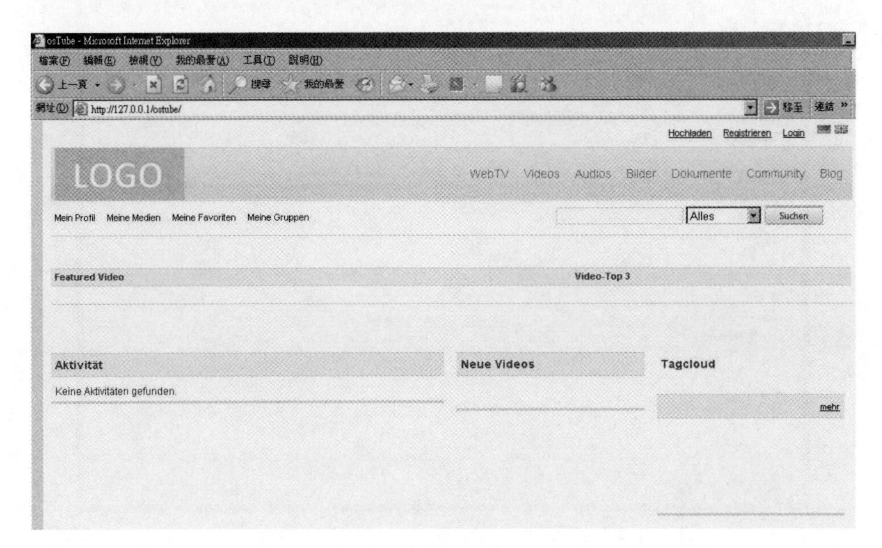

10.修改 osTube 上傳設定

開啟 osTube 的安裝目錄，找到 cgi-bin 資料夾，並進入此資料夾。

將裡面檔案名稱為「uu_*.*」一共 4 個檔案，複製到 appserv/www/cgi-bin 中。

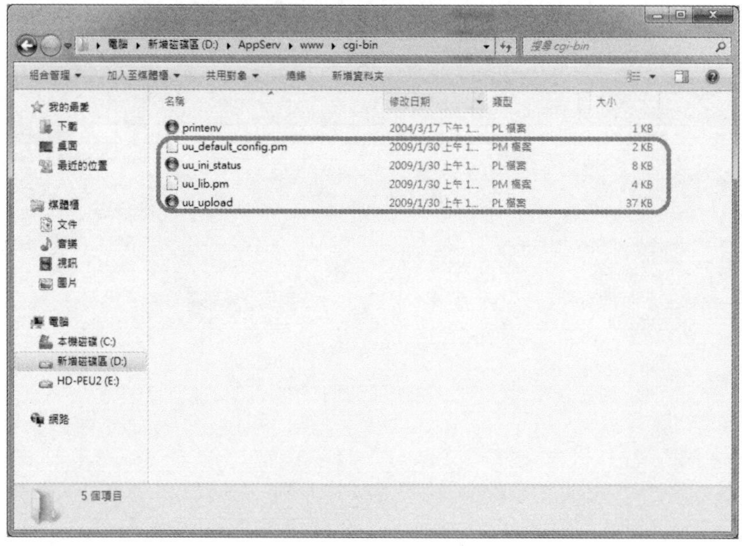

利用文字編輯器（或是 Word pad），開啟「uu_ini_status.pl」，修改第一行的 per.exe 路徑，如果依照預設值安裝，路徑會在 C：\Perl\bin。

```
#!"C:\Perl\bin\perl.exe" -w

#***************************************************************************
************************
#  ATTENTION: THIS FILE HEADER MUST REMAIN INTACT. DO NOT DELETE OR
MODIFY THIS FILE HEADER.
#
#  Name: uu_ini_status.pl
#  Link: http://uber-uploader.sourceforge.net/
#  Revision: 2.1
#  Date: 25/05/2007 11:23PM
#  Initial Developer: Peter Schmandra
#  Description: Initialize the progress bar and exit
```

將「#!/usr/bin/perl -w」：修改為「#!"C：\Perl\bin\perl.exe" -w」後，存檔！

利用文字編輯器（或是 Word pad），開啟「uu_upload.pl」，修改第一行的 per.exe 路徑，方法同上。

```
#!"C:\Perl\bin\perl.exe" -w

#***************************************************************************
**************************************************
#  ATTENTION: THIS FILE HEADER MUST REMAIN INTACT. DO NOT DELETE OR
MODIFY THIS FILE HEADER.
#
#  Name: uu_upload.pl
#  Link: http://uber-uploader.sourceforge.net/
#  Revision: 6.3
```

將「#!/usr/bin/perl -w」：修改為「#!"C：\Perl\bin\perl.exe" -w」後，存檔！

利用純文字編輯器，開啟「uuu_default_config.pm」，修改以下內容：

```
10 $config = {
11         config_file_name          => 'uu_default_config',
12         temp_dir                  => '/tmp/',
13         upload_dir                => $ENV{'DOCUMENT_ROOT'} . '/media/tmp/',
14         unique_upload_dir         => 0,
15         unique_upload_dir_length  => 16,
16         unique_file_name          => 1,
17         unique_file_name_length   => 16,
18         max_upload                => 509715200,
19         overwrite_existing_files  => 0,
20         redirect_after_upload     => 1,
21         redirect_url              => 'http://' . $ENV{'SERVER_NAME'} . '/upload.php',
22         redirect_using_js_html    => 1,
23         redirect_using_html       => 0,
24         redirect_using_js         => 0,
25         redirect_using_location   => 0,
26         delete_param_file         => 1,
27         get_data_speed            => 1000,
28         disallow_extensions       => '(sh|php|php3|php4|php5|py|shtml|phtml|cgi|pl|plx|htaccess|htpasswd)',
29         allow_extensions          => '(jpg|jpeg|png|gif|avi|mpg|mov|wmv|mp4|mkv|3gp|flv|m4v)',
30         normalize_file_names      => 1,
31         normalize_file_delimiter  => '_',
32         normalize_file_length     => 48,
33         link_to_upload            => 0,
34         path_to_upload            => 'http://'. $ENV{'SERVER_NAME'} . '/uploads/',
35         send_email_on_upload      => 0,
36         html_email_support        => 0,
37         link_to_upload_in_email   => 0,
38         email_subject             => 'Uber File Upload',
39         to_email_address          => 'email_1@somewhere.com,email_2@somewhere.com',
40         from_email_address        => 'admin@yoursite.com',
41         log_uploads               => 0,
42         log_params                => 0,
43         log_dir                   => '/tmp/uu_logs/',
44 };
```

將打勾符號的地方，修改成以下內容：

```
$config = {
        config_file_name          => 'uu_default_config',
        temp_dir                  => $ENV{'DOCUMENT_ROOT'} . '/ostube/media/tmp/',
        upload_dir                => $ENV{'DOCUMENT_ROOT'} . '/ostube/media/tmp/',
        unique_upload_dir         => 0,
        unique_upload_dir_length  => 16,
        unique_file_name          => 1,
```

```
redirect_url           => 'http://' . $ENV{'SERVER_NAME'} . '/ostube/upload.php',
redirect_using_js_html => 1,
redirect_using_html    => 0,
redirect_using_js      => 0,
redirect_using_location => 0,
    normalize_file_length    => 48,
    link_to_upload           => 0,
    path_to_upload           => 'http://'. $ENV{'SERVER_NAME'} . '/ostube/uploads/',
    send_email_on_upload     => 0,
    html_email_support       => 0,
    link_to_upload_in_email  => 0,
    email_subject            => 'Uber File Upload',
    to_email_address         => 'email_1@somewhere.com,email_2@somewhere.com',
    from_email_address       => 'admin@yoursite.com',
    log_uploads              => 0,
    log_params               => 0,
    log_dir                  => $ENV{'DOCUMENT_ROOT'} . '/ostube/media/tmp/uu_logs/',
};
```

修改完之後儲存檔案。

找到先前下載的修改套件，解壓縮後得到 3 個檔案。

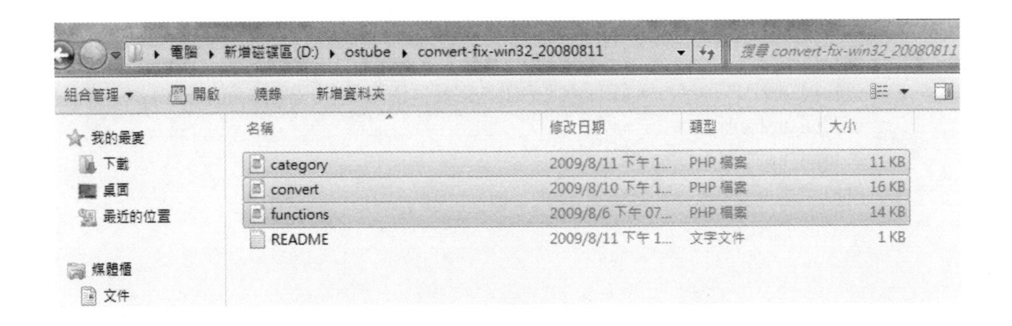

「convert.php」：copy 到 osTube 的根目錄資料夾。

「functions.php」：copy 到 osTube 中的「includes」資料夾中。

「category.php」copy 到 osTube 中「admin」資料夾裡的「moduls」資料夾中。

到控制台→系統管理工具→服務，重新啟動 appserv，如此一來所有設定便完成。

服務 (本機)

Apache2.2

停止服務
重新啟動服務

描述:
Apache/2.2.4 (Win32) PHP/5.2.3

名稱	描述	狀態	啟動類型	登入身分
ActiveX Installer (...	針對...		手動	Local Sys...
Adaptive Brightn...	監視...		手動	Local Ser...
Apache2.2	Apa...	已啟動	自動	Local Sys...
Application Expe...	在應...	已啟動	手動	Local Sys...
Application Ident...	判斷並確定應用程式的識別，停用此服務將使 AppLocker 無法			
Application Infor...	以其...	已啟動	手動	Local Sys...
Application Laye...	對網...		手動	Local Ser...

3-2-4　實驗步驟

連線到 osTube 平台

1.打開瀏覽器，輸入 localhost/osTube，進入 osTube 首頁。

2.輸入管理者帳號密碼，進行登入。

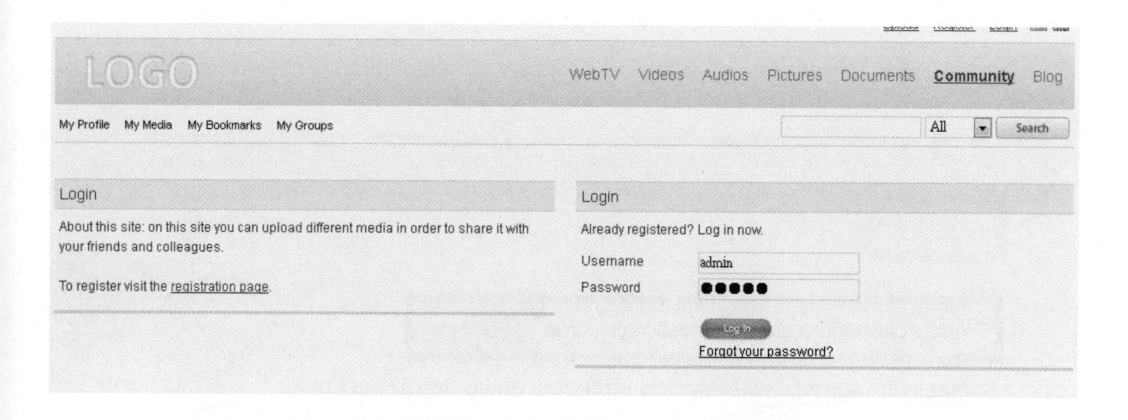

3.點選右上角的英國國旗圖示，將語言切換成英文。

4.點選右上角的「upload」選項，進入檔案上傳設定。

■檔案上傳

1.輸入上傳檔案名稱，並選擇上傳檔案之路徑。注意系統預設可上傳檔案大小為 2MB。

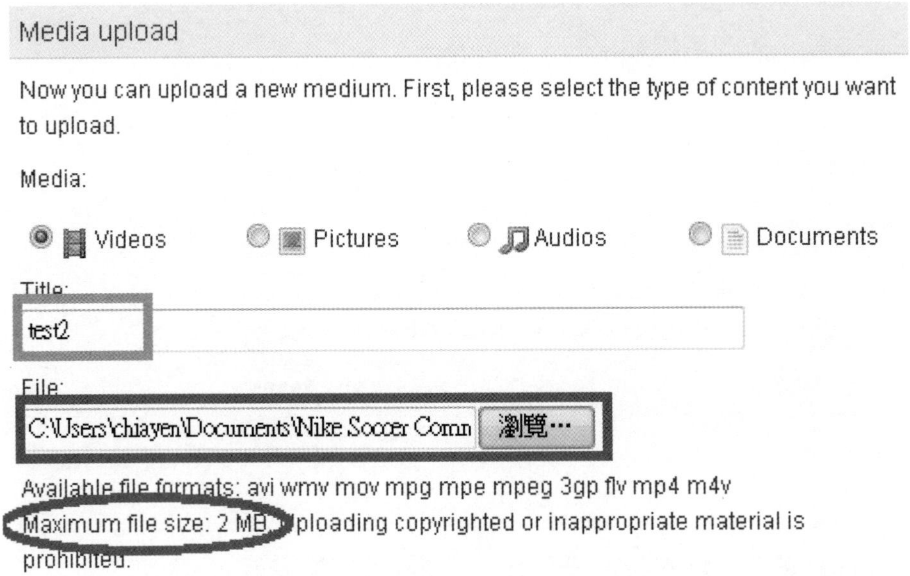

Media upload

Now you can upload a new medium. First, please select the type of content you want to upload.

Media:

Videos　Pictures　Audios　Documents

Title:

test2

File:

C:\Users\chiayen\Documents\Nike Soccer Comn　瀏覽…

Available file formats: avi wmv mov mpg mpe mpeg 3gp flv mp4 m4v

Maximum file size: 2 MB. Uploading copyrighted or inappropriate material is prohibited.

2.設定檔案描述與關鍵字，接著選擇檔案分類，按下「Save」。

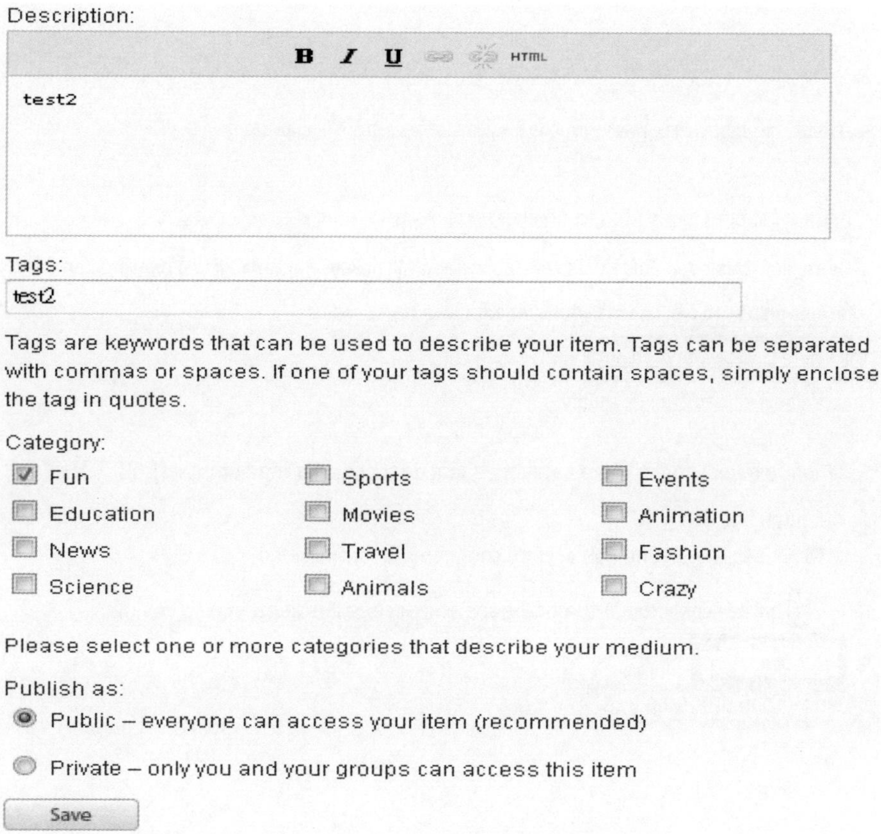

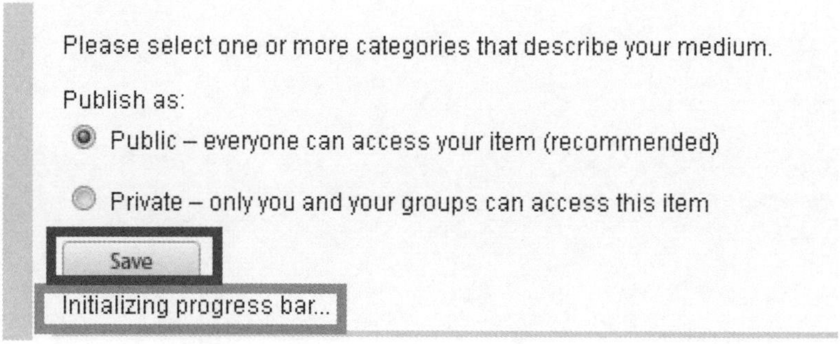

Description:

B I U HTML

test2

Tags:

test2

Tags are keywords that can be used to describe your item. Tags can be separated with commas or spaces. If one of your tags should contain spaces, simply enclose the tag in quotes.

Category:

Fun	Sports	Events
Education	Movies	Animation
News	Travel	Fashion
Science	Animals	Crazy

Please select one or more categories that describe your medium.

Publish as:

Public – everyone can access your item (recommended)

Private – only you and your groups can access this item

Save

Please select one or more categories that describe your medium.

Publish as:

Public – everyone can access your item (recommended)

Private – only you and your groups can access this item

Save

Initializing progress bar...

3.完成上傳作業，點選進入檔案畫面。

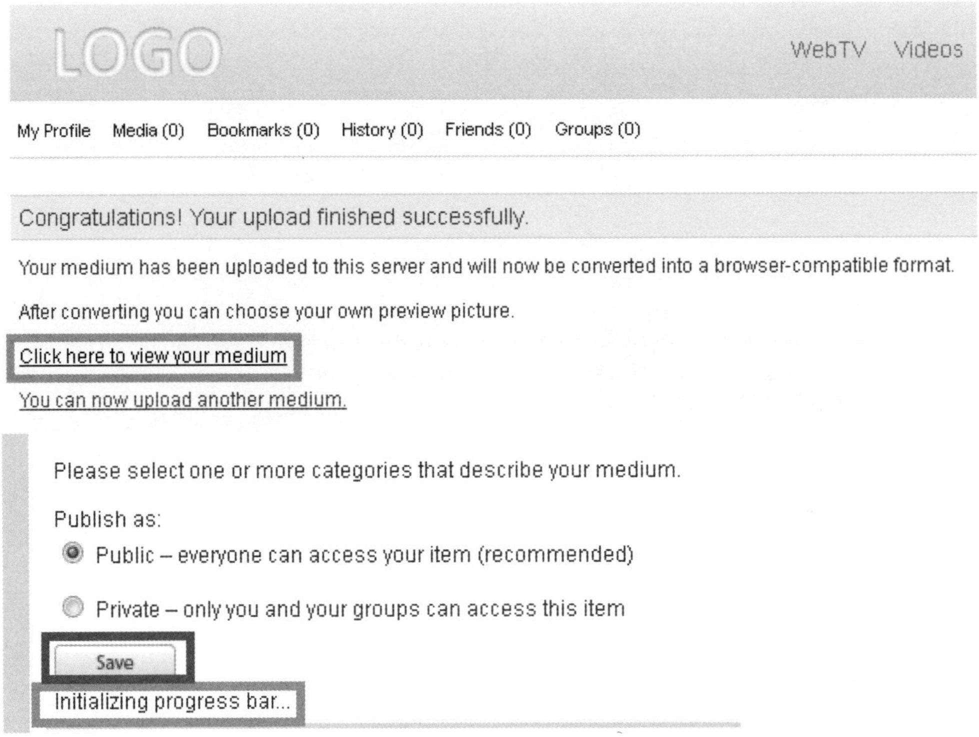

LOGO

WebTV Videos

My Profile Media (0) Bookmarks (0) History (0) Friends (0) Groups (0)

Congratulations! Your upload finished successfully.

Your medium has been uploaded to this server and will now be converted into a browser-compatible format.

After converting you can choose your own preview picture.

Click here to view your medium

You can now upload another medium.

Please select one or more categories that describe your medium.

Publish as:

Public – everyone can access your item (recommended)

Private – only you and your groups can access this item

Save

Initializing progress bar...

4.完成上傳作業，點選進入檔案畫面。

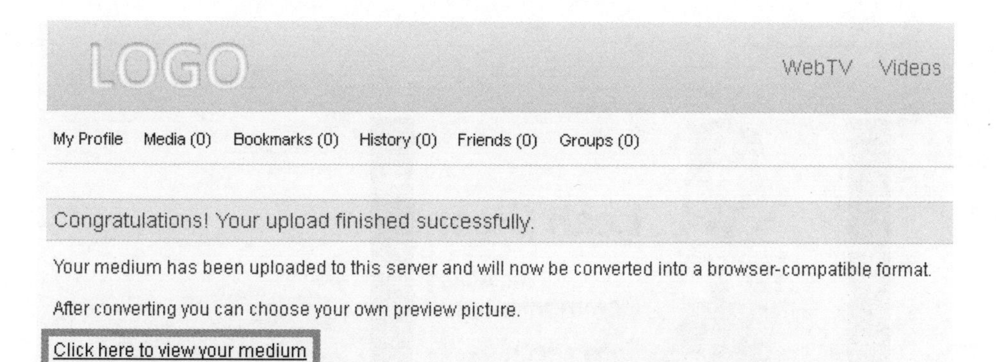

視訊影片

圖片（有提供幻燈機功能）

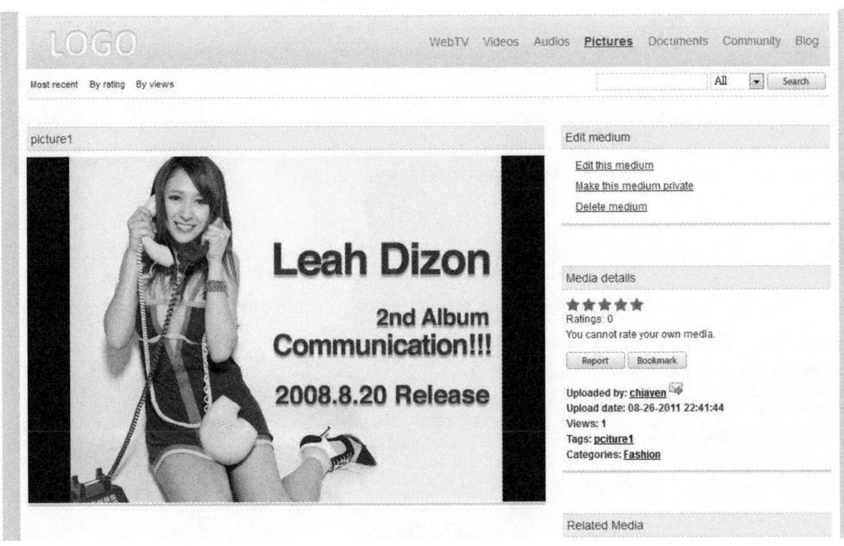

音訊

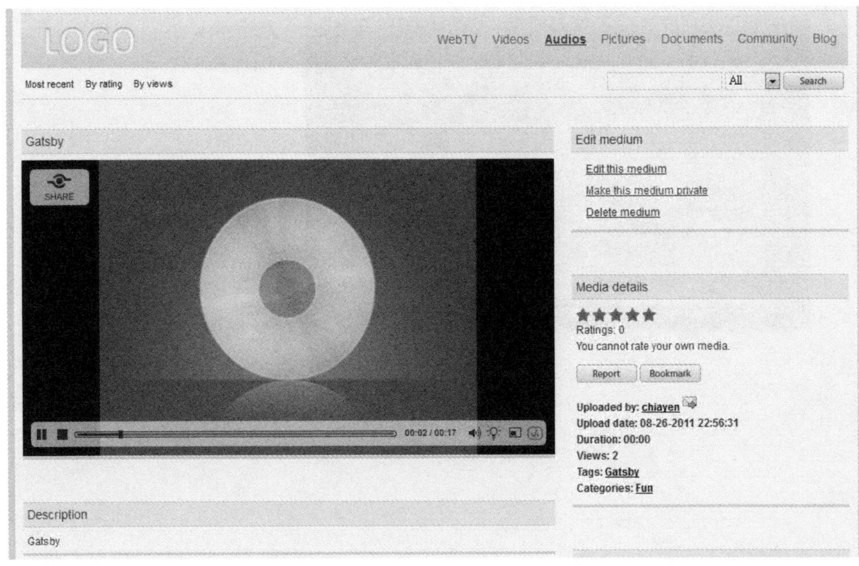

第四章

視訊串流協定（一）

★4-1 TCP/HTTP 傳輸協定介紹術

★4-2 ATCP+演算法介紹

★4-3 實作實驗：ATCP+演算法實作

4-1 TCP/HTTP 傳輸協定介紹

隨著多媒體科技快速發展，並且逐漸改變人們傳統的生活型態，不但造就便利的生活品質，也縮減時空的限制，例如網路電話（VoIP）、視訊會議（Video conference）、遠距教學（Distance learning）、以及隨選視訊（Video on demand）等；然而，影音媒體檔案過於龐大，假設將整個檔案下載到硬碟後再觀看，不但要花費過長的等待時間，並且不符合即時性的實際需求；另外，目前的智慧型手機（Smart phone）、平版式電腦（Tablet PC）、掌上型個人電腦（PDA）等皆為記憶體容量窄小的設備，若是將整個檔案完整下載，必定會衍生儲存空間不足的問題。因此為瞭解決上述問題，於是便開始發展多媒體串流技術（video streaming）。所謂串流技術，是將媒體檔案在串流伺服器（Streaming server）經過連續資料壓縮之後並切割成封包之後，以連續的封包傳送到觀看者電腦的播放軟體上播放，以達成「邊收邊看」的目的。因此多媒體串流技術可應用於使用現場直播、或是隨選視訊的影片，觀看者只需要花費短暫等待的時間，就能立即欣賞多媒體影音資訊。本章節我們主要介紹傳輸控制協定 Transmission control protocol（TCP）及超文件傳輸協定 Hyper text transfer protocol（HTTP）。

4-1-1 TCP 傳輸協定介紹

TCP 傳輸協定是屬於 OSI 網路七層，如圖 1，第四層「傳輸層」協定，也是屬於「端點對端點」（End-to-End）的傳輸協定，也被稱做「主機對主機」（Host-to-Host）的傳輸協定，也就是說，在透過 TCP 協定連接的兩端主機（Host），可透過彼此互相溝通，確保資料在傳輸中的正確性，另可達到傳輸速率的控制，這些動作主要透過兩端的主機之間溝通即可，不用透過其他中間節點，例如路由器（router）或交換器（switch）。

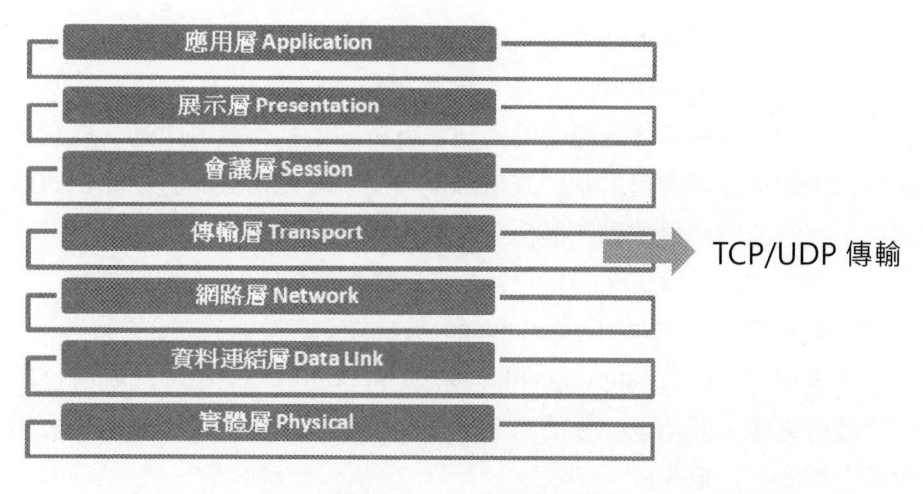

圖 1　OSI 網路七層

TCP 通訊協定是網際網路發展以來，運用時間最長及最廣泛的協定之一，TCP 自被發明以來，許多重要的更動被提出和實施。發展歷史可追朔自於 Request for comments（RFC）文件之中，RFC 主要收集了有關公共網路研究社區的正式出版物，其中 1981 年的 RFC793 中說明的 TCP（TCP-Tahoe）的還保有許多基本操作並未做重大更動。《RFC1122：網際網路對主機的要求》提出說明了許多實作要求。《RFC2581：TCP 的壅塞控制》則發佈了重大突破，提出了的避免過度擁塞的演算法。21 世紀早期，大約有 95%的網際網路封包傳輸使用了 TCP 協議。常見的使用 TCP 的應用層有 HTTP/HTTPS（全球資訊網協議）、SMTP/POP3/IMAP（電子郵件協議）以及 FTP（檔案傳輸協議）。

TCP 壅塞控制（TCP congestion control）分別是緩慢啟動（Slow-start）、碰撞避免（Congestion avoidance）、快速重傳（Fast retransmit）、以及快速恢復（Fast recovery），以下分別介紹四種狀態：

1.緩慢啟動（Slow-start）

緩慢啟動（Slow-start）是當有大量封包遺失時， TCP 壅塞控制不能在短時間之內重新傳送遺失的封包，就會開始執行緩慢啟動的機制。執行的步驟首先將緩慢啟動門檻值降至一半，並以指數的方式開始傳送封包，直到達成緩慢啟動門檻值，再開始進行傳送。

2.碰撞避免（Congestion avoidance）

碰撞避免（Congestion avoidance）是當傳送封包的量，達到緩慢啟動門檻值之後，開始以線性的方式增加封包數量，主要目的是避免發生壅塞而導致封包遺失。

3、4.快速重傳（Fast retransmit）及快速恢復（Fast recovery）

快速重傳（Fast retransmit）及快速恢復（Fast recovery）被設計在遺失一個或數個封包，但其他的封包還能維持正常傳送時，就會啟動快速重傳的機制，而判別方式是以收到三個重複的封包需求，即代表此封包已經遺失，而不等待時間逾時，就直接傳送遺失的封包，並且同時將緩慢啟動門檻值降至一半；快速恢復（Fast recovery）的階段是在快速重傳（Fast retransmit）之後，直接從緩慢啟動門檻值開始進入壅塞避免（Congestion avoidance）狀態，直到接收到一個非重複封包需求的到達。而不從緩慢啟動（Slow-start）開始的原因，是因為可以維持封包正常的傳送順序。

4-1-2 HTTP 傳輸協定介紹

超文件傳輸協定（Hyper text transfer protocol, HTTP）是 Web 的應用層協定，並隨著網際網路的興起，網頁伺服器（Web server）的使用早已成為對外界溝通必備的工具，而其所使用的 HTTP 通訊協定也成為目前最廣泛、而且最重要的應用協定，HTTP 提供網頁伺服器與客戶端（browser）之間的訊息溝通，設計 HTTP 最初是為了提供接收和發行 HTML 頁面的方法。

HTTP 協定主要從 1990 年開始發展，由最早期的 HTTP/0.9 版本只提供簡單的資料傳輸功能，1993 年所提出 HTTP/1.0 版本中，在 HTTP 訊息加入多用途網際網路郵件擴展（Multipurpose internet mail extensions, MIME）格式的標頭，來改善請求（Request）與回應（Response）訊息的溝通機制，在 1997 年提出 HTTP/1.1 版本，以 HTTP/1.0 為基礎，增加階層式代理伺服器（Hierarchical proxies）、持續連線（Persistent connection）、虛擬主機（Virtual hosts）等功能，使 HTTP 協定更加完整。

再來將介紹本章節所使用的 HTTP streaming，HTTP streaming 是以 HTTP 協定為標準而發展的串流技術，運用在音訊或視訊上，HTTP streaming 是利用標準的網頁伺服器（Web server）將多媒體串流傳送到使用者的播放器播放，不需要下載整個檔案到電腦上。HTTP streaming 是以 TCP（Transmission control protocol）為基礎架構來進行串流的傳輸。使用 HTTP streaming 的好處在於使用一般網頁伺服器，不需要再建置專屬的多媒體串流伺服器。

HTTP streaming 運作流程式如圖 2，首先將視訊檔案放置網頁伺服器（Web server）中，當使用者發出 HTTP request 訊息，網頁伺服器回應 OK 的訊息後，接著網頁伺服器開始使用 TCP session 將視訊檔案傳送給使用者。由圖中顯示其實

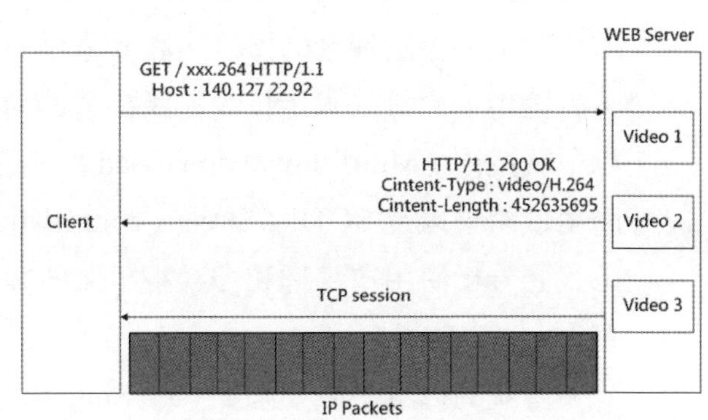

圖 2　HTTP streaming 傳輸圖

HTTP streaming 不是為串流（Video streaming）而設計的應用協定，並沒有實作流量控制，而是完全取決於底層 TCP 協定來執行流量控制，然而事實上 TCP 協定對串流的影響在 HTTP streaming 的傳送上還是存在的。如前所述 TCP 協定會使流量產生巨大起伏變化，並且也沒有穩定流量的機制，而使流量發生驟降或暴增的現象，因此 TCP 協定無法有效地支援 HTTP streaming，而且 HTTP streaming 也等同於目前在網頁伺服器檔案下載的方式。

4-2 ATCP+演算法介紹

ATCP+演算法結合「區段式（Segment）的串流傳送」、以及「多線程下載技術（Multi-thread download）」，以 TCP 通訊協定為基礎，利用 HTTP 協定分段下載功能（Byte ranges），實作區段串流傳輸。接下來先針對「區段式（Segment）的串流傳送」、以及「多線程下載技術（Multi-thread download）」做基本介紹。

4-2-1 多線程下載技術探討（Multi-thread download）

由於 TCP 協定不是為串流（Video streaming）而設計的應用協定，並沒有提供穩定流量的機制，因此當網路發生壅塞時，會使流量產生驟降的變化，而無法滿足接收端所需要的傳輸量，因此有些應用使用多線程下載技術（Multi-thread download）來提升頻寬傳輸量，例如有些 FTP 應用軟體，以及 SCTP（Stream control transmission protocol）協定，以下我們分析使用單線程和多線程下載的差異性，同時介紹這兩個應用協定。

傳統的檔案下載如圖 3（a）Single-thread download，都是使用單一串流來傳送，也就是所謂的「單線程下載（Single-thread download）」，使用單線程傳輸而面臨的問題，是網路頻寬會受到其他資料流的互相瓜分，而使網路傳輸量難以達成預期目標的流量。另外一點是單線程下載經常使用於短小的檔案或訊息，或是其他非即時性的應用，例如 E-mail、Web、BBS 等；然而在下載龐大的檔案時，單線程下載所耗費的時間是相當可觀的，因為在檔案下載的過程中，當網路發生壅塞的時候，就會影響檔案下載的進度。因此為了要解決上述的問題，目前在 FTP 傳輸軟體經常使用增加傳輸流量的方法，是利用多線程下載技術（Multi-thread download）來提升頻寬傳輸量。如圖 3（b）Multi-thread download，多線程下載是一種快速下載檔案的方式，實作的方式首先在客戶端（Client）設定 Multi-thread session 的數量，之後再將一個檔案的容量以 Session 數量來劃分成檔案區段，並決定下載檔案區段 byte 位置。當一切就緒之後，客戶端同時發出預先決定的連線（Session）數量向 FTP 伺服器請求下載。當下載完成之後，在客戶端自行重組成一個檔案。

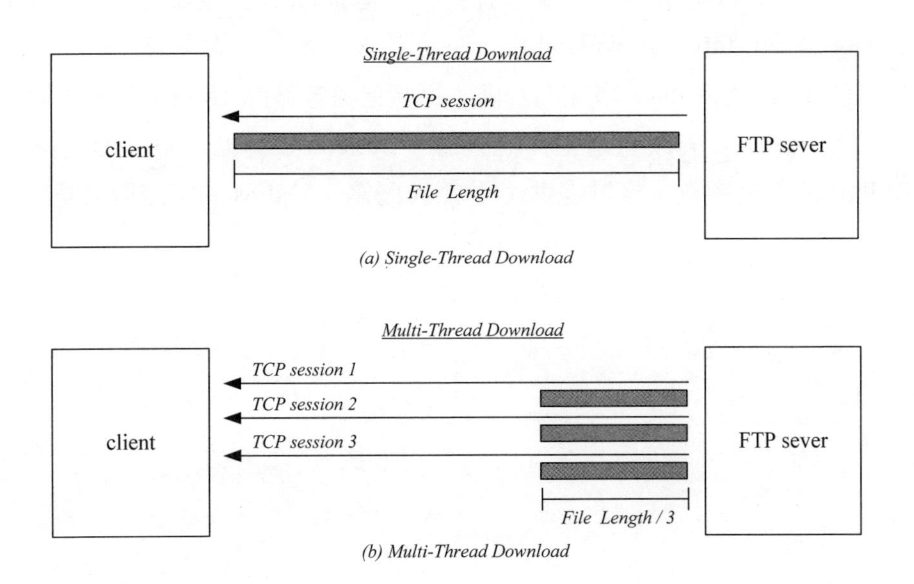

圖 3　（a）單線程下載（Single-Thread Download）和（b）多線程下載（Multi-Thread Download）

多線程下載技術的優點，分為伺服器和網路傳輸兩方面來說明。在伺服器方面，有些 FTP 伺服器會管制串流的傳輸量，而使檔案傳輸過於緩慢的現象，因此多線程下載主要目的是在可用的頻寬之內，增加連線（Session）的數量，以提升檔案傳輸容量。另外從網路的觀點來看，使用多線程下載也可提升頻寬的傳輸量，如圖 4（a）One session，假設目前所獲得的網路頻寬有 4Mbps，使用者 A 所需要的串流傳輸量為 1.5Mbps，而此時只有使用者 A 在使用，因此網路頻寬是可以滿足使用者 A 的需求；圖 4（b）Two sessions 是當使用者 B 資料流進入時，此時網路的頻寬會被瓜分為兩個相等的傳輸容量，分別各為 2Mbps，此時對於使用者 A 仍然可以滿足 1.5Mbps 的傳輸量；然而在圖 4（c）Three sessions 時，又加入使用者 C 的資料流，因此在網路上總共有三條 Session，各獲得 1.3 Mbps 的頻寬，然而這時對於使用者 A 來說，1.3 Mbps 的頻寬不能滿足所需要 1.5Mbps 串流傳輸量，就會發生延遲的情況。因此在（d）Four session, Multi-thread download 中，使用者 A 又增加一條串流，使得目前網路的連線（Session）增加為四條，每條連線各獲得 1Mbps 的傳輸量，然而使用者 A 的頻寬是由兩條連線（Session）所組成的，因此擁有 2Mbps 的傳輸頻寬，足以提供使用者 A 所需 1.5Mbps 的串流傳輸量。

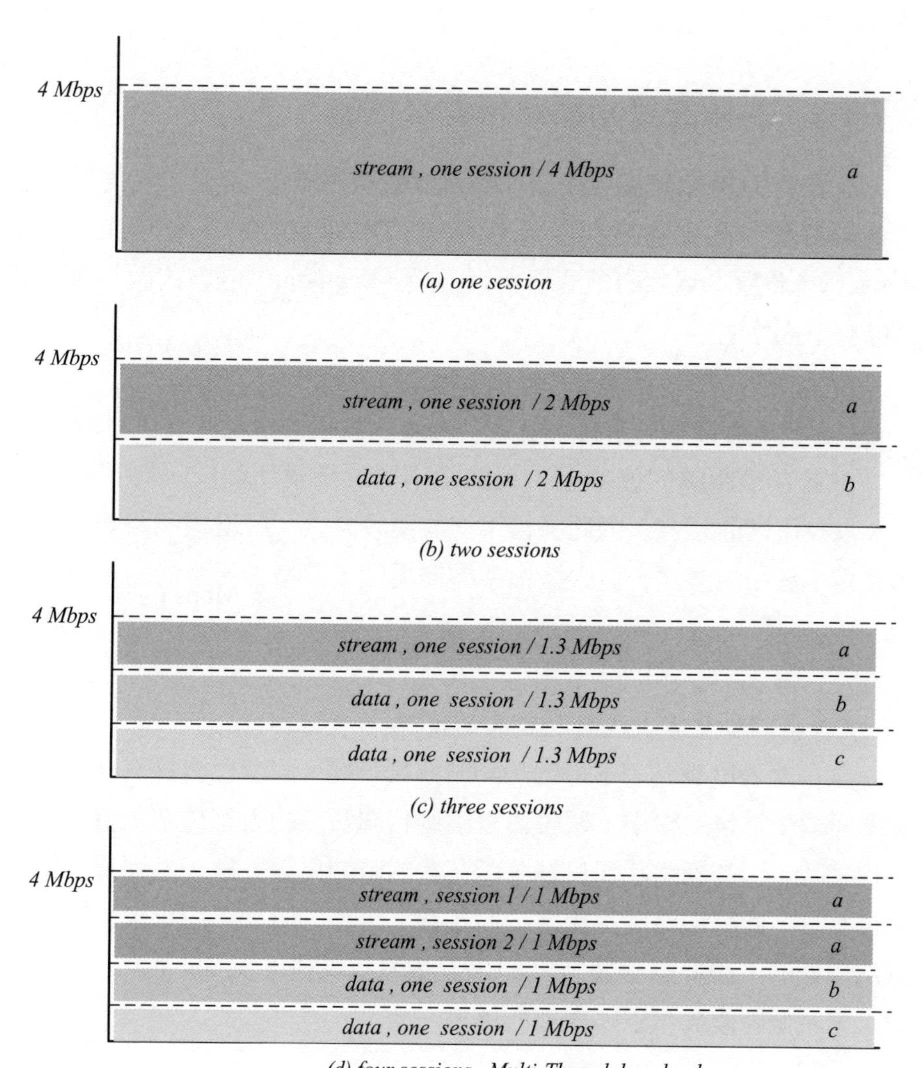
4 Mbps
stream , one session / 4 Mbps
a
(a) one session
4 Mbps
stream , one session / 2 Mbps
a
data , one session / 2 Mbps
b
(b) two sessions
4 Mbps
stream , one session / 1.3 Mbps
a
data , one session / 1.3 Mbps
b
data , one session / 1.3 Mbps
c
(c) three sessions
4 Mbps
stream , session 1 / 1 Mbps
a
stream , session 2 / 1 Mbps
a
data , one session / 1 Mbps
b
data , one session / 1 Mbps
c
(d) four sessions , Multi-Thread download

圖 4　多線程下載圖

4-2-2 區段長度對網路傳輸之探討

有鑑於 TCP 協定造成串流傳輸量鋸齒狀的變化，並且沒有提供穩定的傳輸流量，此實驗將利用既有的 HTTP 協定分段下載功能（Byte Ranges），將原本巨大的串流檔案以區段（Segment）的方式做串流區段傳輸有下列好處：

1.易於適應由不同架構所組成的網路，縮小網路變異度（Jitter）

由於在遠距離的傳輸上，網路由不同的架構所組成，有不同的延遲、以及不同的頻寬，因此將檔案切成區段之後，所遭遇網路變異度的影響遠小於單純傳送一個大型檔案的變異度，而增加適應網路架構的能力。

2.降低網路壅塞造成封包遺失的情況

當檔案長度越長，不但增加網路傳輸時間，同時也會提高發生網路壅塞而遺失封包的機率。假設傳送兩個相同長度的大型檔案，傳送第一個檔案時，因為網路狀況良好，所花費的時間只需五秒，然而傳送第二個檔案時，此時網路發生壅塞，而花費三十秒的時間，所以網路壅塞是無法預期的。因此實驗將巨大的串流檔案以區段（Segment）的方式傳輸，來減低區段發生網路壅塞的機率。

3.提供穩定的串流傳輸量

TCP 本身並不是為串流（Video streaming）設計的通訊協定，沒有提供穩定的流量控制，因此串流傳輸量完全取決於 TCP 壅塞控制（TCP congestion control）的變化。因此當網路發生壅塞時會導致流量驟降，也有可能因為網路狀況良好時，會產生過大的流量暴增。因此本研究以區段（Segment）的方式做 Coarse-grain 的串流傳輸，把時間切成一個 T 時間週期，每個週期之內根據影片頻寬需求，設計一個固定區段的長度，而這固定區段的長度，除上 T 時間，就等於影片播放所需要的傳輸量（Throughput），在正常的情況下，在 T 時間內使區段傳送完成，讓下一個區段（Segment）能開始順利的進行傳送，達成接收端所需要的目標傳輸流量（Throughput）。

然而要決定區段長短需要考量 TCP 壅塞控制（TCP congestion control）對區段傳送的影響，以下分析區段長度的差異：

1.區段長度越短，傳輸過程會受到 TCP 緩慢啟動（Slow-start）影響

參考圖 5 點 a 處，假設區段最大長度 MSS（Maximum segment size）為 1024Bytes，緩慢啟動門檻值為 32K，在到達門檻值之前，會先經歷五次封包來回傳輸，總攜帶量為 63 個封包，資料量大約為 64512Bytes，也就是 63K，因此區段以 63K 做為預設長度時，在尚未達成最大傳輸量前，就已經在緩慢啟動（Slow-start）的階段消耗完畢，反而永遠達不成最大傳輸量，並且會降低區段傳輸的效率。

2.區段長度越長，傳輸過程會受到網路壅塞的影響

參考圖 5 點 b 處，假設區段過長，不但增加的網路傳輸時間，並且也會提高發生網路壅塞而產生封包遺失的機率，促使 TCP 壅塞控制執行 AIMD 機制將傳輸量降至一半，因此反而造成串流播放延遲（Delay）的現象，所以網路壅塞是無法預期的。

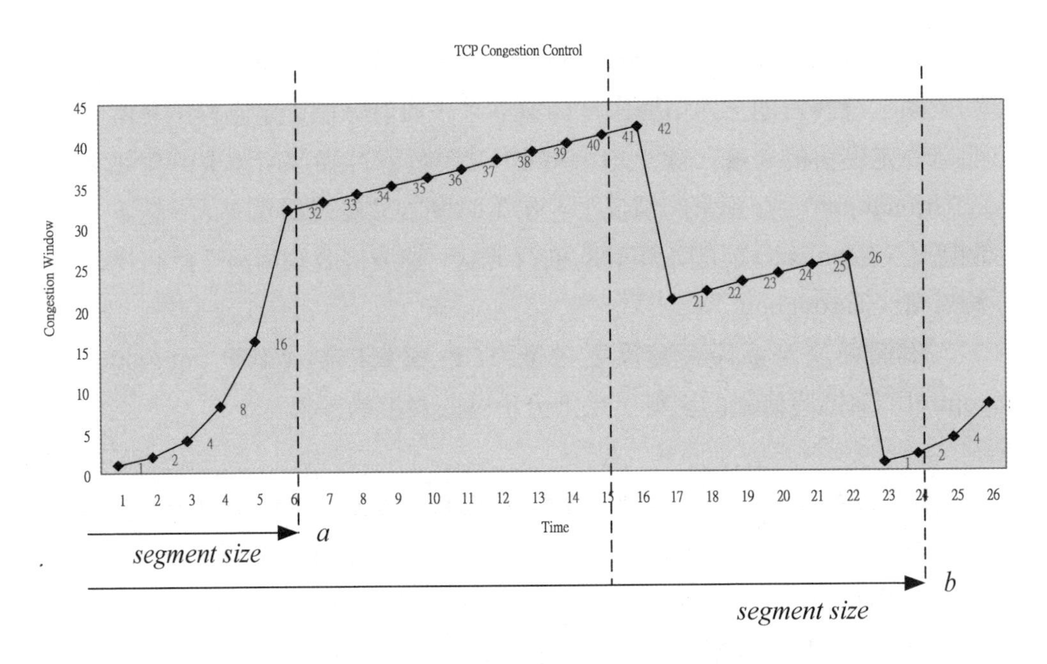

圖 5　區段長度受到 TCP 壅塞控制的影響

除此之外，在網路中所傳輸的區段長度，要隨著網路情況而做動態調整，並且不同的區段長度所能獲致的傳輸量也不相同，在網路狀況良好的時候，可以使用較大的區段長度來做為傳輸單位，而在網路壅塞的時候，要使用較小的區段長度以減少受到網路壅塞的影響。

4-2-3　ATCP+演算法

接下來介紹 ATCP+演算法，區段的長度是經由實際測試得知在 1.24MBytes 的區段大小可達成最高的傳輸量，並且能減低發生網路壅塞的機率，因此做為 ATCP+演算法區段分段傳送的主要依據。

在圖 6 中，D 代表一個區段長度，Tstream 為影片播放的時間，Throughput 是使用端預期的串流目標傳輸量。ATCP+演算法基本原理是將區段切成 k 個子區段（Subsegment, L），使所有的子區段下載的時間小於 Tstream 的時間。如圖所示，假設在下載第一個區段的時候，網路呈現壅塞的情況，ATCP+演算法將區段切成三個子區段來實做串流傳輸。在傳送第二個區段的時候，網路仍然還是屬於壅塞的態狀，因此 ATCP+演算法仍然維持三個子區段的傳輸方式。然而當傳送第三個區段的時候，此時網路狀況已有所改善，所以 ATCP+演算法將原本三個子區段減少為二個子區段來實做串流傳輸。在傳送第五個區段時，由於網路狀況良好，因此 ATCP+演算法使用一個區段傳輸即可達成目標傳輸量。

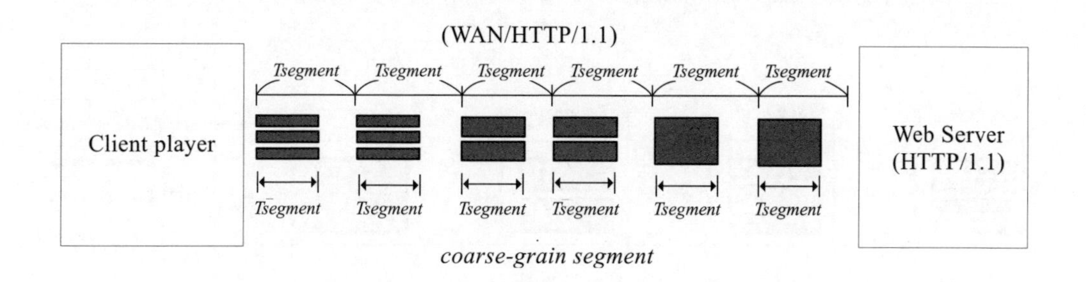

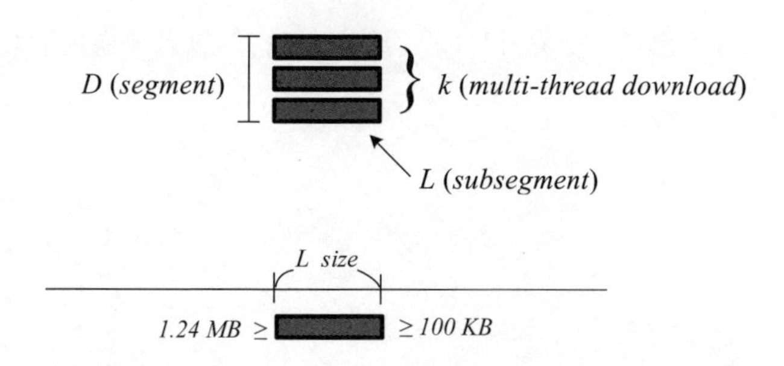

圖 6　演算法 ATCP+演算法流量控制圖（加入 K 值）

K 值升降的標準是評估兩個門檻值來調整，如圖 7 分別為上界（H1）Tstream 的 80%、及下界（H2）Tstream 的 90%，倘若 Tsegment 的時間在上界之前能下載完成，代表網路傳輸量大於使用者端播放的流量，表示目前連線（Session）數量所達成的傳輸量已超出預期目標流量（Target throughput），因此將 K 值降低，減少使用連線（Session）的數量，並且同時增加子區段長度；若 Tsegment 的下載時間超過下界，則 K 值將會上升來增加連線（Session）的數量，並且同時縮小子區段的容量，以提升下載速度；除此之外，當子區段長度已達最低下限（Lower-bound），長度大約為 100Kbytes 的時候，K 值則不會再向上增加。

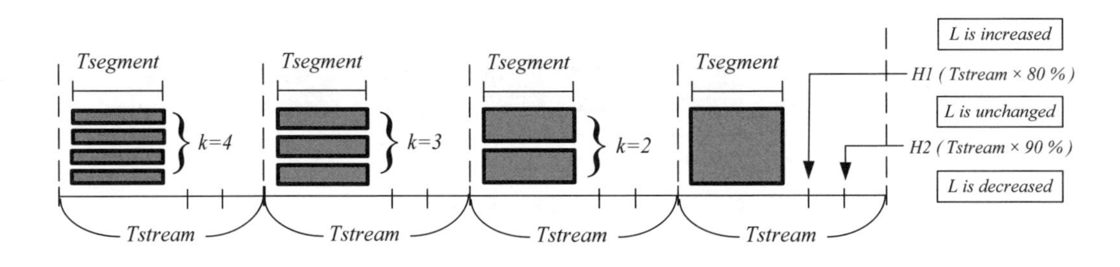

圖 7　上界（H1）、下界（H2）、以及子區段（L）

ATCP+演算法之參數整理如下表。

»表 1　ATCP+演算法參數說明

參數	說明	預設值
d	IP 封包最大裝載量	65500Bytes
D	區段單位長度	1.24MB
k	同一時間 HTTP session 平行擷取的連線數量	
L	每條 HTTP 連線所負責下載的封包資料量	L = D / k lower-bound=100KB upper-bound=1.24M
Tsegment	由網頁伺服器下載一個區段開始至結束的時間	
Tstream	使用者端播放一個區段的時間	
H1	Tstream × 80%	
H2	Tstream × 90%	

4-3　實作實驗：ATCP+演算法實作

4-3-1　實驗大綱

實驗目的

本實驗 ATCP+是建構在 TCP 通訊協定之上，運用 TCP 協定的特性，如壅塞控制中的緩慢啟動（Slow Start）、碰撞避免（Congestion avoidance）、重送機制（Retransmission），TCP 傳輸的可靠性……等，實際操作 ATCP+程式，設定不同的參數，觀察在什麼參數設置下的傳輸率是較佳的，也可以根據網路的流量圖看出協定的特性，並與 HTTP streaming 傳輸協定做比較，學習不同協定之間的差異性與特性。

- 學習目標

1.學習如何使用 Eclipse 開發平台製作 JAVA 專案，並且於 Eclipse 平台上學習開發、完成專案。

2.學習如何撰寫 JAVA 程式以區段式與多線程下載視訊檔案。

3.瞭解不同的參數設定，傳輸速率的差異。

4.觀察 ATCP+與 HTTP streaming 兩種協定檔案傳輸之差異。

- 環境設置

1.本實驗環境為 Windows 作業系統。

2.需安裝 JAVA SE JDK 因每部電腦所需之 JDK 版本不同，所以針對錯誤發生的指示下載適合的版本。

3.需安裝 Eclipse 開發平台（本實驗使用）。

- 實驗步驟

1.首先需先安裝 Eclipse 與 JAVA SE JDK。

2.將 ATCP+程式專案匯入 Eclipse。

3.此部分不著重於程式開發，在於實際操作程式。

4.瞭解不同的網路環境與下載環境（國內或國外），傳輸流量的差異。

5.設置不同的參數，傳輸流量的差異。

7-2-2 環境設置

- 環境需求

JDK 套件：JAVA SE 6.0 JDK

開發平台：Eclipse SDK

環境安裝

1.首先請同學先完成 JAVA SE JDK、Eclipse 的下載及安裝。

至 Eclipse 的官方網站下載 Eclipse，如圖框處，點選適合的 Windows 版本進行下載，建議選擇國內的鏡像檔提供網站下載，多台同時下載會影響下載速度。

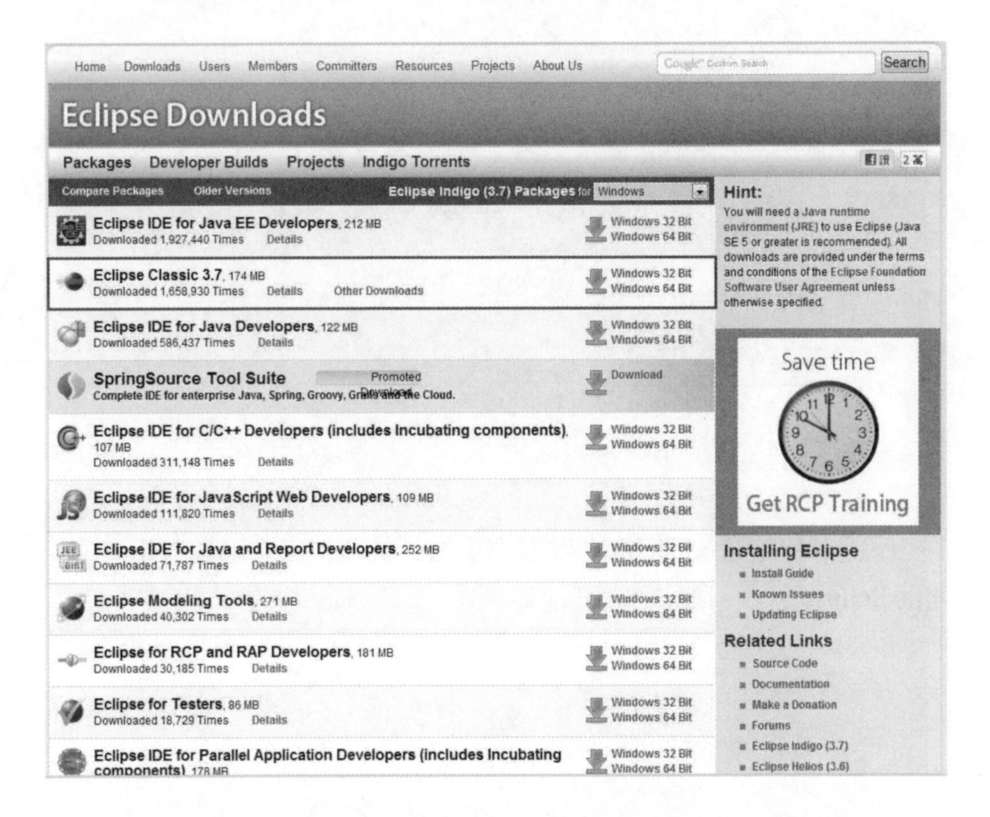

下載完成後，解壓縮完後即可以直接執行 Eclipse 進行開發，不需其他安裝程序。

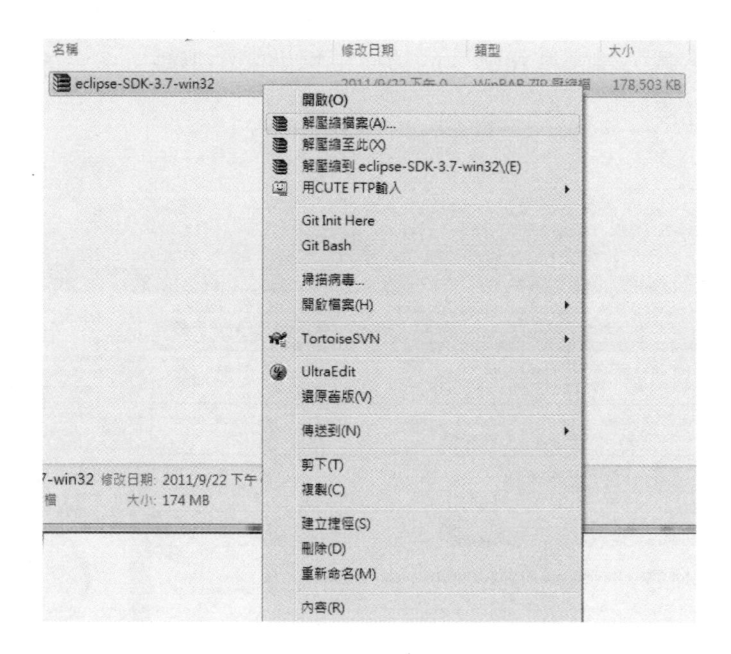

下圖為解壓縮後 Eclipse 軟體開發套件的資料夾，點擊 eclipse.exe 開啟 Eclipse。

名稱	修改日期	類型	大小
configuration	2011/6/13 下午 0...	檔案資料夾	
dropins	2011/6/13 下午 0...	檔案資料夾	
features	2011/6/13 下午 0...	檔案資料夾	
p2	2011/6/13 下午 0...	檔案資料夾	
plugins	2011/6/13 下午 0...	檔案資料夾	
readme	2011/6/13 下午 0...	檔案資料夾	
.eclipseproduct	2010/7/29 上午 1...	ECLIPSEPRODUC...	1 KB
artifacts	2011/6/13 下午 0...	XML Document	95 KB
eclipse	2011/3/21 下午 0...	應用程式	52 KB
eclipse	2011/6/13 下午 0...	組態設定	1 KB
eclipsec	2011/3/21 下午 0...	應用程式	24 KB
epl-v10	2005/2/25 下午 0...	Chrome HTML D...	17 KB
notice	2011/2/4 下午 03...	Chrome HTML D...	9 KB

建立日期: 2011/9/22 下午 09:24
大小: 52.0 KB

在 Eclipse 中儲存程式專案的資料夾稱為 workspace，如果下次開啟不要再確認儲存的位置，可以勾選下方「Use this as the default and do not ask again」，下次再開啟 Eclipse 就不會再顯示此視窗。

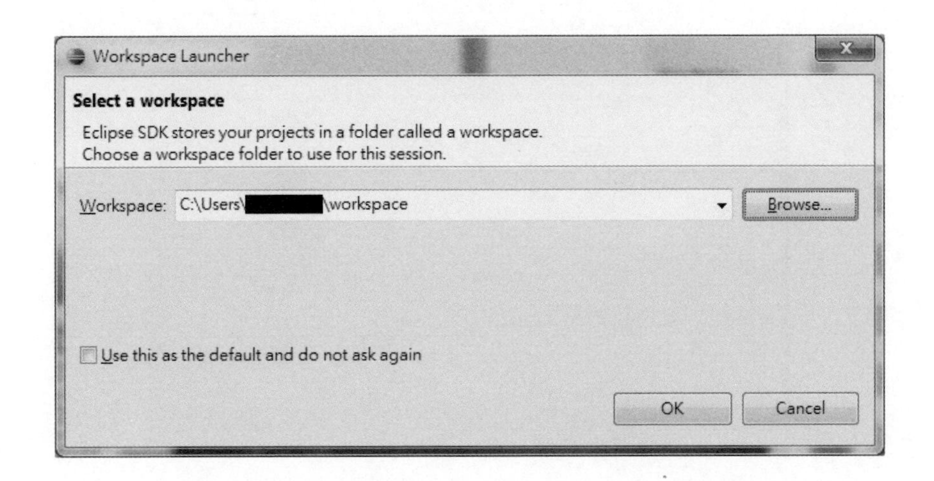

第一次開啟 Eclipse 的歡迎畫面，可點擊 Welcome 旁邊的×即可開閉此畫面。

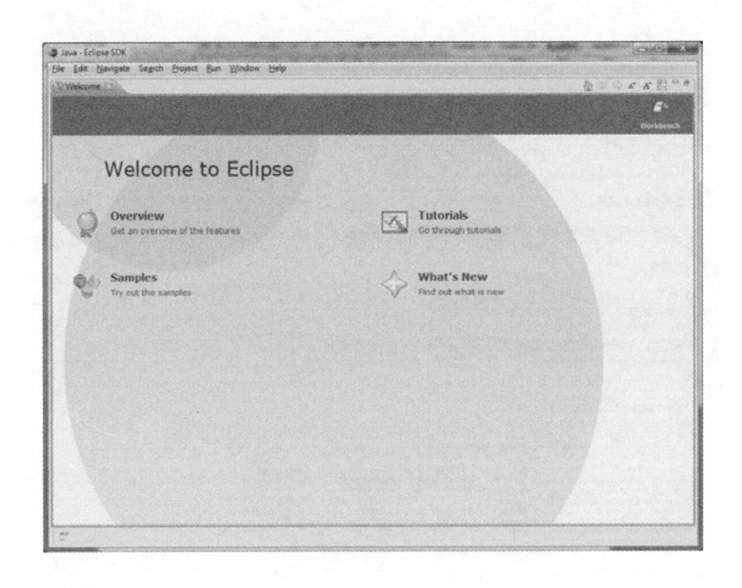

歡迎畫面關閉後，如圖為 Eclipse 程式開發的主畫面。

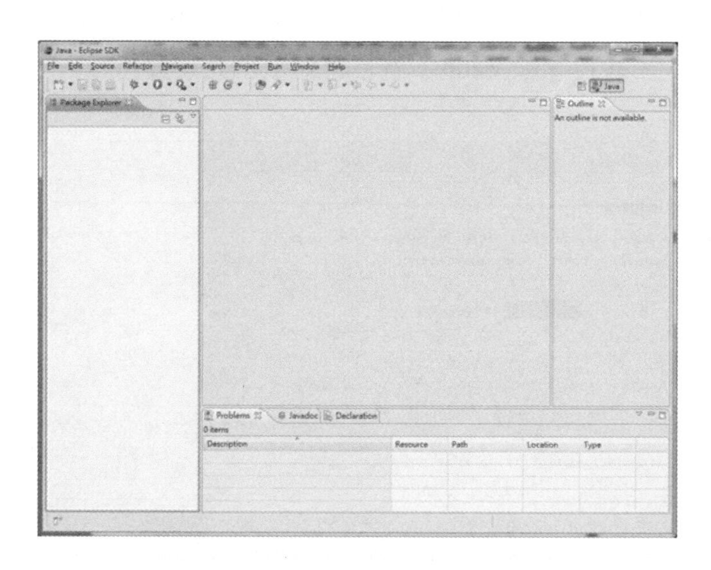

如開啟 Eclipse 發生 JAVA SE 開發套件 JDK 偵測不到的情況時，請到 Oracle 網站的下載頁面，並點選圖中所標示的 JAVA SDK 版本，其他版本亦可。

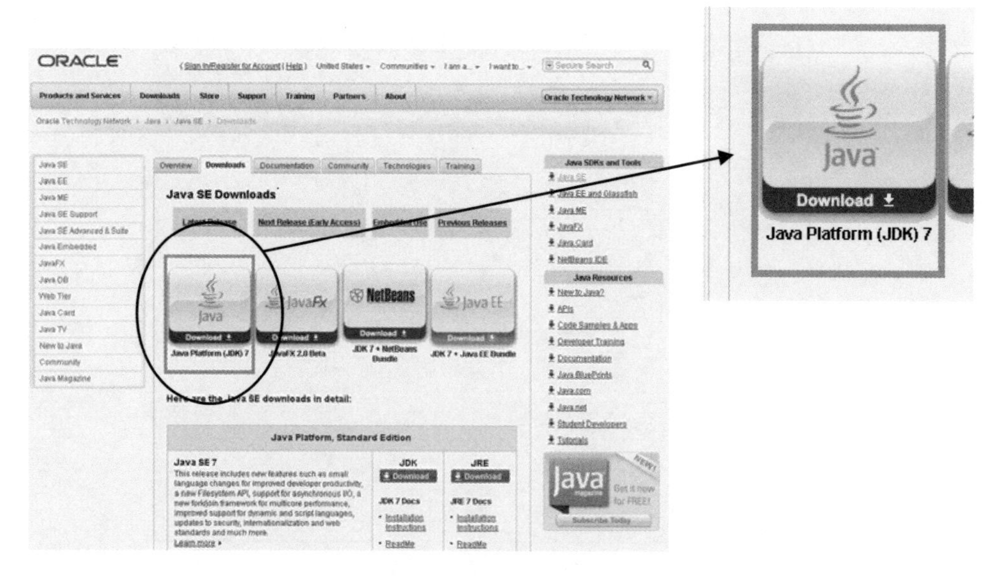

在下載頁面中，按下圖所標示之同意授權（Accept license agreement）後，並選擇適合的作業系統平台，下載適合不同作業系統平台的 JAVA JDK，並進行安裝。

Java SE Development Kit 7

You must accept the Oracle Binary Code License Agreement for Java SE to download this software.

Accept License Agreement　　Decline License Agreement

Product / File Description	File Size	Download
Linux x86 - RPM Installer	77.28 MB	jdk-7-linux-i586.rpm
Linux x86 - Compressed Binary	92.17 MB	jdk-7-linux-i586.tar.gz
Linux x64 - RPM Installer	77.91 MB	jdk-7-linux-x64.rpm
Linux x64 - Compressed Binary	90.57 MB	jdk-7-linux-x64.tar.gz
Solaris x86 - Compressed Packages	154.74 MB	jdk-7-solaris-i586.tar.Z
Solaris x86 - Compressed Binary	94.75 MB	jdk-7-solaris-i586.tar.gz
Solaris SPARC - Compressed Packages	157.81 MB	jdk-7-solaris-sparc.tar.Z
Solaris SPARC - Compressed Binary	99.48 MB	jdk-7-solaris-sparc.tar.gz
Solaris SPARC 64-bit - Compressed Packages	16.28 MB	jdk-7-solaris-sparcv9.tar.Z
Solaris SPARC 64-bit - Compressed Binary	12.38 MB	jdk-7-solaris-sparcv9.tar.gz
Solaris x64 - Compressed Packages	14.66 MB	jdk-7-solaris-x64.tar.Z
Solaris x64 - Compressed Binary	9.39 MB	jdk-7-solaris-x64.tar.gz
Windows x86	79.48 MB	jdk-7-windows-i586.exe
Windows x64	80.25 MB	jdk-7-windows-x64.exe

7-2-3 實驗步驟

專案開啟與匯入

1.首先須匯入 ATCP+程式專案，點選「File→Import」，準備將 ATCP+程式專案匯入 Eclipse。

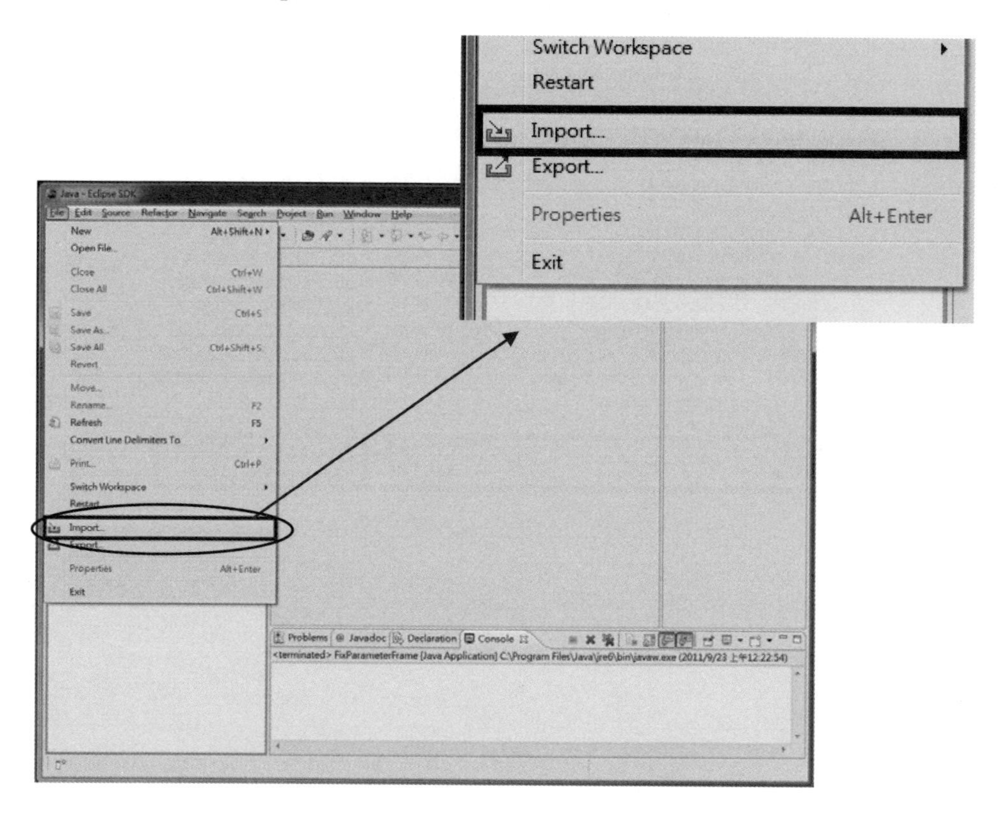

2.匯入 ATCP+程式專案，點選「General→Existing Projects into Workspace」，選取此項目可以將整個 ATCP+專案直接匯入，不需要另外將 JAVA 檔一個一個匯入，選取後按「Next」按鈕進下一步驟。

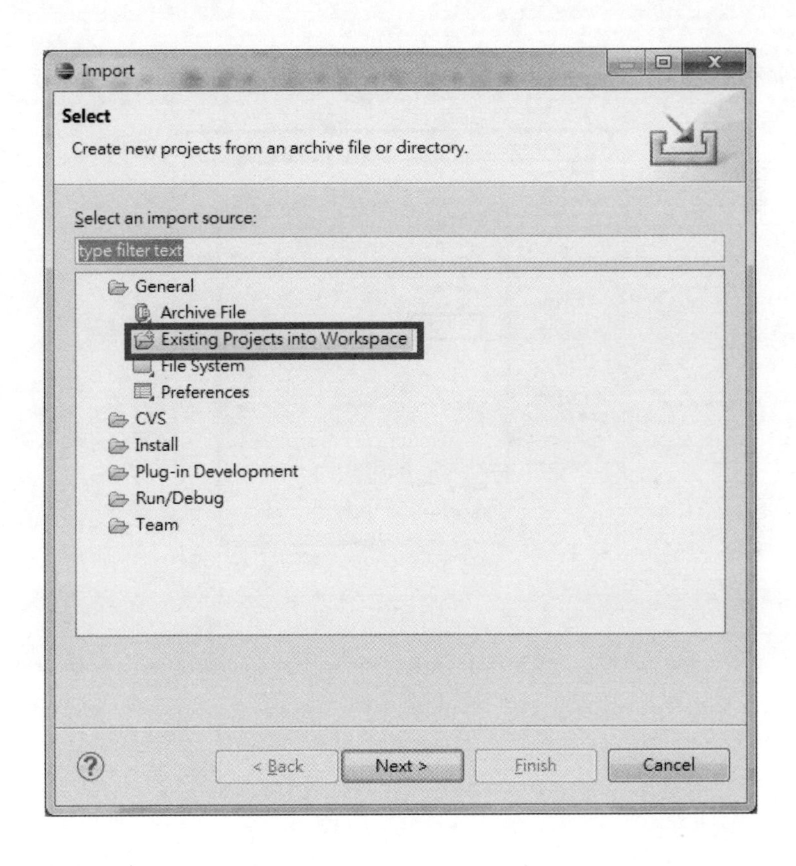

3.匯入 ATCP+程式專案，須先點選「Select root directory」選項的「Browse 按鈕」，會出現選取專案的視窗。

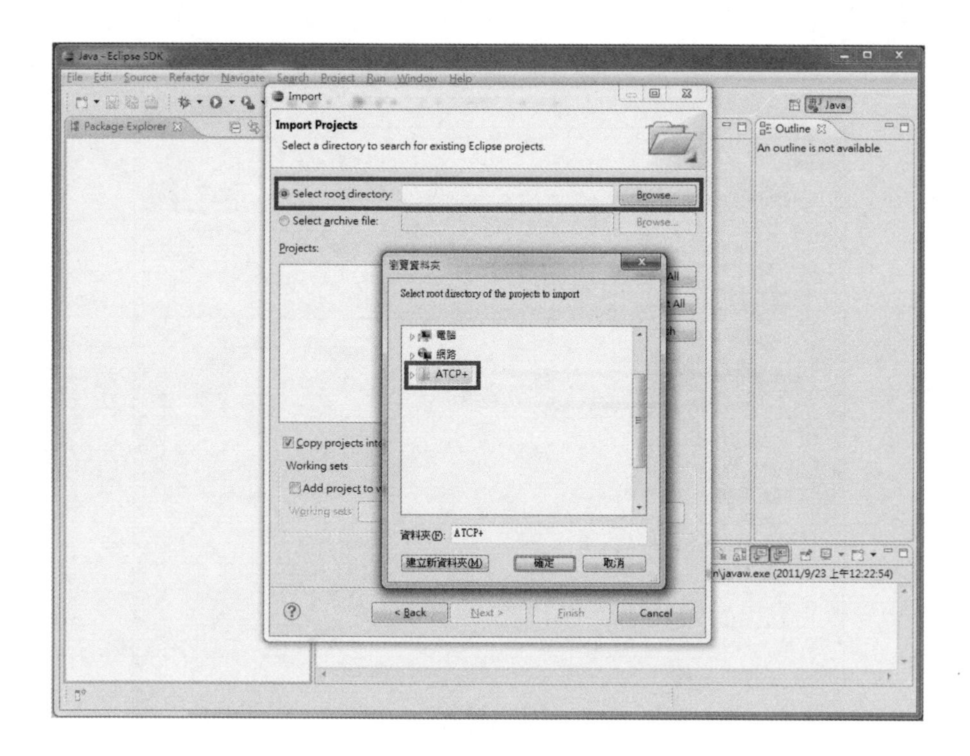

4.勾選 ATCP+將整個專案匯入，並勾選「Copy projects into workspace」，將匯入的專案也複製放置在 workspace。

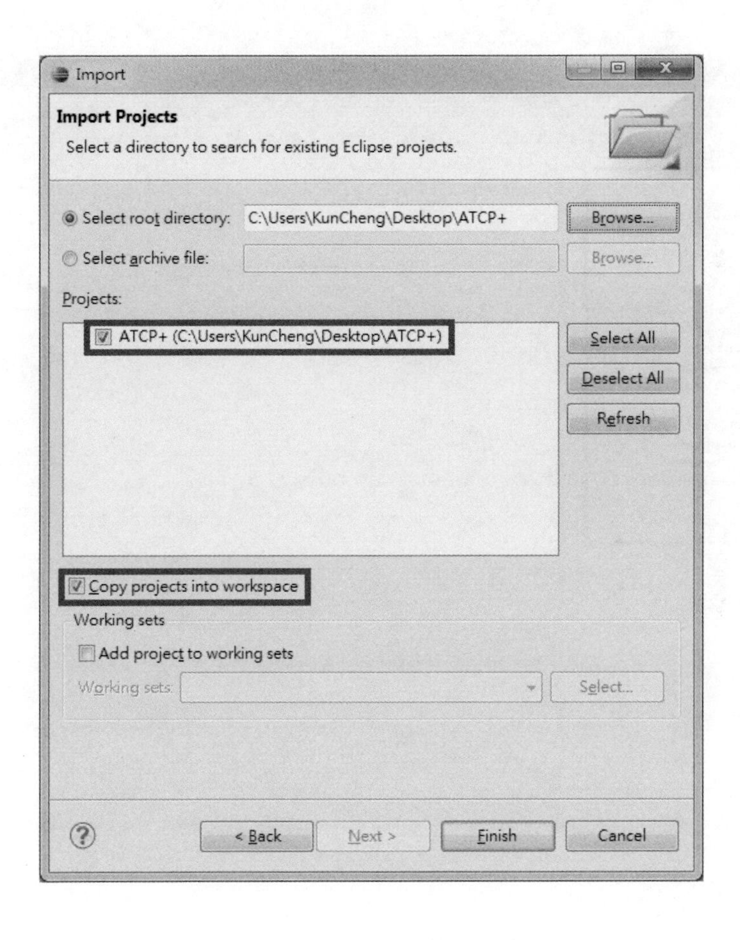

5.匯入完成後即可以看到畫面左邊框處，在 Packet Explorer 可瀏覽 ATCP+專案的類別。

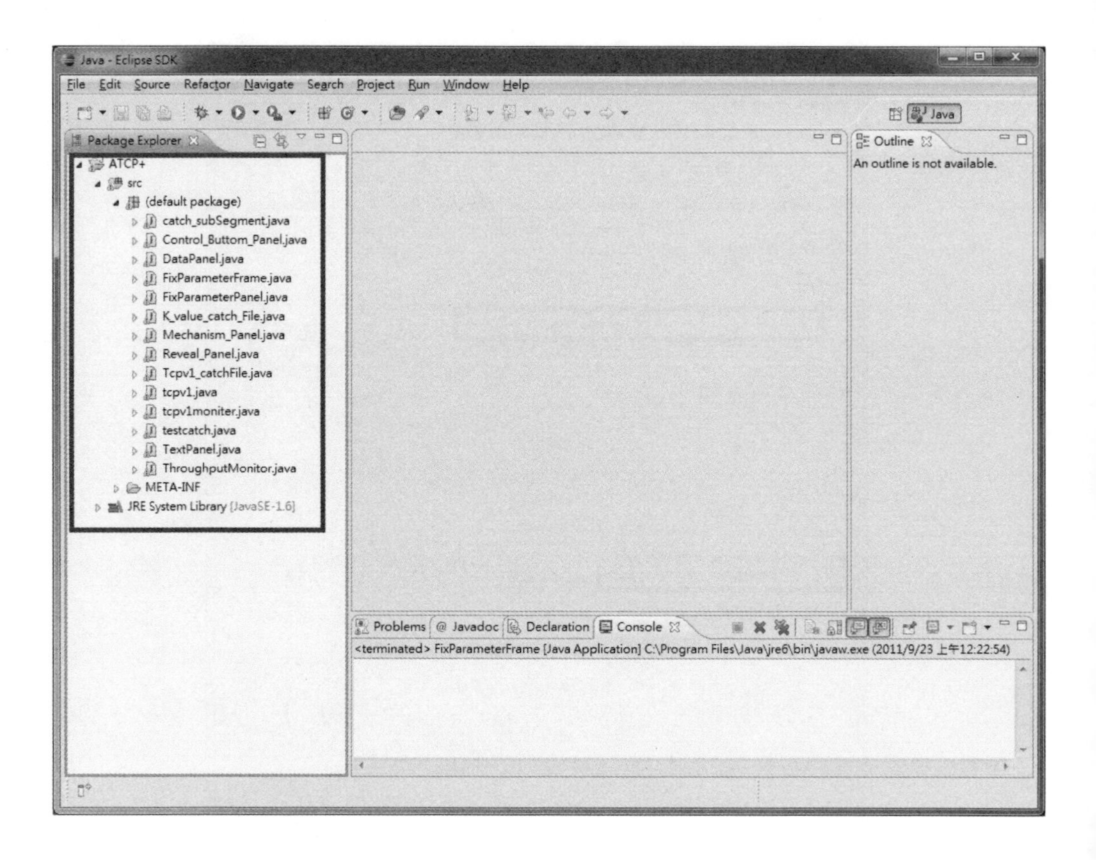

專案操作與分析

1.因程式下載的路徑已設置好，所以可以直接執行專案，如畫面ATCP+專案按右鍵→「Run As」→「Java Application」。

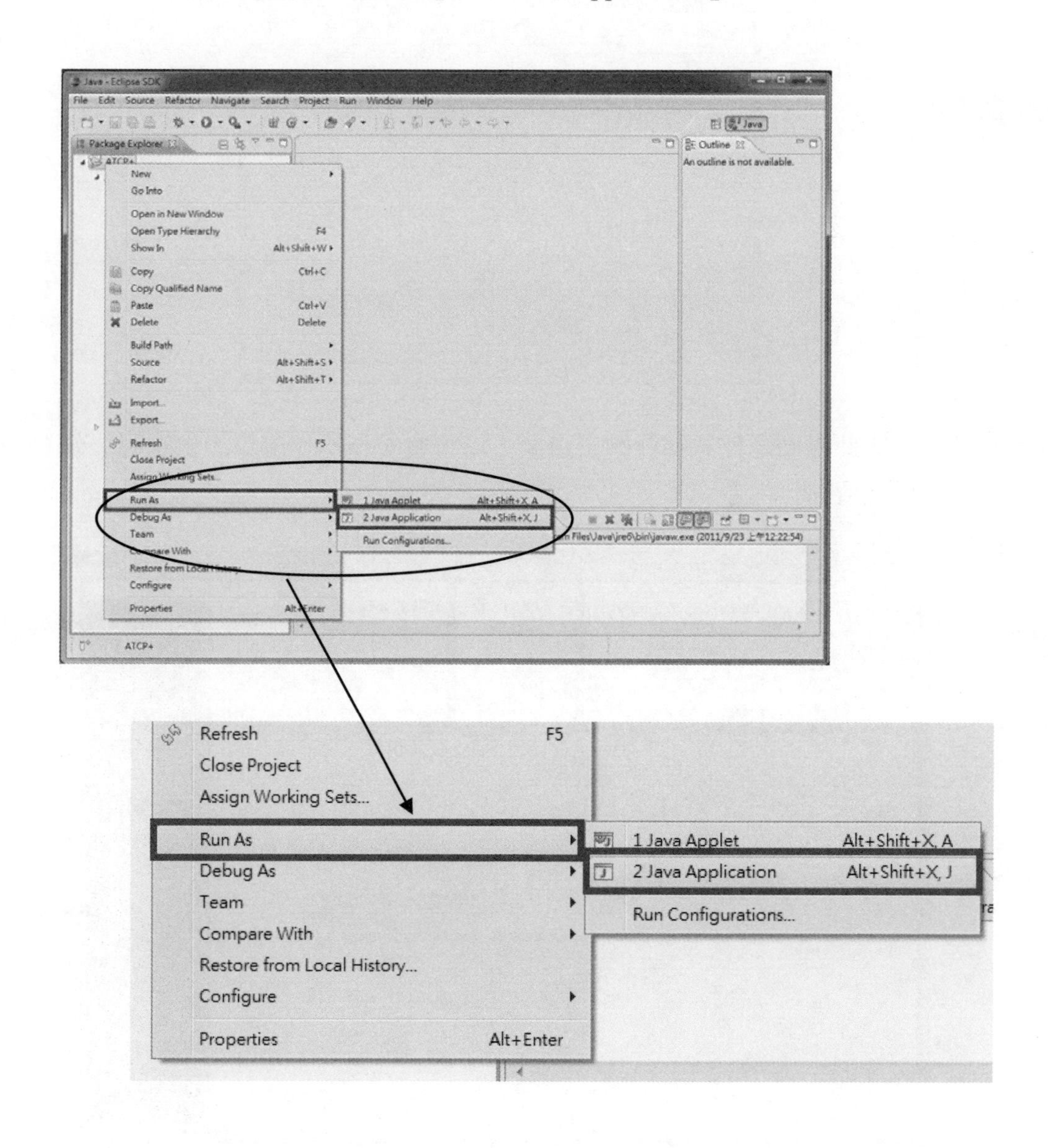

2.此畫面是用來選擇變數的型態，直接按「OK」確認。

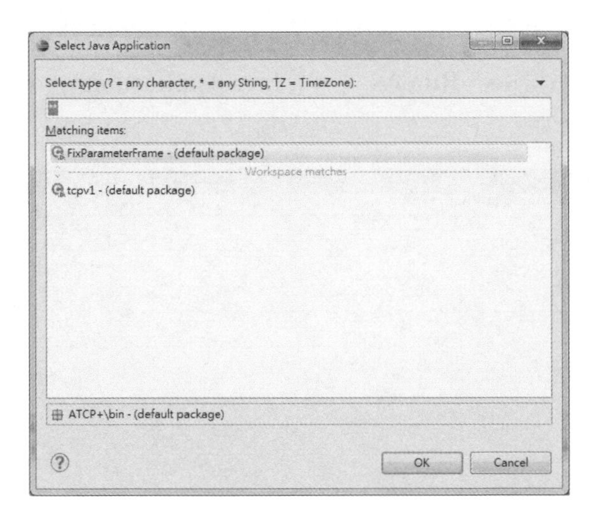

3.此畫面是程式執行的主畫面，以下會（和操作配置流程說明）分別做介紹。

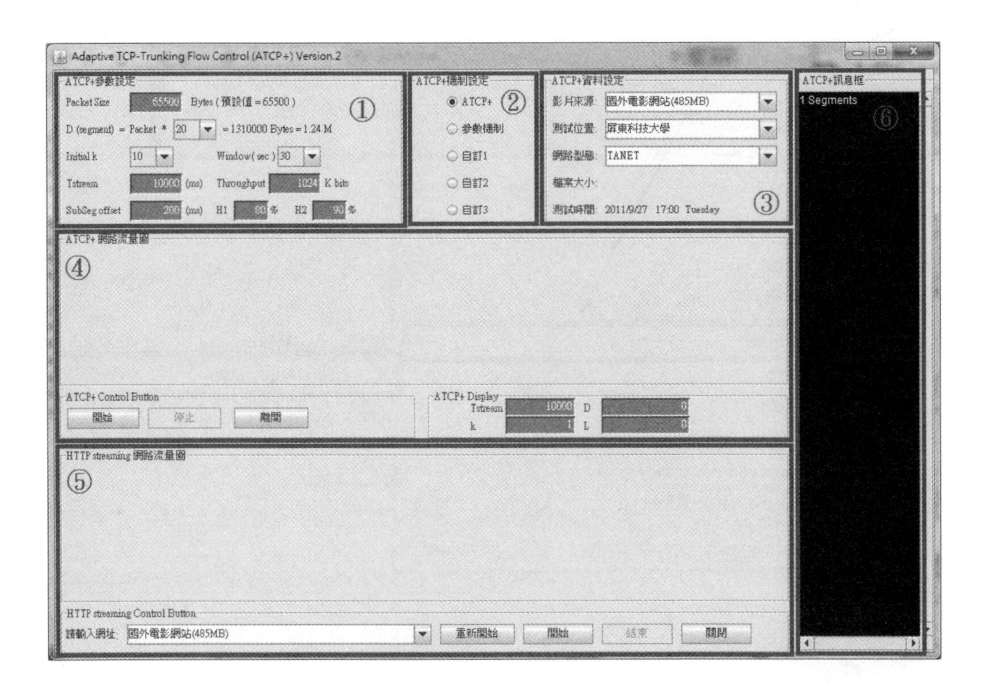

①ATCP+參數設定，基本上是以預設的數值執行程式，也可以設定不同的參數來分析其中的差異性。可以調整設定 D（Segment 長度）、初始 K 值、Windows size；針對預設值部分，若需要再進一步進階調整預設值部分，則可以嘗試從程式中修改。

②ATCP+機制選項，主要以 ATCP+為主，如需其他相關的機制可以再自行設定。

③ATCP+下載的資料設定，可由影片的來源（本國、外國）、檔案大小不同進行差異化分析。

④ATCP+網路流量圖，將上述的參數設定好後，可以按開始按鈕開始進行下載，由此可以觀察 ATCP+下載的流量分析圖與 K 值的變化。

⑤HTTP streaming 網路流量圖，這裡是使用 HTTP streaming 的下載技術來進行下載，由此可以觀察 HTTP streaming 下載流量分析圖的變化。

⑥ATCP+下載的訊息框，顯示傳輸過程中每一個 Segment 的大小，並根據網路情況調整 Segment 的大小都可以觀察到。

4.執行結果可參考下圖，可以觀察到 ATCP+與 HTTP streaming 下載技術的差異。

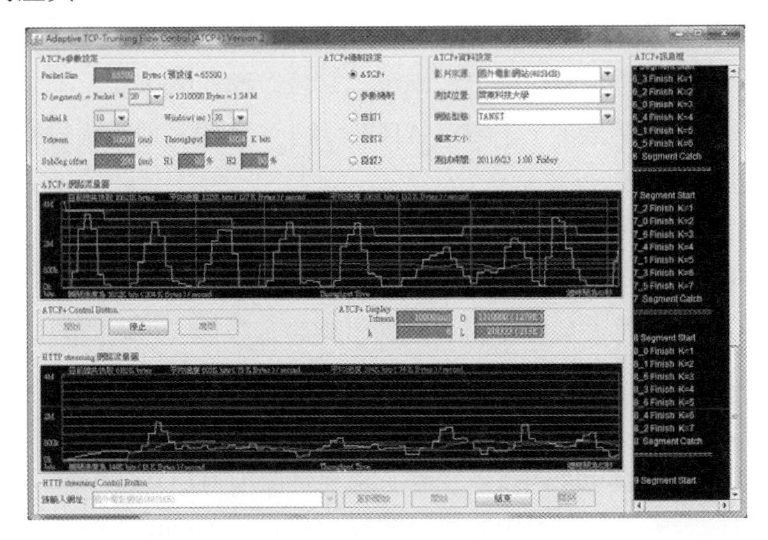

5.圖中右邊所圈選的框框，是根據網路情況調整 K 值與 Segment 的大小。

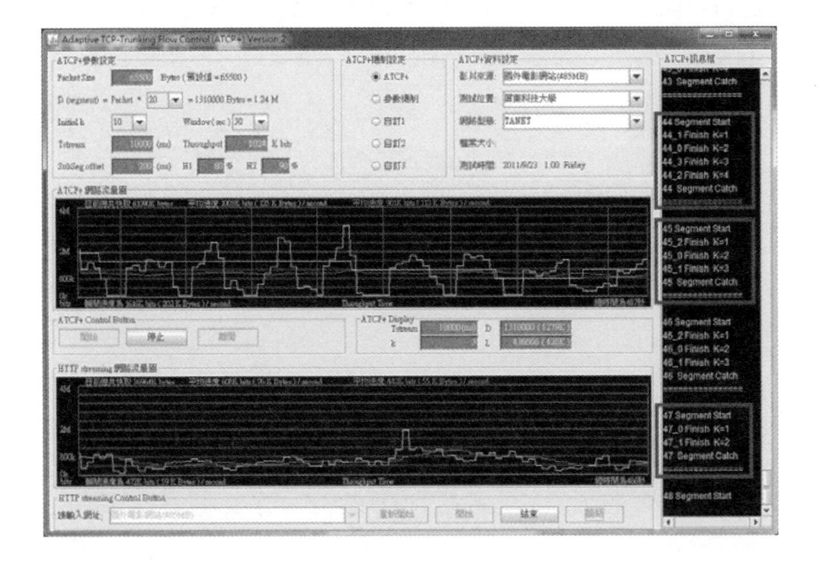

實作練習

1. 將下列的影片來源中同一影片來源的 ATCP+網路流量圖與 HTTP streaming 網路流量圖，觀察其中差異：
   A. 國外影片
   B. 校內 Server 影片
   C. 國內電影
   D. 國內短片

2. 比較同一影片來源 ATCP+網路流量圖與 HTTP streaming 網路流量圖變動差異。
3. 比較 A、B、C、D 不同影片來源的 ATCP+網路流量圖與 HTTP streaming 網路流量圖變動差異。
4. 比較 A、B、C、D 不同影片來源 ATCP+的 K 值變化與 Segment 差異。

ϟ 第五章

視訊串流協定（二）

在 DoD 模型中，傳輸層主要的功能是負責應用程式之間的通訊，像是流量控制、錯誤處理、連接埠管理、資料重送等等皆是傳輸層主要負責的工作。

在上個章節中，我們已經介紹過了 TCP/IP 在傳輸層中的 TCP 協定，在本章節將介紹另一個 TCP/IP 的協定：UDP。

5-1 UDP 傳輸協定

5-1-1 TCP 傳輸協定介紹

UDP（User datagram protocol）是一種十分簡易的網路協定，它僅提供了連接埠處理的功能。

而 UDP 這個協定，主要具有以下特性：

1.非連接式的傳送（Connectionless）。

2.UDP 封包表頭可以記錄來源端與目的端連接埠的資訊。

3.支援多點傳送（Multicast）或廣播傳送（Broadcast）等一對多的傳送模式。

4.應用程式有提供資料完整性的檢查機制。

由於 UDP 和 IP 都是以非連接導向性的方式來傳送封包，所以傳送過程較為單純，相對地可靠性較差，無法保證資料到達目的地的順序，在傳送過程中若發生問題，並不具有確認、重送等機制，所以一般而言，要使用 UDP 協定來傳送資料，需要滿足以下的條件：

1.允許資料損失。

2.無論封包到達目的地的順序，所以最好資訊均封裝在單一區段中。

3.對電腦資源的需求高。

基於上述的幾種條件，因此像是 DNS 查詢、網路多媒體視訊串流和網路廣播等等，在資料損失時並不會造成重大影響，但對時效需求較高，或者應用層有能力來處理這些問題，如 P2P 等，這些時候就會使用

UDP 網路協定。

而 UDP 協定的主要作用就是將區段的表頭壓縮成為一個較為簡易的格式，一個典型的 UDP 區段就是一個二進制的格式，每一個區段的前八個字元是用來包含區段表頭的訊息，其他的就用來當作包含具體的資料。UDP 所提供的優勢就是速度快；由於 UDP 不用提供確認，所以透過網路傳送的流量相對來說就會較少，使傳輸作業速度加快，若用在語音、視訊串流都會有不錯效果。

在 UDP 封包結構方面，UDP 的封包是由下列兩個部分所組成的：

UDP 表頭	UDP 資料

圖 1 UDP 封包結構圖

1.UDP 表頭：表頭的部分，其長度固定為 8 Bytes，其中包含了 4 個欄位：來源連接埠編號、目的連接埠編號、封包長度、錯誤檢查碼。

2.UDP 資料：載送應用層的資訊。

5-1-2 TCP 與 UDP 傳輸協定比較

在 TCP/ IP 協定家族中，傳送層主要的兩個協定：TCP 與 UDP，究竟兩者有何不同呢？

簡單而言，TCP 提供的是一個連線導向（Connection oriented）的可靠傳輸，前面所介紹的傳送層檢測手續，都會在 TCP 中得到實現。

相對而言，UDP 則是一個非連線型（Connectionless）的非可靠傳輸協定，它並不會運用確認機制來保證資料是否正確的被接收、不需要重傳遺失的資料、資料的接收可不必按順序進行、也不提供回傳機制來控制資料流的速度。因此，UDP 信息可能會在網路傳送過程中丟失、重複、或不依順序，而且抵達速度也可能比接收端的處理速度還快。對於某些訊息量較大、時效性大於可靠性的傳輸來說，例如語音或者是多媒體影像等，UDP 會是較佳的選擇。

從 OSI 模型的封裝原理中我們也可以得知：一個網路封包就是經過層層加封的結果。其中，拿掉 Header 的部份，就是 Payroll 的空間、也就是上層協定封包及資料。

然而，真正交由網路傳送的 IP 封包是有一定的體積限制的。由於 UDP 不需要可靠傳輸，因此相較於 TCP 來說，一大堆必須佔據封包表頭的 Over head 都可省略，從而換取更大的 Payroll 空間。這樣的結果，將令單一的 IP 封包在作 UDP 連線時所攜載的資料要比 TCP 連線多更多。這是靠犧牲可靠性而換取得來的，若連線需要在 UDP 上作可靠傳輸，那麼，其確認機制將從傳輸層退回應用層進行了、也就是程式本身要提供可靠傳輸機制。

綜合以上所述，我們可以簡單的整理出一個 TCP 與 UDP 兩者間差異的比較表。

»表 1　TCP 與 UDP 差異比較表

協定名稱	優點	缺點
TCP	傳送可靠 程式可省略可靠機制	速度比較慢
UDP	傳輸量大且迅速	不可靠 程式或需自行提供可靠機制

5-2　SCTP 傳輸協定

5-2-1　SCTP 傳輸協定介紹

資料流控制傳輸協定 SCTP（Stream control transmission protocol）是由 IETF 在 2000 年所制定的全新的傳輸層通訊協定。

SCTP 類似於 TCP 和 UDP，是位於傳輸層的協定，它不僅擁有 TCP 許多的功能，包括壅塞控制、流量控制與封包錯誤偵測機制，也同時擁有 UDP 的一些優點，增加了 SCTP 的可擴展性。

SCTP 提供的機制與特色有以下幾點：

1.多重路徑（Multi-homing）傳輸模式

單一機器可以使用多張網卡，確保封包傳送路徑不只一種模式，增加封包的傳輸能力。

2.多資料流（Multi-streaming）的資料傳送

SCTP 在傳送資料時，並非依照每個串流各開一個傳送的通道；而是以一個常駐的通道接收不同來源的資料，再藉由資料表頭來分辨封包的來源以及需轉送的上層應用程式。

3.訊息界線保留

4.不會有 Head-of-line blocking 的問題

TCP 協定為有序傳輸，在傳送封包或接收處理的封包都會有一定的順序，如果傳送過程中其中一個封包遺失了，接收端必須等到遺失的封包接收到後才會繼續進行處理，所以後面的封包在遺失的封包接收到之前都必須等待。

5.選擇性確認（Selective acknowledgments, SACK）和壅塞控制 SACK 主要的功能是用來當接收端收到資料封包時，作為確認接收與通知傳送端資料封包發生 Gaps 的狀況，SACK chunks 會將沒收到的

TSN 值記錄回送到傳送端，要求資料重傳。

6.路徑監測（Heart bead）管理

具有多條傳輸路徑的節點，SCTP 會使用 heartbeat 週期性對於閒置路徑發送 Heartbeat（HB）封包，詢問路徑的可用情況，因此當主要路徑中斷時，會自動選用一條備用路徑改變成主要路徑，達到快速恢復的能力。

7.防止 DoS（Denial of service）攻擊

因為 TCP 建立連線是以三向交握的方式進行，而 SCTP 則是使用四向交握。

5-2-2 連線建立方式

TCP 協定與 SCTP 協定，兩者在連線建立的方式上有很大的不同，TCP 協定使用的是三向交握（Three-way handshake），而 SCTP 協定則是使用四向交握（Four-way handshake）。

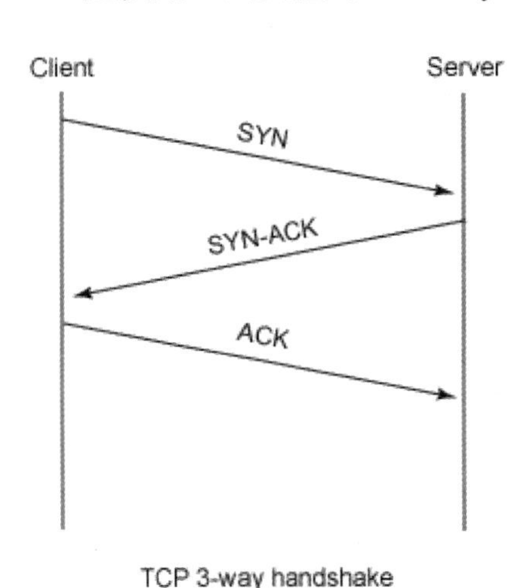

圖 2　TCP 三向交握示意圖

在 TCP 協定中所使用的三向交握，在建立連線時，首先 Client 端會向 Server 端發送 SYN（Synchronize）訊息請求建立連線，而 Server 端收到 SYN 訊息後會向 Client 端回應 SYN-ACK（Synchronize- cknowledge）訊息；最後 Client 端收到的 SYN-ACK 後，向 Sever 端回應一個 ACK 確認已收到訊息，連線隨之建立。但是，三向交握中 SYN flooding 會產生一些問題；當網路上有惡意的 Client 端使用偽造的 IP 位址，向 Server 端發出 SYN 訊息時，Server 端也會回應 SYN-ACK，這時候 Server 端會一直等待 Client 端的回應，就會造成 SYN flooding 的問題產生。

為了防止 TCP 協定的 SYN flooding 攻擊，SCTP 協定使用了四向交握（Four-way handshake）與 cookie 機制，建立兩個端點之間的連線。

四向交握的運作流程，首先 Client 端會向 Server 端發出 INIT 訊息；當 Server 端收到 INIT 的訊息後，並不會馬上建立連線也不會分配任何的資源，而是先回應 INIT-ACK 與 cookie。回應給 Client 端的 Cookie 中包含了：識別與進行連線必須的詳細資料、cookie 的生成時間戳記與生命週期以及簽名驗證 cookie 的完整性與真實性。

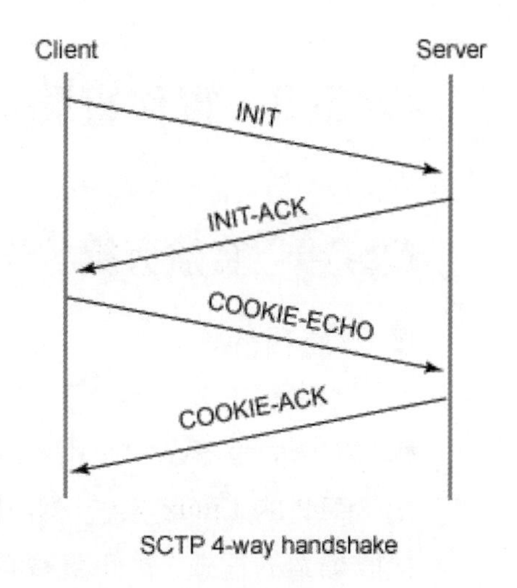

圖 3　SCTP 四向交握示意圖

如果是一個合法的 Client 端，在收到 INIT-ACK 與 Cookie 後，將會回應 COOKIE-ECHO 與 INIT-ACK 中的 cookie 一起給 Server 端。Server 端在收到 COOKIE-ECHO 進行 cookie 驗證，通過驗證就使用 Cookie 中的資訊來分配資源與建立連線並回應 Client COOKIE-ACK，如此就可避免 TCP 協定中 SYN Flooding 的攻擊問題。

在封包的傳送方式上，TCP 提供的是位元組導向（Byte-oriented）作資料派送的服務，處理資料是以 Byte 為單位，如果接收端收到 10Bytes、20Bytes、30Bytes 三個訊息，接收端只知道接收到 60Bytes 的資料，並不清楚其中是如何分割的，所以是以 Byte 的數量來計算。而 SCTP 協定提供的封包傳送方式則是訊息導向（Message-oriented）的資料派送服務；與 UDP 協定的傳送方式一樣，如果接收端收到 10Bytes、20Bytes、30Bytes 三個訊息，會分別認為是 10Bytes、20Bytes、30Bytes，所以是以訊息的數量來計算。

5-3 實作實驗：進階視訊串流傳輸協定實作 -SCTP

5-3-1 實驗大綱

實驗目的

本實驗主要內容為製作藉由 SCTP 網路傳輸協定來傳送檔案的兩隻程式（分伺服器端與使用者端）。本實驗內容，主要為使用目前已成熟支援 SCTP 的 Linux 系統，藉由參考 SCTP 範例；來撰寫由 SCTP 傳送、接收檔案的程式；藉此讓讀者熟悉 SCTP 協定的使用；並且能比較 SCTP 與 TCP 之異同。

實驗目標

1.學習於 Linux 系統上安裝軟體。
2. 學習架設、測試 SCTP 環境。
3.學習撰寫 SCTP 傳輸程式。
4.學習於 Linux 上進行簡易之 C++程式編譯及執行。

預期成果

讓讀者藉由本實驗教材實做，以 C 語言撰寫出利用 SCTP 傳送檔案的 Server/Client 程式，並且可以藉由 SCTP 多層串流傳送的特性，可實現利用不同通道來擷取資訊的功能，可深入瞭解 SCTP 的核心概念。

串流協定介紹

SCTP 是一種網路傳輸協定，屬於 OSI 七層模型架構中的傳輸層（相當於 TCP 以及 UDP 傳輸協議的等級）SCTP 定義於 2000 年，以 RFC4960

定義其協定的運作方式；以 RFC3286 定義 SCTP 的操作指令。SCTP 在設計上採取了 UDP 的訊息導向傳輸方式；並結合了 TCP 的可靠傳送特性；意圖取代 TCP 成為一種傳輸可靠（Ensures Reliable）的傳輸方式。

SCTP 傳輸協定的特點：

1.支援 Multi-Homing：也就是單一機器可以使用多張網卡，確保封包傳送路徑不只一種模式，增加封包的傳輸能力。

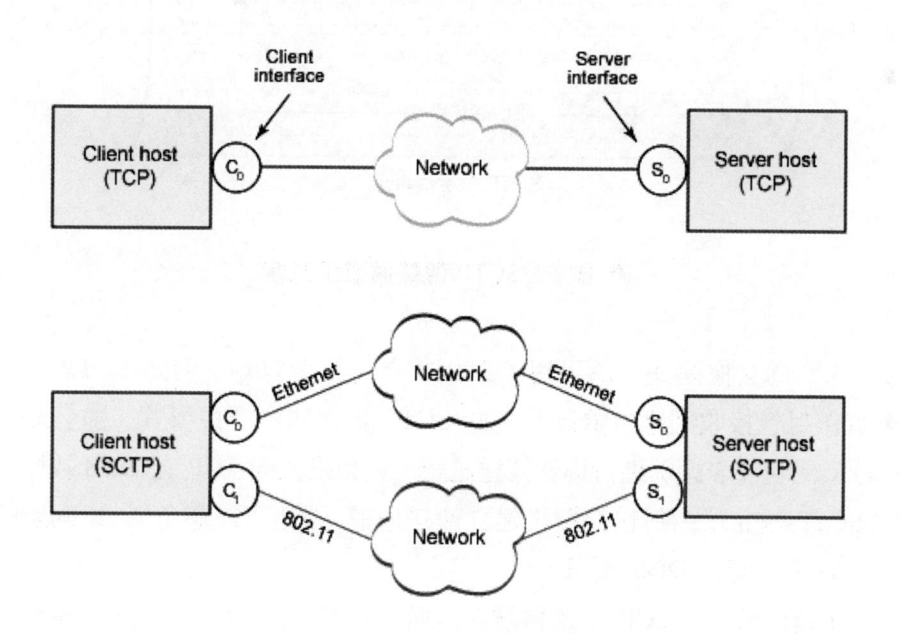

圖 4　TCP 與 SCTP 傳輸方式比較圖

2.開放通道式（Tunnel）的傳輸：SCTP 在傳送資料時，並非依照每個串流各開一個傳送的通道；而是以一個常駐的通道接收不同來源的資料，再藉由資料表頭來分辨封包的來源以及需轉送的上層應用程式。

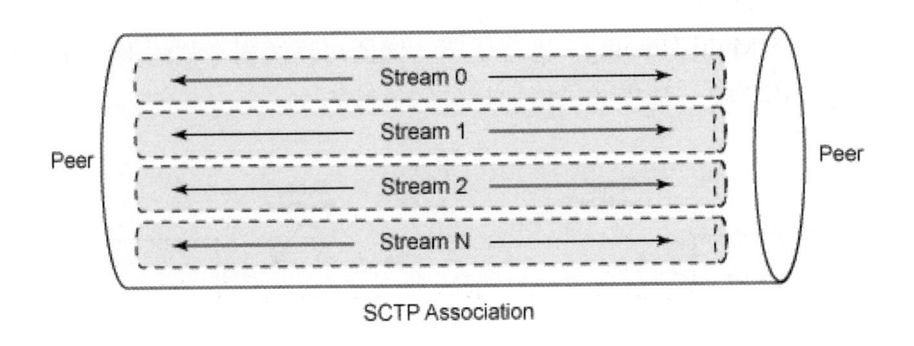

圖 5　SCTP 傳輸通道示意圖

3.四向交握模式：為了使 SCTP 成為可靠型傳輸，因此 SCTP 也需要實作封包接收回應之機制，在此 SCTP 實作四向交握模式，並且藉由 cookie 封包（表頭）進行檔案傳送確認。避免陷入同 TCP 之 DOS 攻擊。因 SCTP 並非藉由封包交握後建立傳送通道，因此可以避免 ACK 回應的等待時間，避免 DOS 攻擊。

4.資訊分層：TCP 協定傳送封包時，以資訊串流方式傳送；無法區分伺服器端不同時期送出之封包，因為資料遭 TCP 協定合併成為一組串流，因此內容上是黏合無法分開的。而 SCTP 以封包的方式傳送資料，可以區分伺服器發送之不同封包。

目前 SCTP 在使用上，為了減少用者學習困難，因此 Linux 在 SCTP 的操作指令上，大部分仍仿造目前現有之 TCP Socket 指令。因此若讀者有 C++的 Socket 程式開發經驗，可仿造 C Socket 的方式來使用 SCTP Socket。

5-3-2　環境設置

環境需求

1.使用 Linux 作業系統之電腦操作，其中本實驗範例是運行於 Ubuntu 作業系統 12.04，使用其他版本 Linux，可能有指令不同之情況發生，需自行調整。

2.GCC、G++等支援 C++語言程式編譯的 Linux 編譯器。

3.有線網路環境。

備註：本實驗主要設計於 Linux 環境下操作，多數指令由 Linux 下的終端機進行執行操作。

套件安裝

- 基礎環境需求

    1.使用終端機安裝 Linux Kernel SCTP API。

    2.以指令測試 SCTP 服務是否運作。

安裝並測試 Linux Kernel SCTP Tool

在開啟 Linux 之後，請於左上角的功能表當中，選擇項目「應用程式」並選擇「附屬應用工具」選項，選取「終端機」。

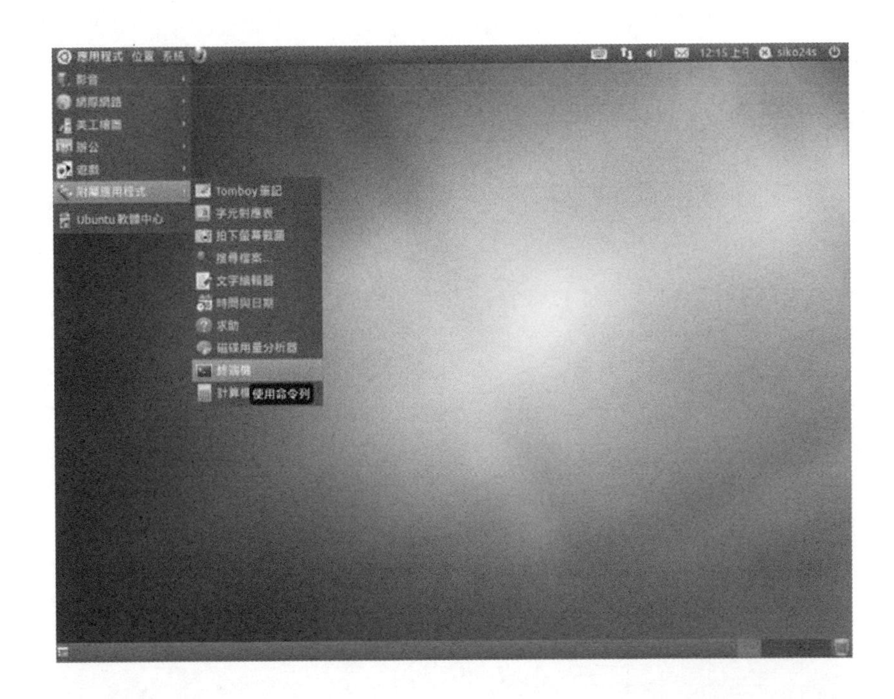

於終端機中輸入下列指令，以安裝 Linux Kernel SCTP Tools。

```
sudo apt-get install libsctp-dev lksctp-tools
```

【簡略指令說明】sctp_darn [-H] 0 ……（參數……可查看 more 列出，像 4.3 gcc 指令）

安裝完成後，輸入下列指令；開啟兩個終端機，分別扮演伺服器端和使用者端，進行本機自身 SCTP 連線溝通測試。

1.開啟 SCTP 測試程式之伺服器端

```
sctp_darn -H 0 -P 2500 -l
```

2.在開啟完測試伺服器端程式，伺服器端為 Listening 的狀態，另外再開啟一個終端機，輸入以下指令以使用者端連上自身主機（127.0.0.1）測試 SCTP 是否正常連線。

```
sctp_darn -H 0 -P 2600 -h 127.0.0.1 -p 2500 -s
```

在使用者端指令輸入並按 Enter 鍵後，程式將會提醒使用者輸入文字以傳送至測試伺服器端。請輸入任意字串後，按下 Enter 鍵，輸入至程式。

傳送成功後將出現以下畫面：

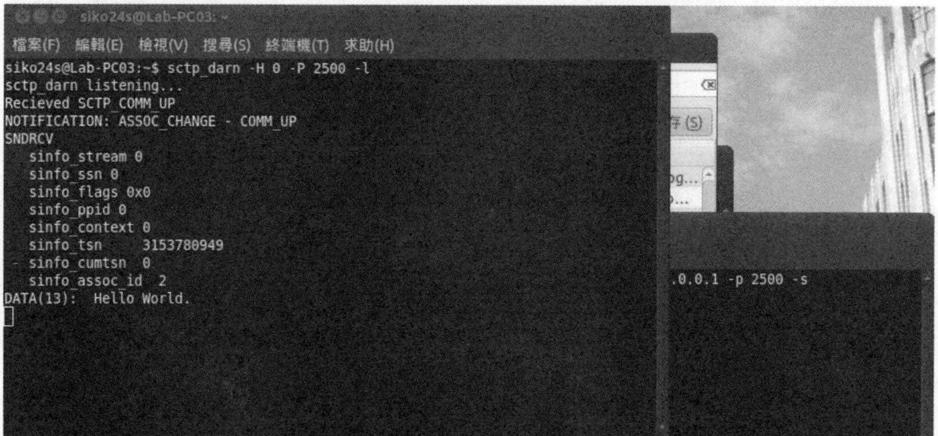

```
siko24s@Lab-PC03: ~
檔案(F) 編輯(E) 檢視(V) 搜尋(S) 終端機(T) 求助(H)
siko24s@Lab-PC03:~$ sctp_darn -H 0 -P 2500 -l
sctp_darn listening...
Recieved SCTP_COMM_UP
NOTIFICATION: ASSOC_CHANGE - COMM_UP
SNDRCV
   sinfo_stream 0
   sinfo_ssn 0
   sinfo_flags 0x0
   sinfo_ppid 0
   sinfo_context 0
   sinfo_tsn     3153780949
   sinfo_cumtsn  0
   sinfo_assoc_id  2
DATA(13):  Hello World.
```

伺服器將顯示使用者傳送之字串，並且顯示所使用的 SCTP 頻道以及 SCTP Socket 的各項狀態。

完成以上步驟並顯示出使用者傳送的字串後；便代表 SCTP 已經安裝成功。便可以使用 SCTP 協定傳送資料。

5-3-3 實驗步驟

■ 環境需求

1.建立 SCTP Server 端 C 原始碼檔案，加入教材附件中之 Server_Include 的內容，來引入檔案 IO 以及 SCTP 函式庫。

並再加入：

```
#include "common.h"
```

引入共用資料。

2.建立 main 涵式，並且設定輸入參數為（int argc , char* argv[]）

3.宣告兩項 int 變數，作為 Socket 辨識 ID；用於監聽 SCTP 連入連線（Socket），以及擷取連入連線（Socket）。

4.宣告 int 變數 ret 作為 socket 指令操作後回傳容器。

5.建立 sockaddr_in 結構（struct），作為連入連線的 IP 設定。

6.建立 sctp_initmsg 結構，以設定 SCTP Socket 啟動的設定。

7.填入以下程式碼，來設定程式接收啟動時的第一個參數，作為傳送資料的檔案來源。

```
char* openpath = argv[1];
```

```
FILE *target_file = fopen(openpath , "rb");
```

8.取建立用於紀錄 Socket id 之 int 變數，建立連入的監聽 Socket 並初始化：

```
listenSock = socket( AF_INET, SOCK_STREAM, IPPROTO_SCTP );
```

類別：listenSock : int　。

9.參考附件中的 Server_socket_init 來初始化我們所建立的 sockaddr _in 結構及 sctp_initmsg 結構物件（在範例中，Severaddr 為 sockaddr_in 結構物件、initmsg 為 sctp_initmsg 結構物件。請依照範例當中的方式來初始化元件。）初始化各項動作的涵意，亦請參照範例當中的註解來學習。

10.啟動監聽 Socket；其中 listenSock 為步驟 8 所建立的監聽 Socket。

```
listen( listenSock, 5 );
```

11.建立讀取檔案內容的 char 變數。（本例使用「char copy_temp；」作為讀取檔案內容的暫存空間。）

12.啟用建立監聽 Socket 的 Accept 方法，並將接受的連線派分給步驟 3 中，擷取連入連結的 Socket。（本例以 sonnSock 作為擷取連入連結的 Socket。）

```
connSock = accept(listenSock, (struct sockaddr*)NULL, (int *)NULL );
```

13.建立 While 用於讀取步驟 7 中開啟的檔案（FILE*類別變數所紀錄之內容）。範例如下：

```
while((copy_temp = fgetc(target_file))!= EOF){        }
```

建立完成後，步驟14、15的功能需寫入其中。

14.在 While 迴圈中，使用 SCTP 傳送資料給連入的 Socket。（至檔案到達 EOF 標記為止）其中 PATH1_STREAM 為 common.h 所定義之傳送用的通道 1。

```
ret = sctp_sendmsg( connSock, (void *) &copy_temp, (size_t)
sizeof(copy_temp), NULL, 0, 0, 0, PATH1_STREAM, 0, 0 );
```

15.仿造上一步驟，建立相同的連線，並使用通道 2 連線（即把 PATH1_STREAM 改變為 PATH2_STREAM）

16.在 main 方法中最後建立執行正確時，應回傳的 0 值。
即為「return 0；」。

17.完成後，內容將與教材附件中之 Complete_server 內容類似。

建立 SCTP Client Side 程式

1.建立 SCTP Client 端 C 原始碼檔案，加入教材附件中之 Client_Include 的內容，來引入檔案 IO 以及 SCTP 涵式庫。

2.並再加入：

```
#include "common.h"
```

引入共用資料。

3.建立 main 涵式，並且設定輸入參數為（int argc , char* argv[]）

4.宣告 int 變數，作為 Socket 辨識 ID；用於對主機連線（Socket）。

5.宣告 int 變數 ret 作為 Socket 指令操作後回傳容器、宣告 int 變數 Flags 作為 SCTP 接收狀態接收容器、宣告 int 變數 in 作為計算接收資料大小所使用。

6.建立 sockaddr_in 結構（struct），作為連入連線的 IP 設定。

7.建立 sctp_initmsg 結構，以設定 SCTP Socket 啟動的設定。

8.建立 sctp_event_subscribe 結構，以設定 SCTP 接收時紀錄狀態的變數

9.建立 sctp_sndrcvinfo 結構，設定檔案接收後存放的位置。

10.填入以下程式碼，來設定程式接收啟動時的第一個參數，作為接收資料的位置。

```
char *savepath= argv[1];
```

```
FILE * save_stream = fopen(savepath,"w+");
```

11.建立 char 變數，作為接收檔案時複製內容的暫存空間。

12.取建立用於辨識 Socket id 之 int 變數，建立連線之 Socket 並初始化：

```
connSock = socket(AF_INET, SOCK_STREAM, IPPROTO_SCTP);
```

類別：connSock: int 。

13.參考附件中的 Client_socket_init 來初始化我們所建立的 sockaddr_in 結構及 sctp_initmsg 結構物件（在範例中，severaddr 為 sockaddr_in

結構物件、initmsg 為 sctp_initmsg 結構物件。請依照範例當中的方式來初始化元件。）初始化各項動作的涵意，亦請參照範例當中的註解來學習。

14.連線至伺服器。方法如下例所表示：

```
ret = connect(connSock, (struct sockaddr *) & servaddr, sizeof
( (servaddr) ) );
```

其中 connSock 為步驟 4 所建立的 int 變數，用於紀錄 Socket id；Servaddr 為步驟 6 所建立之 sockaddr_in 結構變數，用於紀錄連線的 ip 位置。

15.參照附件 Client_event_setting，設定 SCTP 連線 Event 處裡變數。其中 events 為步驟 8 所設定之 sctp_event_subscribe 結構物件。

16.建立 Do - While 迴圈，並且在條件中填入"in>0"（表示接收的資料量不為 0)。

17.參照附件 Client_receive 之內容，接收伺服器端 SCTP 資料並分別儲存至檔案或顯示於銀幕。其中 Sndrcvinfo 為步驟 9 所建立之 sctp_sndrcvinfo 結構物件。

18.以 fclose（FILE*）方法，關閉寫入檔案。

19.以 close（int Socket_id）方法關閉 SCTP Socket。

20.在迴圈之為的底層 main 方法中建立執行正確時，應回傳的 0 值。即為 "return 0 ; "。

21.完成後，內容將與教材附件中之 Complete_client 內容類似。

4.3 執行與測試

1.以 gcc 編譯指令，編譯 Server 端以及 Client 端檔案。

```
gcc -o [輸出檔案名稱] [編譯來源檔案] -L usr/local/lib –lsctp
```

編譯指令的範例為：

```
gcc -o sctpclient.out sctpclnt.c -L usr/local/lib –lsctp
```

2.在無任何錯誤發生的情況下啟動終端機（於環境設置時所使用過）啟動 Server 端程式。（使用 Server 端程式時，請於程式名稱後面加入欲發送的檔案。）例如：

{使用者名稱}@{主機名稱}:~/SCTP$

```
./sctpsrvr.out /Home/{使用者名稱}/testfile.txt
```

3.再次開啟新的終端機，並且執行 Client 端程式；並且在執行時後面加入欲儲存接收到的檔案位置（含名稱）

例如：

{使用者名稱}@{主機名稱}:~/SCTP$

```
./sctpclnt.out /Home/{使用者名稱}/recvfile.txt
```

4.執行完成後，Client 端將會列印出傳送端傳送之內容，並且新增傳送端傳送的檔案到指定位置。（列印至銀幕的內容為 SCTP 連線中通道 0 所傳送的檔案內容，而儲存下來的內容則為通道 1 所傳送的內容，兩者為分開傳輸；用來表示 SCTP 具有單通道多傳輸傳劉的特性。）

5.最後，請讀者核對列印至螢幕的內容是否與儲存之內容一致。

•實作練習•

1.深入研究 SCTP 協定之標準（RFC 3286）。

2.SCTP 傳輸協定是屬於 TCP/IP 協定堆疊中何一層？

3.串流控制傳輸協定（SCTP）的主要貢獻為何？

4.SCTP 協定補足 TCP 傳輸上無法運作之主要的兩個功能為何？

5.比較 SCTP 與 TCP 之差異？

ϟ 第六章

視訊串流調適技術

6-1 視訊傳輸協定

6-1-1 簡介

在第五章我們有提到 TCP 協定需要接收端的確認訊息回應給發送端，並且雙方必須保留傳送的封包紀錄，作為下一筆資料的確認依據，此外，還利用定時器重新傳送逾時封包，因此可提供一定的傳輸可靠性，確保資料的完整性，但是 TCP 本身不是為了串流而設計的通訊協定，因此沒有提供穩定的流量控制，串流的傳輸則取決於 TCP 的壅塞控制（TCP congestion control）的變化。

當網路傳送的封包數量接近網路對封包之處理能力（Packet handling capacity）時，TCP 便會啟動壅塞控制，保持封包數量不超過會使效能大幅下降的水平，但也會造成串流播放的延遲（Delay），然而 TCP 壅塞控制並不是限制傳輸量的機制，因此在網路狀況良好或是傳輸頻寬過大時，會使得串流傳輸量（Throughput）爆增。

TCP 協定對串流（Video streaming）造成兩個重大的影響，一是流量的巨大起伏變化（Sawtooth），若發生網路壅塞時，TCP 壅塞控制會根據 AIMD（Additive increase/multiplicative decrease）機制將串流傳輸量減半，造成串流播放延遲的現象，另一個問題則是 TCP 沒有提供穩定的流量控制，因此當網路發生壅塞時會導致流量驟降，也可能在網路狀況良好或是頻寬過大的環境底下，產生流量暴增（Burst）現象，因此許多串流會採用 UDP 實現，但 UDP 不具有壅塞控制的機制，所以在壅塞的網路中，UDP 會大量搶占 TCP 調降後的頻寬，並且會讓自己本身封包遺失率迅速的增加，因此 TCP 與 UDP 協定不能完整的滿足串流的需求。

SCTP 是一具有壅塞控制的傳輸協定，屬於連線導向，並且可以提供一套可靠的服務，但是封包的表頭太大，因此也不適合串流傳輸，有關傳輸協定的部分，讀者可參考前面章節。

Note

AIMD（Additive increase multiplicative decrease）是 TCP/IP 模型中在傳輸層解決壅塞的一種方法，當 TCP 偵測到端點對端點沒有壅塞時，就會以線性增加發送封包的速度，如果查覺到路徑上有發生壅塞時，就會以乘性減少發送封包的速度。

6-1-2　TFRC

TFRC 是一個基於接收方的機制，傳送方會根據接收方計算的壅塞控制訊息，例如像是計算封包遺失的機率等等的訊息，調整傳送封包的速度，如此一來 TFRC 必須要從接收方反饋的訊息做壅塞控制，因此反應上比 TCP 還要慢，變化的幅度較 TCP 小，但是 TFRC 其實本身並不是一個傳輸協議，而是傳輸協議中配合使用的一種壅塞控制機制，目前有許多 TCP 友善的傳輸控制機制被提出，與 TCP 共存時會以比較公平的方式競爭頻寬，其中分為兩類：

壅塞視窗為基礎（Window-based）

此運作方式採取與 TCP 相同的 AIMD 模式，並且利用 ACK 的機制，接收端會在成功收到封包後，發送確認的訊息回饋給傳送端，如此一來就能夠知道接收端是不是正確的收到封包，讓傳送端可以控制傳送封包的數量與傳送時間，達到 TCP 友善的需求，因為有 ACK 的確認，因此接收端能夠很快的知道封包傳送的遺失情況，對網路的狀況反應較快，但是大量的 ACK 封包與快速的傳輸率變化，會讓傳輸的速率變動頻繁，因此不適合多媒體應用。

■ 傳輸率為基礎（Rate-based）

不同於上面的方法，傳輸率為基礎的控制機制則是藉由網路反饋（Feedback）的訊息交換，例如：封包遺失率，使傳送方能夠動態的調整傳送速率，但是此方法不像壅塞視窗為基礎的控制機制使用 ACK 控制傳送的時間，所以傳送端需要傳送計時器（Sending timer），例如：RTT，運行傳送封包的排程。

TCP 壅塞控制機制並不適用於串流的傳輸，而友善式 TCP 壅塞控制（TCP-friendly rate control, TFRC），是接收方的機制，所以是在接收方計算壅塞控制的訊息，例如封包遺失等等，根據網路環境的狀況，由發送方調整每秒鐘發送的封包數量，調整數據傳輸的速率，故 TFRC 能使視訊串流更具網路適應性，在反應網路壅塞時調整傳輸率的幅度變化較小，運作方式如下：

1.接收方檢測封包遺失率，然後與時間戳記一起回饋給發送方。

2.發送方利用回饋回來的訊息得知 RTT 時間。

3.發送方將封包遺失率及 RTT 時間利用 TFRC 吞吐量方程式計算傳輸速率。

4.發送方根據算出來的結果調整數據發送速率。

Note

RTT（Round-trip time）表示同一個封包從發送方與接收方往返的時間，由三個部分影響：傳遞時間、末端系統處理時間、路由器緩衝區的排隊與處理時間。

6-1-3　RTT 和重送逾時值的量測

TFRC 是以 TCP 流量模型為基礎的 Rate-based 方式，如圖 1 用來分析 TCP 在長期穩態，壅塞避免（Congestion avoidance）模式下的產能變化。

$$T(t_{RTT},t_{RTO},b,p,S)=\frac{S}{t_{RTT}\sqrt{\frac{2bp}{3}}+t_{RTO}(\min(1,3\sqrt{\frac{3bp}{8}}))p(1+32p^2)}$$

圖 1　TCP 流量模型

T　：依據帶入的參數而估測的 TCP 流量（Byte/s）
t_{RTT}：由各封包上的時間戳記（Timestamp）計算而得
t_{RTO}：TCP 重送逾時值（Retransmission timeout value）
b　：接收端回應所收到的封包個數
p　：接收端回應封包之遺失事件率
S　：封包大小（Byte）

圖 1 公式中 T（tRTT,tRTO,b,p,S）代表 TCP 流量的檢測，單位每秒位元組，tRTO 為 TCP 重傳逾時值（Retransmission timeout value），單位為秒，也就是說超過這段時間，就會重傳封包，b 則是回應收到的封包數量，例如接收端每兩個封包才送出一個回應，那 b 就等於 2。TCP 流量模型有考慮逾時重傳，所以反應在網路壅塞情況下的流量檢測較為精準。tRTT 可由封包上的時間戳記（Timestamp）計算得來，時間戳記表示封包送出去後，回應給傳送端的時間，對應於 TCP 流量模型 tRTO 為

4 倍 tRTT 時間，P 則由接收端提供，傳送端由 TCP 流量模型的公式進行傳送速率調整。

$$t_{RTT'} = (t_{now} - t_{recvdata}) - t_{delay}$$

圖 2 t_{RTT} 計算方式（收到第一個封包）

t_{now} ：傳送端收到回應封包的時間（秒）
$t_{recvdata}$ ：接收端收到資料封包時其所含的傳送端傳送時間（秒）
t_{delay} ：接收端等待回應的時間

傳送端在未收到下一個回應封包前，會先設定 tRTT= tRTT'，當收到下一個回應封包後，再以下式做更新。

$$t_{RTT} = q \times t_{RTT} + (1-q) \times t_{RTT'}$$

圖 3 t_{RTT} 計算方式（收到第一個封包）

q：代表一濾波係數（Filter constant）（TFRC 對此係數的精確值並不敏感，一般建議設定為 0.9）

$$t_{RTO} = 4 \times t_{RTT}$$

圖 4 t_{RTO} （Retransmission timeout value）計算方式

6-1-4　遺失事件率的估測

TFRC 使用封包遺失事件率（Loss event rate）檢測方式，不同於 TCP 的壅塞控制機制對封包遺失敏感而造成大量的流量變動，因此在計算上並非計算封包遺失率，而是在一個 RTT 時間內，不管遺失多少封包都只算是一次的遺失事件，因此一次的封包遺失事件有可能是一個或多個封包的遺失。

$$w_i = \begin{cases} 1, & 1 \le i \le \frac{n}{2} \\ 1 - \dfrac{i - \frac{n}{2}}{\frac{n}{2} + 1}, & \frac{n}{2} < i \le n \end{cases}$$

$$\bar{l} = \frac{\sum_{i=1}^{n} w_i l_i}{\sum_{i=1}^{n} w_i}$$

$$p = 1/\bar{l}$$

（a）　　　　（b）　　　　（c）

圖 5

根據圖 5（a）利用權重式平均遺失區間（Weighted average loss interval, WALI）來計算出最近 n 個區間內平均錯誤率。所謂的遺失區間（Loss interval）代表相鄰的兩個封包遺失事件的區間，在最近的第 i 個遺失區間內的封包數為 $l\,i$，圖 5（b）可算出最近 n 個區間裡第 i 個區間其權重值 wi，接著再利用圖 5（c）算出平均的遺失間距後，最後算出遺失事件率 p。

6-1-5 視訊傳輸協定（VTP）

視訊傳輸協定（Video transport protocol, VTP）提供了基本點對點的壅塞控制，並且 VTP 傳送的封包是使用 UDP，以及在應用層加入壅塞控制，調適發送端到接收端中網路的視訊串流，特點在於耗費的網路頻寬與運算資源最小。VTP 讓接收端與傳送端的互動以頻寬估計與速率調整，並且是基於速率的壅塞控制，定期的間隔內接收端會發送 acknowledgments 的確認訊息給發送端，發送端與接收端之間是一個封閉循環（closed loop）。頻寬的路徑轉發則是藉由發送端的傳送速率來決定。

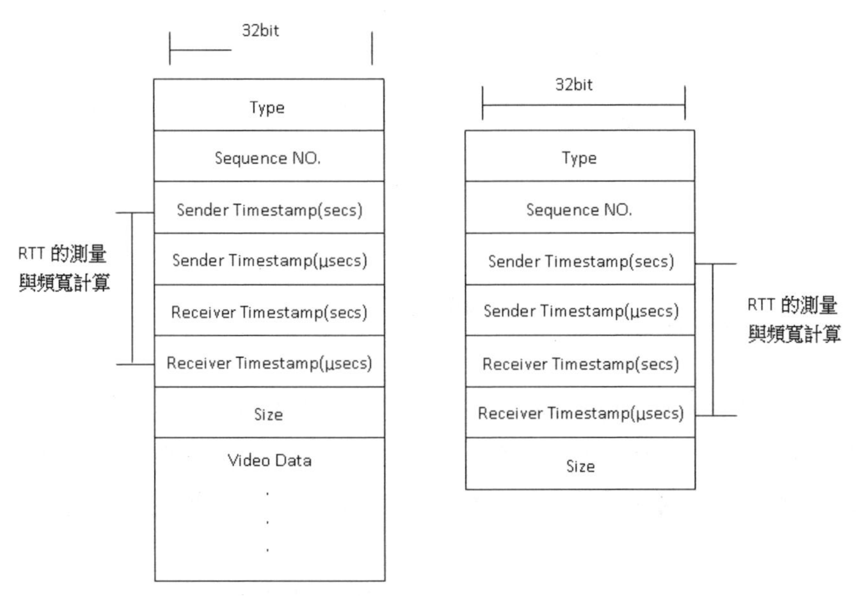

圖 6　VTP 封包格式（左圖為 VTP video packet，右圖為 VTP contorl packet）

6-2　調適性行動串流機制

6-2-1　視訊串流服務品質簡介

所謂的服務品質（Quality of service, QOS），代表著對不同時效性或即時性的網路傳輸資料可以供不同的服務品質，例如視訊串流在解碼時資料需要互相參考，並且播放畫面時是連續且快速，所以視訊串流的傳輸需要具有時效性與即時性，而服務品質則是根據不同用戶或資料流給予不同傳輸等級的優先順序，也可以透過應用程序的要求確保資料流的性能可以達到一定的水平，所以 QOS 是一種網路資源使用的控管機制，在不同的網路環境下，例如：Ethernet、ATM、802.1 Networks 等，會利用不同的技術提供可靠且有效的網路傳輸服務，若有大量的資料流同時使用某個頻寬時，QOs 也能在有限的頻寬下避免資料流超過網路的負荷量，而造成網路壅塞的狀況發生，主要分為兩大類型：資源保留以及優先等級，QOs 的主要目的如下：

1.利用控管網路的延遲性來提供即時性的服務。

2.針對服務的需求以提供不同的專屬頻寬（服務等級）。

3.避免網路壅塞而產生的封包遺失。

4.提供預留網路頻寬以達到較佳的網路服務品質。

6-2-2　整合式服務

所謂整合式服務（Integrated service, intServ）又稱資源保留（resource reservation），是依應用程式的服務品質需求來劃分以及規劃網路資源，InServ 將資料流（Flow）分成三種不同的等級，Guaranteed、Controlled load 以及 Best-effort。而 InServ 會對網路上個節點所擁有的資源預留，達到即時性資料在傳輸品質上的保證，使用者須透過頻寬保留通訊協定

（Resource reservation protocol, RSVP）宣告資料流的特性並做頻寬保留，所以 InServ 提供了點對點的 QOS。

InServ 提供了包含 Best-effort 在內的諸多服務等級，因此可和現存的網路服務相容而不需額外作升級或轉換的動作，同時封包在傳統網路與支援 IntServ 的網路間傳遞也不會有任何問題，但 InServ 網路擴充性（Scalability）較差，原因在於 InServ 的架構中，應用程式利用RSVP與傳輸路徑上的各個節點溝通，如圖 7 所示，傳送端會將 RSVP 的 Path 訊息發送出去，在傳遞的過程中 Path 訊息會紀錄經過節點及經過順序的路徑資料，接收端收到 Path 訊息時後回復 Resv 訊息，其中包括了 QOS 需求以及對於路徑上各個節點資源保留的設置訊息，並且反方向將訊息回傳給傳送端。

因此在傳送端與接收端之間的所有路由器都必須要能辨識、紀錄以及管控每一筆資料流的狀態，所以隨著網路擴張，資料流也會跟著增加，路由器的儲存設備或是處理速度方面都必須要能夠因應，而且當初 RSVP 是設計來支援長時間存活的 Multicast sessions，且 IntServ 以及 RSVP 假設應用程式了解訊務特性（Traffic characteristics）且資源保留的建立是在資料開始傳輸之前，因此 IntServ/RSVP 並不適用於網頁瀏覽等這類存活時間短的 Sessions 上。

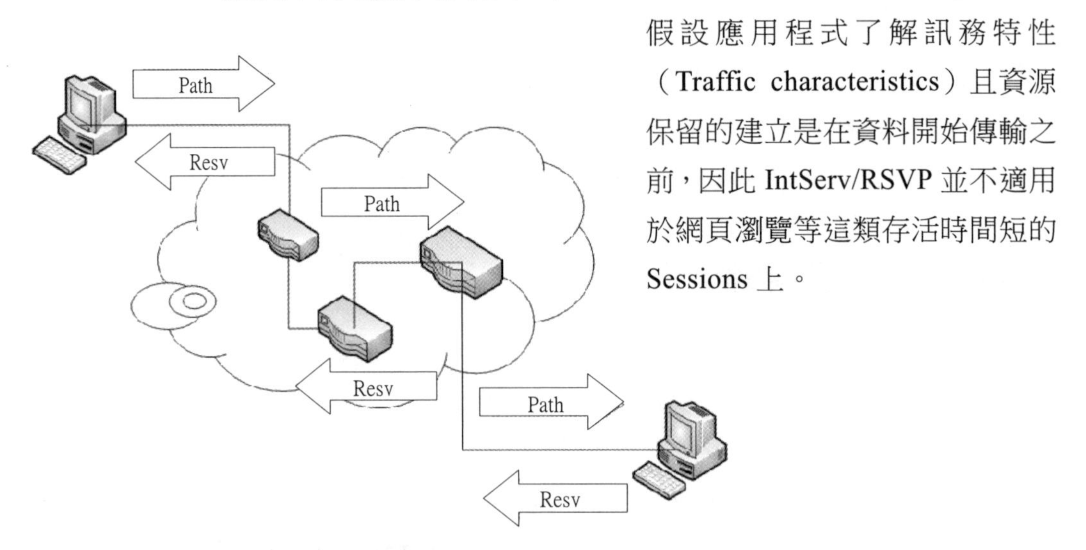

圖 7　RSVP 架構圖

整合式服務架構元件分為以下四個：

1.允許控制（Admission control）

針對使用者的要求，依網路上節點現有的資源，來決定是否接受或拒絕其要求。

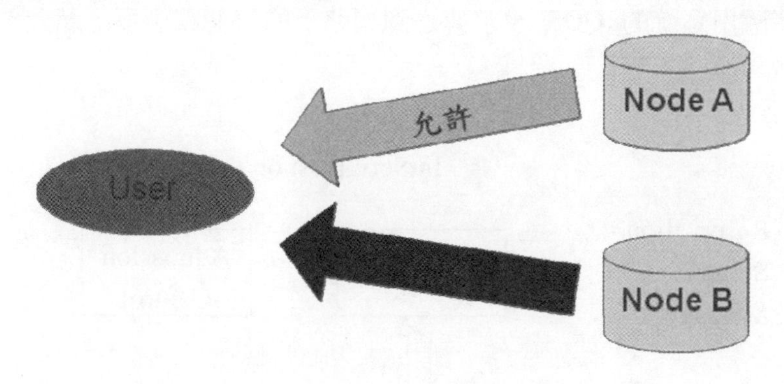

圖 8　允許控制

2.封包分類器（Packet classifier）

檢查封包欄位以決定封包的等級。

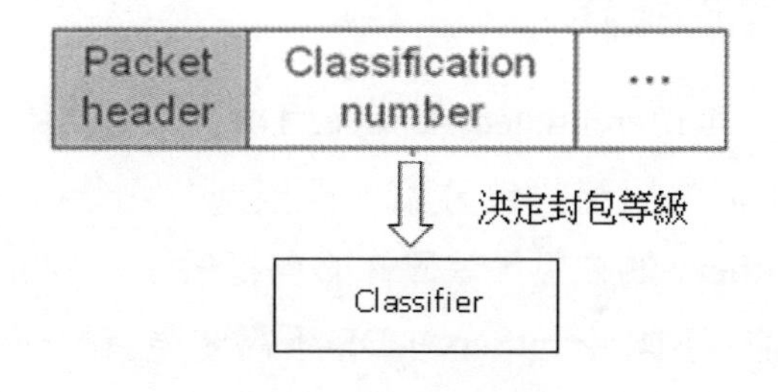

圖 9　封包分類器

3.封包排程器（Packet scheduler）

使用一個佇列排程（Queue scheduling）以滿足資料流對頻寬的要求與傳輸延遲的限制。

4.保留設立協定（Reservation setup protocol）

將應用系統的 QOS 要求傳送到網路上的每個路由器，藉此要求資源保留。

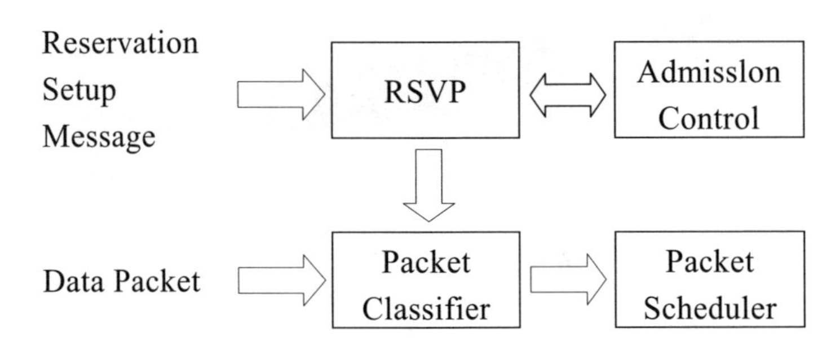

圖 10　整合式服務的基本架構元件與流量串流運作情形

6-2-3　差異式服務

差異式服務（Differentiated service, DS）又稱為優先等級，網路元件會根據分類原則將訊務封包分類，再根據分類後的優先等級來做處理，為瞭解決 IntServ 的缺點，差異性服務提供了一個簡單、延展性佳、彈性的 Qos 機制，不同於 IntServ，DS 不需要現有的應用程式配合，而且為了防止路徑上的節點儲存大量的資料，DS 設計避免單一資料流的狀態，避免造成路由器的負擔，因此 DS 不會隨著網路的擴張，資料流跟著大量增加，所以沒有延展性的問題，可以在大型網路下運作，另外 DS 適用於任何的 IP 應用程式，不像 InServ 主要規範在支援及時性群播應用程式，而且 DS 是以傳送端負責傳輸的 OOS 品質。DS 主要是將 DS domain 核心路由器（Core router）上的複雜訊流資訊維護的工作交由邊緣路由器（Edges router）來執行，以達到擴充性（Scalability），並且把網路上的資料流（Traffic）分割成不同的分類（Forwarding classes），而這些分類的封包會在 IP 的標頭（Header）標記，核心路由器只需要轉送，降低負擔。DS 會把網路分成好幾個網域（Domain），每個 Domain 的節點均依循相同的資源管理定義，而同一個 Domain 分為以下兩種類型的節點：

- Boundary node：用來連接到其他的Domain。主要是將資料流做分類以及標記（Mark）。
- Interior node：用來連接到其他的 Interior node 或 Boundary node。主要是對每個封包的 DSCP 做轉送的動作。

Note

DSCP 差分服務代碼點（Differentiated services code point）是在每個封包標頭服務類別 TOS 標識字節中，利用已使用的 6Bit 和未使用的 2Bit，通過編碼值來劃分優先級。

差異化服務的架構，由以下三種功能構成：

1.訊務分類（Traffic classification）

分類器（Classifier）會從封包標頭中的部分內容，來做封包分類的動作，並且針對不同的分類提供不同的 QOS level 的 PHB（Per-hop Behavior）傳送服務。

2.訊務調節（Traffic conditioning）

用來進行控制與訊務調適，使進入差異化服務網路領域之封包，所使用的網路資源不會超過 SLA 所議定的內容。

Note

服務層級協議（Service level agreement, SLA）是指服務的提供者與使用者之間的服務品質、水準還有性能都能達成協議或訂定的契約。

3.逐點傳送行為（Per hop behavior, PHB）

根據封包的 DSCP 碼，也就是藉由 DSCP 碼來選擇相對的 PHB，此種 DSCP→PHB 的映對可以是一對一，也可以是多對一，PHB 有三種傳送行為 Expedited forwarding（EF）、Assured forwarding（AF）、Best effort（BE），EF 的特性是低傳送延遲（Low delay）、低封封包遺失率（Low loss）以及低延遲變動率（Low jitter），AF 有點像是 InServ 中的控制負載（Controlled load service）服務，BF 則是提供了盡力式的服務。

6-3 實作實驗

6-3-1 實驗大綱

實驗目的

本實驗主要以優化視訊品質為主要的訴求，將串流的 Adaptation 控制分成 Micro 與 Macro 兩個層次。首先 Micro adaptation 主要是針對網路 Short term 的變異（如：短暫的無線訊號不穩），在 Packet level 進行交通量的調整，同時輔以 QOS-Gap ARQ 的 Error recovery 機制，來提升資料的有效性。而 Macro adaptation 是針對 Long term 的網路變化（如：Congestion 或基地台換手），在 Frame level 進行 Frame rate 的調整。

同時我們進一步設計了 Frame trimming 機制，來提升 MH 的視訊解碼效率並降低電源消耗。透過 AMVG 與 AMVSA 是否可以有效的降低封包遺失率與保障視訊品質，使整個調適過程可以達到平順（Graceful）的效果。

實驗目標

本實驗主要以優化視訊品質為主要的訴求，將串流的 Adaptation 控制分成 Micro 與 Macro 兩個層次。首先 Micro adaptation 主要是針對網路 Short term 的變異（如：短暫的無線訊號不穩），在 Packet level 進行交通量的調整，同時輔以 QOS-Gap。

環境設置

1.本實驗環境為 Windows 作業系統。

2.需安裝 Microsoft visual studio 2008 microsoft visual studio 2008 service pack1（SP1）進行更新。

實驗步驟

1.首先瞭解 AMVSG 與 AMVSA 之系統架構。

2.如何在 Microsoft visual studio 2008 開啟實驗系統之專案。

3.瞭解 AMVSG 所提供的機制的運作原理。

4.瞭解 AMVSG 與 AMVSA 的各個模組之功能。

5.調整機制的選定與參數之設定，觀看影片品質之差異。

6-3-2 安裝實驗步驟

■ 環境需求

作業系統：Windows 作業系統。

開發平台：Microsoft Visual Studio 2008，更新至 SP1。

■ 環境安裝

首先必須安裝 Microsoft Visual Studio 2008，並下載 Microsoft Visual Studio 2008 Service Pack1（SP1）更新檔進行更新。

由於 Visual Studio 2008 SP1 更新相當多功能，因此建議使用都務必進行更新。

Microsoft Visual Studio 2008 相關程式下載：

Microsoft Visual Studio 2008 Service Pack1（SP1）更新檔：

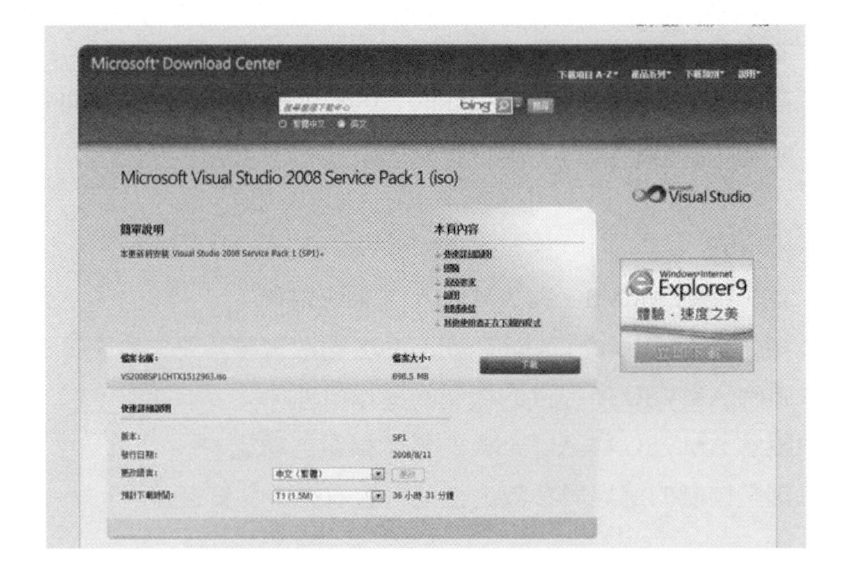

MSDN Library for Visual Studio 2008 SP1：

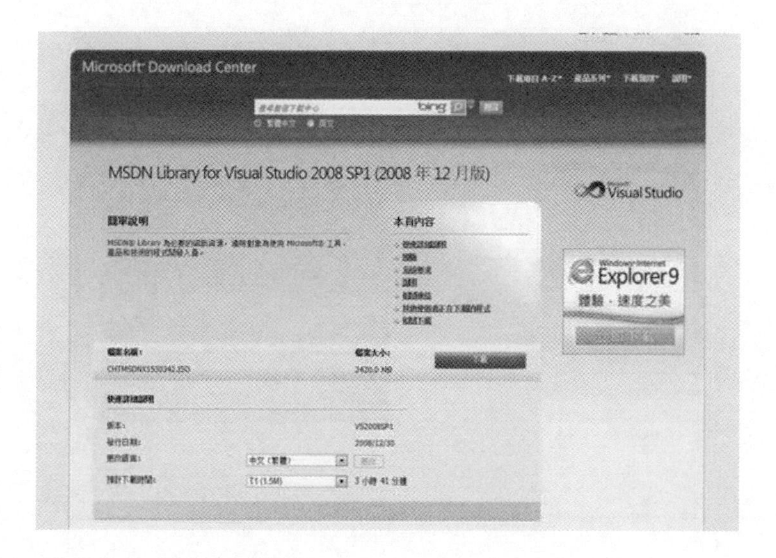

- 安裝 Microsoft Visual Studio 2008 主程式

  1.執行 autorun.exe，並選擇「安裝　Visual Studio 2008」。

2.等待安裝程序準備完，按「下一步」進行下一步驟。

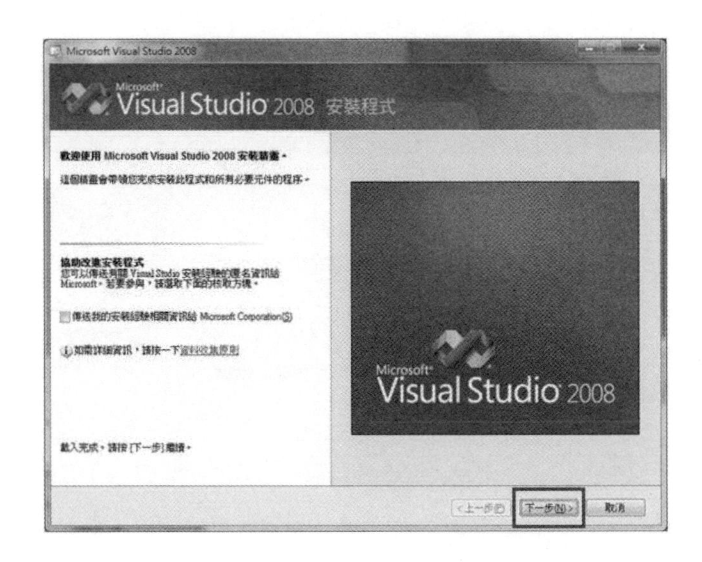

3.選擇「我已閱讀並且接受授權合約中的條款」，填入「產品金鑰」與「名稱」，再按「下一步」進行下一步驟。

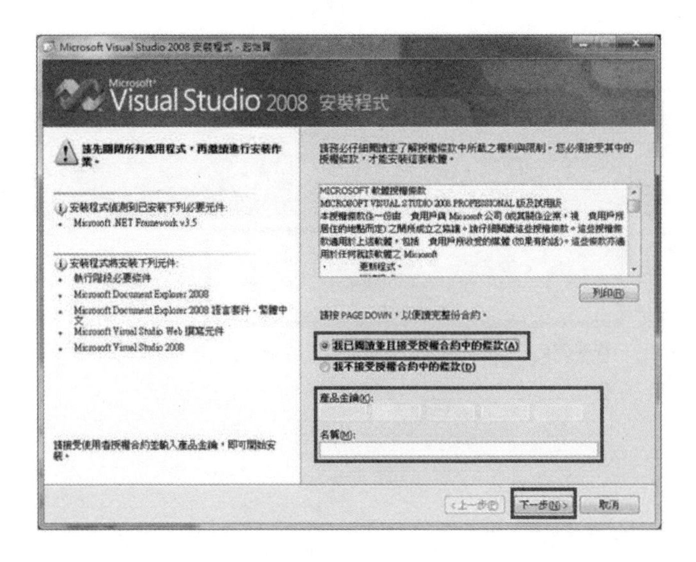

4.選擇「預設」選項以及預設的安裝路徑 C：\...\...，按「下一步」進行安裝。

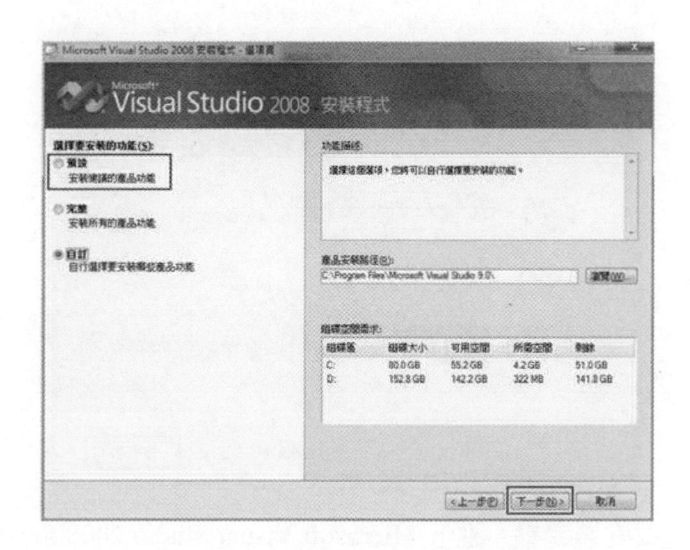

5.進行 Microsoft Visual Studio 2008 主程式安裝。

6.Microsoft Visual Studio 2008 主程式安裝完畢，按「結束」關閉視窗。

7.主程式安裝完畢，進行 Microsoft Visual Studio 2008 Service Pack1（SP1）更新。

8.將下載的 ISO 掛載為虛擬光碟，執行"SPInstaller.exe"，執行後畫面如下，並按「下一步」進行下一步驟。

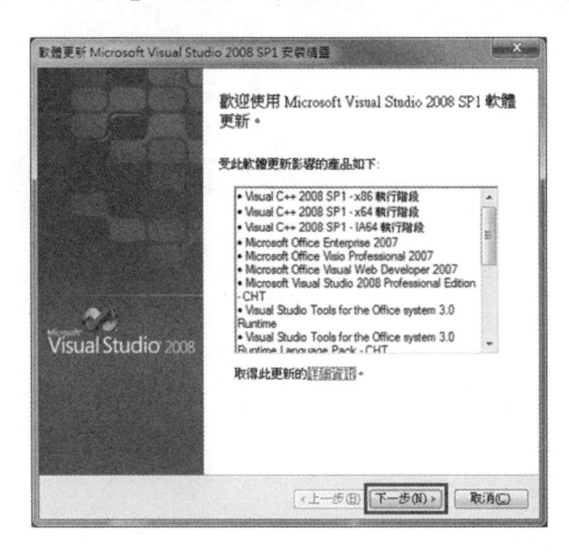

9.勾選「我已閱讀並且接受授權條款」，並按「下一步」進行更新。

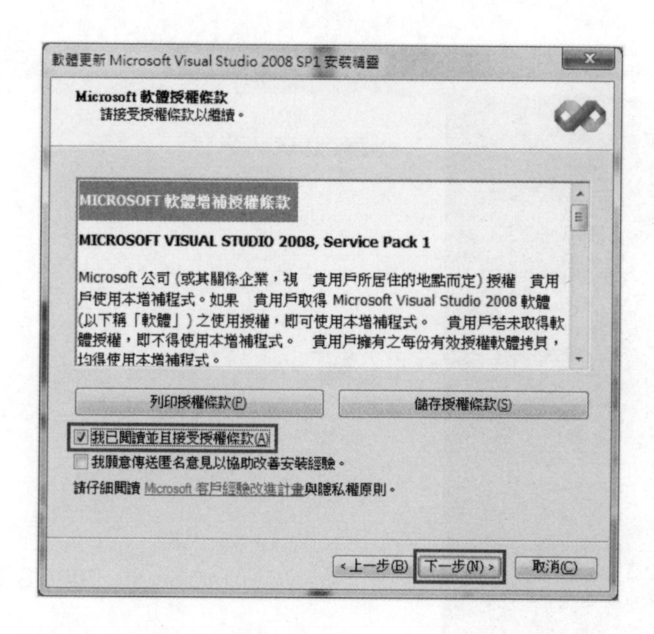

10.此為 SP1 更新畫面，此步驟需等待大概 30 分鐘。

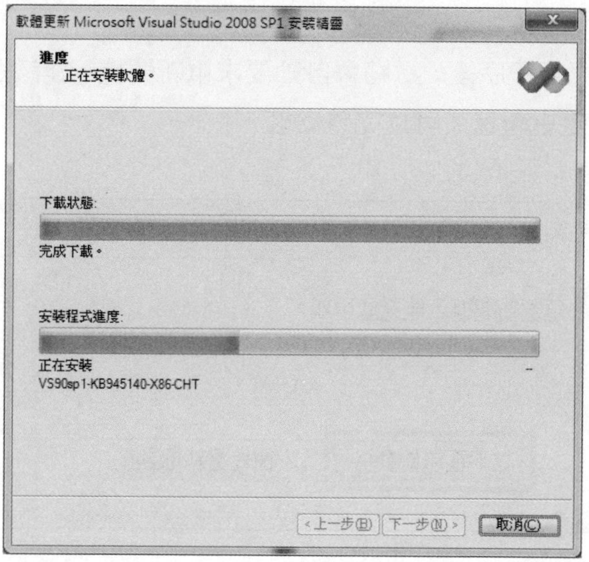

11.更新完畢後，出現此畫面按「完成」，完成更新的動作。

12.完成更新程序後，電腦會自動要求重新開機，建議選取「立即重新啟動」，確定更新程序可以完整安裝。

13.第一次執行 Microsoft Visual Studio 2008 會要求預設環境設定，選擇後「啟動 Visual Studio」。

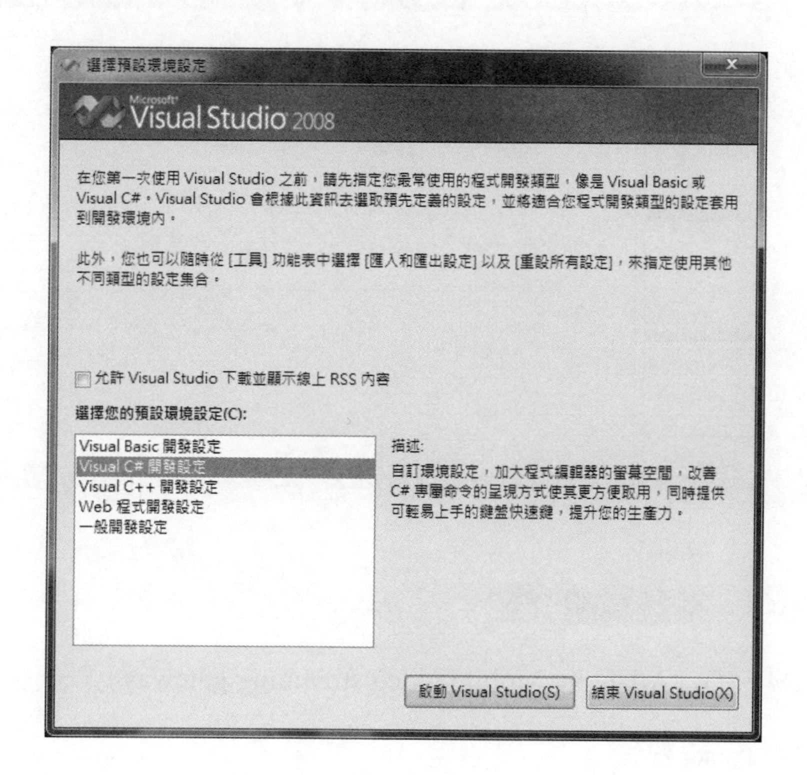

14.啟動 Visual Studio 會進行環境設定。

Microsoft Visual Studio

Microsoft Visual Studio 正在進行初次使用的環境設定，可能需要幾分鐘的時間，請稍候。

15.Microsoft Visual Studio 2008 啟動畫面。

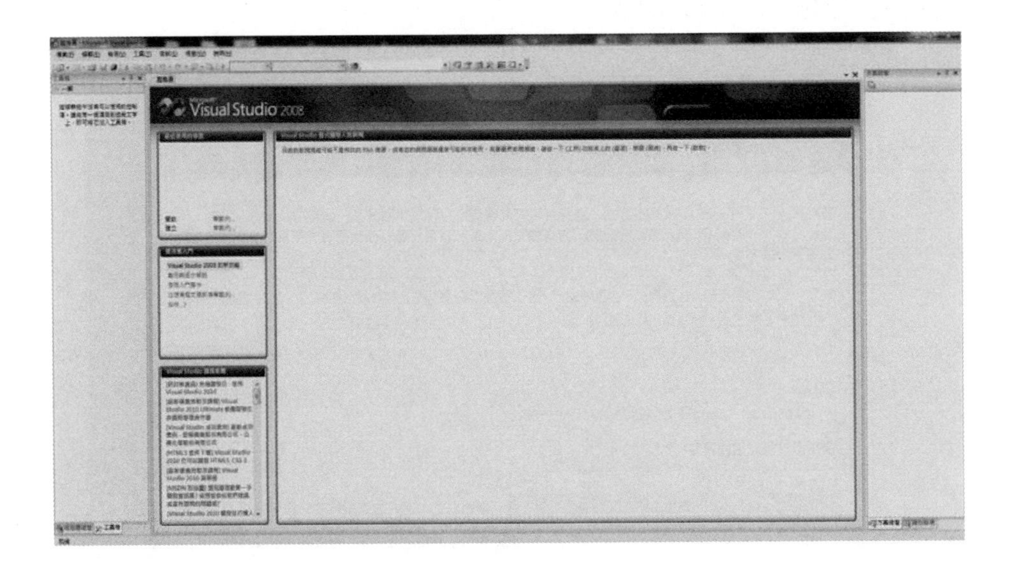

6-3-3 系統模組介紹

AMVSG（Adaptive Mobile video streaming gateway）

- H.264 Parser 模組

此一模組用來解析串流影片中不同 Frame 的型態，我們採用 H.264/AVC JM reference software codec，針對 h.264/AVC 的串流格式作單張影片的 Frame type 與 Frame size 解析。

1.H.264 Parser 片段程式。

```
CCETestDlg.cpp
CCCETestDlg                                   OnTimer(
997
998     case NOPRI_QUE:         //設定Parser的timer
999
1000        m_sInfo->SetWindowText(m_sSend);    //顯示系統資訊
1001
1002        if(Parser == 1)     //啟動Parser執行緒
1003        {
1004            hDecodeThread=CreateThread(NULL,0,(LPTHREAD_START_ROUTINE)DecodeThread,(void *)this,0,&dwThreadID); //啟動decoder的執行緒
1005            Parser=0;
1006        }
1007
1008        if(Ready == 1)      //decoder取得frame type後開始記錄framenum、frame type、framesize
1009        {
1010            if(SegmentFrameNum >= SEGMENT_TIME * 15)
1011            {
1012                SegmentFrameNum = 0;
1013                SegmentNum++;
1014            }
1015            New = (Link)malloc(sizeof(FrameNode));
1016            New->framenum = img->framenum;
1017            New->frametype = img->type;
1018            New->framesize = img->framesize;
1019            New->poc = img->pic_order_cnt_lsb/2; //img->ThisPOC; 這一個也是
1020            New->segnum = SegmentNum;
1021            New->segframenum = SegmentFrameNum; SegmentFrameNum++;
1022            memcpy(New->framebuf, img->framebuf, img->framesize);
1023            New->next = NULL;
1024            if(rear == NULL)
1025                front = New;
1026            else
1027                rear->next = New;
1028            rear = New;
1029
1030            getframe++;     //Parser出一張frame
1031
1032            Ready=0;
1033        }
1034        break;
```

● Macro rate adaptation 模組

此一模組運行 Macro Adaptation 演算法。事件驅動來自於下層的 Micro 的 Packet buffer，當下層網路情況變糟時，Packet buffer 的封包數量將逐漸累積，當 Buffer 接近快滿的時候，即啟動上層影片 Temporal scalability 調整 Frame rate，將 Frame 捨棄且不進入 Packetizer。我們在 Packet buffer 定義三個 Thresholds HI>HP>HB，當到達 HB 時，開始丟棄從 Frame buffer 中要進入 Packet buffer 的 B frames，當到達 HP 時，開始丟棄 B 與 P frames，當到達 HI 時，丟棄所有的 Frames。

■ Macro Rate Adaptation 示意圖

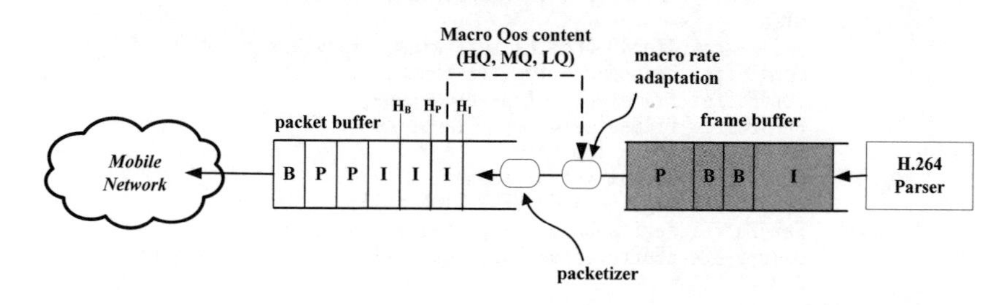

■ Macro rate adaptation 片段程式。

CCETestDlg.cpp

CCCETestDlg

```
1035
1036    case FRAME_GET:         //取出frame封裝成封包
1037
1038        top = front;
1039        if(top == NULL) break;
1040
1041        //Macro Rate Adaptation
1042        if(m_sFilterPolicy.GetCheck())
1043        {
1044            if(pktNum - pktSend > 700)          //設400
1045            {
1046                if(top->frametype == 1)
1047                {
1048                    m_sSend = "啟動Bframe filter\r\n"+m_sSend;
1049                    //logFrameFilter(top->frametype);
1050                    front = front->next;
1051                    if(front == NULL) rear=NULL;
1052                    free(top);
1053                    break;
1054                }
1055            }
1056            else if(pktNum - pktSend > 750)     //設450
1057            {
1058                if(top->frametype==1 || top->frametype==0)
1059                {
1060                    m_sSend = "啟動B P frame filter\r\n"+m_sSend;
1061                    //logFrameFilter(top->frametype);
1062                    front = front->next;
1063                    if(front == NULL) rear=NULL;
1064
1065                    free(top);
1066                    break;
1067                }
1068            }
1069        }
1070
1071        SendNode SendBuffer;
1072        memset(&SendBuffer, 0, sizeof(SendBuffer));
1073        if(top->framenum == 0)
1074            memcpy(&SendBuffer.PacketStatus, "First", 5);
1075        else
1076            memcpy(&SendBuffer.PacketStatus, "RecvPacket", 10);
1077        SendBuffer.framenum = top->framenum;
1078        SendBuffer.frametype = top->frametype;
1079        SendBuffer.framesize = top->framesize;
1080        SendBuffer.poc = top->poc;
1081        SendBuffer.segnum = top->segnum;
1082        SendBuffer.segsize = SEGMENT_TIME * 15;
1083        SendBuffer.segframenum = top->segframenum;
1084        memcpy(&SendBuffer.framebuf, top->framebuf, top->framesize);
```

- Packetizer 模組

將每張 Frame packetizer 成適合 3G 網路最大傳輸單元（Maximum transfer unit, MTU），根據 MFC3481 得知可為 1500Byte，我們以每秒 30fps 的速率從 Frame buffer 抓取 Frame 出來 Packetized，並將 Packet 放入 Packet buffer，同時將 Frame type、Packet id 紀錄在該封包的表頭，以供接收端偵測封包遺失與不同 Frame type 過濾政策（策略、機制）。

■ Packetizer 片段程式。

```
CCETestDlg.cpp
(全域範圍)
1251 void CCCETestDlg::Packetizer(char *buf, int len, unsigned int frametype, int poc, unsigned int framenum)
1252 {
1253     int dataPtr = 0;
1254     int sentBytes = 0;
1255     int fragNum = 0, finLen = 0, frameLen = 0; //fragNum為切成幾個封包, finLen為最後一個封包的大小, frameLen為一張frame的長度
1256     len += 2;           //我加上去測試
1257     char flag = 0;
1258     static int combine = 0; //驗證ARQbuffer用
1259 
1260     if(len < 1024)                              //frameSize小於1024進行合併
1261     {
1262         if(sendPos == 0)                        //起始索引加入封包編號與frametype、poc
1263         {
1264             PKTNew = (PLink)malloc(sizeof(PacketNode));
1265             PKTNew->pktNum = pktNum;
1266             PKTNew->frameType = frametype;
1267             PKTNew->poc = poc;
1268             PKTNew->frameNum = framenum;
1269             PKTNew->flag = 0;
1270             PKTNew->framesize = 0;
1271         }
1272 
1273         if(frametype < PKTNew->frameType)       //當收到Pframe 0時，則指定該封包為Pframe
1274             PKTNew->frameType = frametype;
1275         if(frametype == 2)
1276             PKTNew->frameType = frametype;      //當收到frameype 2時，就是Iframe封包
1277 
1278         frameLen = len;
1279         char FrameLen[5];
1280         memset(FrameLen, 0, 5);
1281         itoa(frameLen, FrameLen, 10);
1282 
1283         if(sendPos+frameLen < 1024)         //目前SendBuf長度+5識別frame的長度+frame的長度是否還小於1024
1284         {
1285 
1286             memcpy(&PKTNew->PktBuf[sendPos], FrameLen, 5);
1287             sendPos += 5;
1288 
1289             memcpy(&PKTNew->PktBuf[sendPos], buf, frameLen);
1290             sendPos += frameLen;
1291 
1292             combine++;      //驗證ARQbuffer用
1293         }
1294         else
1295         {
1296             PKTNew->next = NULL;
1297             if(PKTrear == NULL)
1298                 PKTfront = PKTNew;
1299             else
1300                 PKTrear->next = PKTNew;
1301             PKTrear = PKTNew;
1302 
1303             sendPos = 0;    //正確送出後歸零
1304             pktNum ++;      //封包數+1
```

- Micro Rate Adaptation 模組

此系統定義三種不同的影像品質，High quality（HQ）、Middle quality（MQ）、Low quality（LQ），對應不同的網路環境給予適合的影像品質，在 Micro rate adaptation 機制中，此處定義 HQ 有完整的 I、B、P frame，即所有的封包都允許傳送，MQ 允許 I 與 P frame 的封包傳送，LQ 只有影響影像品質較重要的 I frame 封包允許傳送。此模組會根據封包遺失率與封包遺失情況來決定使用何種影像品質（Video quality），我們定義封包遺失率 L，其圖 11，此遺失率的設計概念是希望無線網路在長期穩定的情況下，允許瞬間的 Long burst 封包遺失，而當遺失事件發生頻繁時，能迅速反應網路情況立即啟動調適策略。

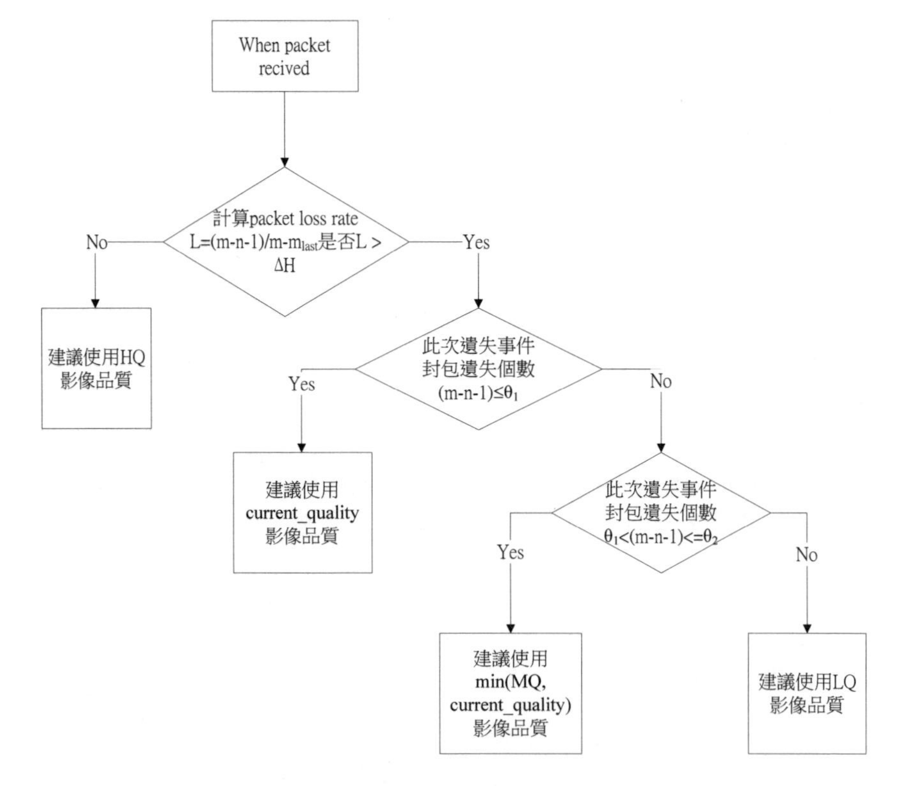

圖 11　遺失情況決策流程圖

- 封包遺失率計算公式：其中 m 為現在收到的封包 ID，n 為上一次收到的封包 ID，透過（m-n-1）得知此次封包遺失事件遺失了幾個封包；Mlast 為上一次封包遺失啟動 ARQ 的封包 ID，透過（m-mlast）得知發生遺失事件的距離。

$$L=(m-n-1)/(m-m_{last})$$

- QOS-Gap ARQ 模組

AMVSG 端我們設置了一個 Retransmission buffer，每送出一個封包到網路上時，同時會複製一份到 Retransmission buffer，另外我們還設計一重傳佇列，負責紀錄 ARQ 所要求重傳的封包編號，每當選取封包要傳送時，會先從重傳佇列查詢是否有 ARQ 封包，有的話優先從 Retransmission buffer 選取所要求的封包編號傳送，若重傳佇列為空才從 Packet buffer 選取封包傳送。

- ARQDetect：偵測 AMVSA 回傳的不同型態封包，並分別進行各別處理。

```
CESocket.cpp*
CCESocket
1227 void CCESocket::ARQDetect(char *buf, int bytesRead)
1228 {
1229
1230     WaitForSingleObject(g_Mutex,INFINITE);
1231     if( strncmp(buf, "TH", 2)==0 )
1232     {
1233         ARQ ARQinfo;
1234         memset(&ARQinfo, 0, sizeof(ARQ));
1235         memcpy(&ARQinfo, buf, sizeof(ARQ));
1236         TRACE("目前throughput：%d\n", ARQinfo.throughput);
1237     }
1238     ReleaseMutex(g_Mutex);
1239
1240
1241
1242     WaitForSingleObject(g_Mutex,INFINITE);
1243     if( strncmp(buf, "RTT", 3)==0 )
1244         Send(buf, bytesRead);
1245     ReleaseMutex(g_Mutex);
1246 |
1247
1248     WaitForSingleObject(g_Mutex,INFINITE);
1249     if( strncmp(buf, "KA", 2)==0 )
1250     {
1251         timeout = 0;//有收到ARQ timeout設為零
1252
1253         ARQ ARQinfo;
1254         memset(&ARQinfo, 0, sizeof(ARQ));
1255         memcpy(&ARQinfo, buf, sizeof(ARQ));
1256
1257         TRACE("KA目前收送兩端的長度%d,", NowSend-ARQinfo.pktID);
1258         TRACE("收到KA的thput%d, ARQinfo.throughput為%d\n", effect_thput, ARQinfo.throughput);
1259
1260         Filter = ARQinfo.filter;
1261
1262         if(NowSend-ARQinfo.pktID > SetCongDistance) //距離大於10代表壅塞
1263         {
1264             effect_thput = ARQinfo.throughput;  //壅塞就用目前偵測到的throughput
1265             TRACE("壅塞就用目前偵測到的throughput為%d\n", ARQinfo.throughput);
1266         }
1267         else
1268         {
1269             if(effect_thput == 0)                          //一開始預設為0所以先用BIT_RATE
1270                 effect_thput = BIT_RATE;
1271             else                                           //沒壅塞就目前的throughput往上加2個單位
1272             {
1273                 effect_thput += SetIncrement;
1274                 TRACE("沒壅塞所以往上加%d個單位為%d\n",SetIncrement, effect_thput);
1275             }
1276         }
```

■ Retransmission：重傳遺失的影像封包。

```
CESocket.cpp
(全域範圍)
1124 bool CCESocket::Retransmission()
1125 {
1126     int Index = 0;
1127     int RFilterCount = 0;
1128
1129     if(Qfront != Qrear)     //當Qfront == Qrear代表沒有ARQ請求在queue中
1130     {
1131
1132         Qfront = (Qfront+1) % ARQ_SIZE;
1133         Index = ARQqueue[Qfront].pktID % REBUF_SIZE;
1134         if(ARQqueue[Qfront].pktID != RetransmissionBuffer[Index].pktNum)
1135         {
1136             TRACE("要送出ARQ但也來不及了,ARQ要%d,ReTBuffer的編號是%d\n", ARQqueue[Qfront].pktID, RetransmissionBuffer[Index].pktNum);
1137             return true;    //已經來不及送了
1138         }
1139
1140         if(FilterEnable == 0) //GUI
1141             Filter = HQ;
1142
1143         //偵測目前過濾何種型態封包
1144         if(Filter == LQ)
1145         {
1146             if(RetransmissionBuffer[Index].frameType==1 || RetransmissionBuffer[Index].frameType==0)
1147             {
1148                 RFilterCount++;
1149                 TRACE("不重傳B:0與P:1，目前是%d\n", RetransmissionBuffer[Index].frameType);
1150                 return true;
1151             }
1152         }
1153         else if(Filter == MQ)
1154         {
1155             if(RetransmissionBuffer[Index].frameType==0)
1156             {
1157                 RFilterCount++;
1158                 TRACE("不重傳B:0，目前是%d\n", RetransmissionBuffer[Index].frameType);
1159                 return true;
1160             }
1161         }
1162
1163         WaitForSingleObject(g_Mutex, INFINITE);
1164
1165         memcpy(&ARQPacket.pktStatus, "ARQ", 3);
1166         ARQPacket.pktNum = RetransmissionBuffer[Index].pktNum;
1167         ARQPacket.frameType = RetransmissionBuffer[Index].frameType;
1168         ARQPacket.poc = RetransmissionBuffer[Index].poc;
1169         ARQPacket.frameNum = RetransmissionBuffer[Index].frameNum;
1170         ARQPacket.flag = RetransmissionBuffer[Index].flag;
1171         ARQPacket.framesize = RetransmissionBuffer[Index].framesize;
1172         ARQPacket.filterCount = RFilterCount;
1173         memcpy(ARQPacket.PktBuf, RetransmissionBuffer[Index].PktBuf, sizeof(ARQPacket.PktBuf));
1174
1175         TRACE("ARQ重送編號%d封包\n", ARQPacket.pktNum);
1176         if(EmulatorEnable == 0)
1177         {
```

AMVSA（*Adaptive mobile video streaming* adaptor）

• Network Status Monitor 模組

此模組為 AMVSA 端用來監控網路環境資訊，以供 AMVSG 採取適合的影片調適。

■ 系統狀態監控

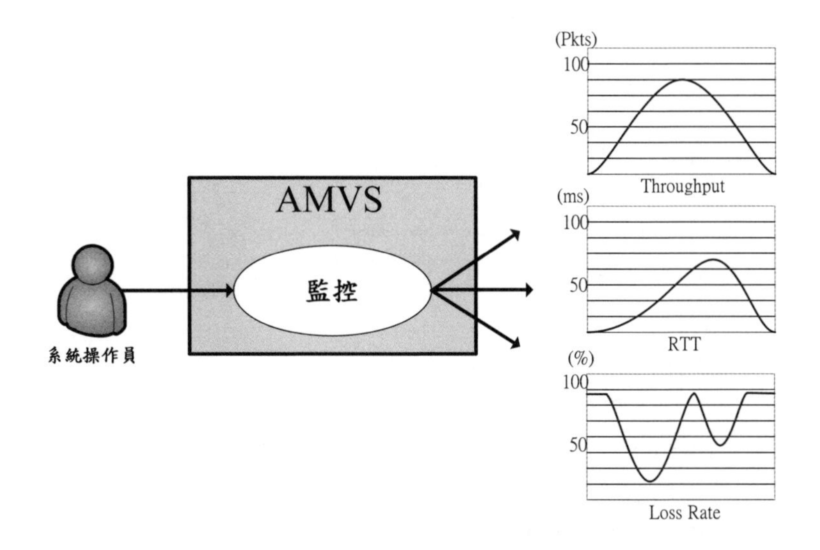

■ 啟動 RTT 監測程式片段

CESocket.cpp

CCESocket

```
1389 void CCESocket::RTTDetect()
1390 {
1391     RTTNode RTTDect;
1392     memcpy(RTTDect.PktStatus, "RTT", 3);
1393     RTTDect.sendtime = GetTickCount();
1394     char mainbuff[sizeof(RTTNode)] = "";
1395     memcpy(mainbuff, &RTTDect, sizeof(RTTDect));
1396     Send(mainbuff, sizeof(mainbuff));
1397     //TRACE("-------------有啟動RTT偵測--------------\n");
1398 }
```

■ Throughput、RTT、Loss Rate 監測紀錄程式片段

MyFun.cpp*

(全域範圍)

```
 89 void logThroughput(int throughput)  //紀錄throughput
 90 {
 91     FILE *fp;
 92     char *fileName = "Throughput.txt";
 93     char THPUT[10]="";
 94     fp = fopen(fileName, "a");
 95     if(!fp) {printf("開啟檔案失敗\n");}
 96 
 97     itoa(throughput, THPUT, 10);
 98 
 99     fwrite(THPUT, sizeof(char), sizeof(THPUT), fp);
100     fwrite("\r\n", sizeof(char), 1, fp); //換行
101 
102     fclose(fp);
103 }
104 
105 void logRTT(int rtt)    //紀錄RTT
106 {
107     FILE *fp;
108     char *fileName = "RTT.txt";
109     char RTT[10]="";
110     fp = fopen(fileName, "a");
111     if(!fp) {printf("開啟檔案失敗\n");}
112 
113     itoa(rtt, RTT, 10);
114 
115     fwrite(RTT, sizeof(char), sizeof(RTT), fp);
116     fwrite("\r\n", sizeof(char), 1, fp); //換行
117 
118     fclose(fp);
119 }
120 
121 void logThroughLoss(int throughloss)    //記錄每秒遺失個數
122 {
123     FILE *fp;
124     char *fileName = "ThroughLoss.txt";
125     char ThroughLoss[5]="";
126     fp = fopen(fileName, "a");
127     if(!fp) {printf("開啟檔案失敗\n");}
128 
129     itoa(throughloss, ThroughLoss, 10);
130 
131     fwrite(ThroughLoss, sizeof(char), sizeof(ThroughLoss), fp);
132     fwrite("\r\n", sizeof(char), 1, fp); //換行
133 
134     fclose(fp);
135 }
```

• QOS-Gap ARQ 模組

如果遺失封包重傳無法在播放（解碼）前完成，則沒有必要啟動ARQ，為了避免不必要的網路資源浪費，我們透過定期偵測網路傳送的往返時間（Round trip time, RTT），並根據 buffer 中剩餘影片張數決定是否要求從傳送遺失的封包，若 Buffer 中的張數低於偵測的 RTT 時間，則此時遺失的封包不重新要求傳送。

■ 利用下例兩個公式計算 RTT，判斷是否重送：

公式一：$1.5*RTT \leq (M-N+1)*\frac{1}{f}$

公式二：$RTT_{i+1} = \alpha*RTT_{i-1} + (1-\alpha)*RTT_i$

■ ARQ 機制實作程式片段

CESocket.cpp | ClientSocket.cpp | MyFun.cpp

CCESocket

```
631        //判定是否為RTT封包
632        if( strncmp(buf, "RTT", 3)==0 )
633        {
634            RTTNode RTTDect;
635            memset(&RTTDect, 0, sizeof(RTTNode));
636            memcpy(&RTTDect, buf, sizeof(RTTNode));
637
638            RTT = GetTickCount() - RTTDect.sendtime;    //計算RTT
639            //TRACE("目前偵測到的RTT時間 %d\n",  RTT);
640            //logRTT(RTT);
641            continue;
642        }
643        //我測試用 紀錄buffer剩餘frame數與throughput
644        int bufferRemain = getRemainFrame();
645        //logRemainBuffer(bufferRemain);
646
647        //yuchin struct SocketRecv
648        if(bytesRead != SOCKET_ERROR || bytesRead >= 0)
649        {
650            int HashIndex=0, Index=0;                              //雜湊索引
651            pktget++;                                              //收到封包數+1
652
653            PNew = (HPLink) calloc(1, sizeof(HashPacket));         //hashnode create
654            memcpy(PNew, &buf[0], bytesRead);                      //將收到的封包置入hashbuffer
655            PNew->next = NULL;
656            Index = PNew->pktNum % PKT_BUF_SIZE;
657            //logPktID(PNew->pktNum);
658
659            CurrentRecv = PNew->pktNum;
660
661
662            if( strncmp(PNew->pktStatus, "ARQ", 3)==0 )
663            {
664                TRACE("收到封包為ARQ封包編號是%d\n", PNew->pktNum);
665
666                if(getPakCount > PNew->pktNum)  //判斷收的的id封包已經來不及播
667                {
668                    TRACE("收到的ARQ封包id為%d也已經來不及播了\n", PNew->pktNum);
669                    free(PNew);
670                    PNew = NULL;
671                    continue;
672                }
673                logRecvARQ(PNew->frameType);
674                pktRecovery++;
675            }
676            else
677            {
678                //logPktID(PNew->pktNum);            //紀錄不是ARQ的封包
679            }
```

- Frame trimmer 模組

在網路環境極糟的情況下，封包經過 Micro/Macro 調適與 ARQ recovery 仍會有少數遺失的封包無法救回，而遺失的封包除了無法重建完整的圖像，也可能使得需要被參考的重要 Frame type 無法重建，導致參考此 Frame 的圖像無法解壓縮回來，造成錯誤蔓延現象。此模組會分兩個階段，第一個階段會剔除無法重組的 Frame，第二階段會剔除無法根據參考解回的 Frame。

▪ trimming 示意圖

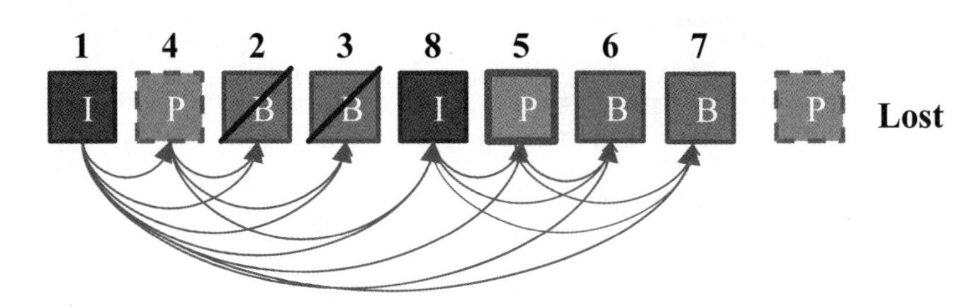

- Decoder 模組

此系統修改開放原始碼（Open source）流程結構，視訊的部分採用 H.264/AVC JM Reference software codec，音訊的部分採用 AAC FAAD2 Decoder，由於解碼器只有將壓縮後的資料轉換成視訊音訊的原始資料，因此我們將再透過改寫成我們自己設計的 Player 播放視訊與聲音。

■ AMVSA 播放畫面：

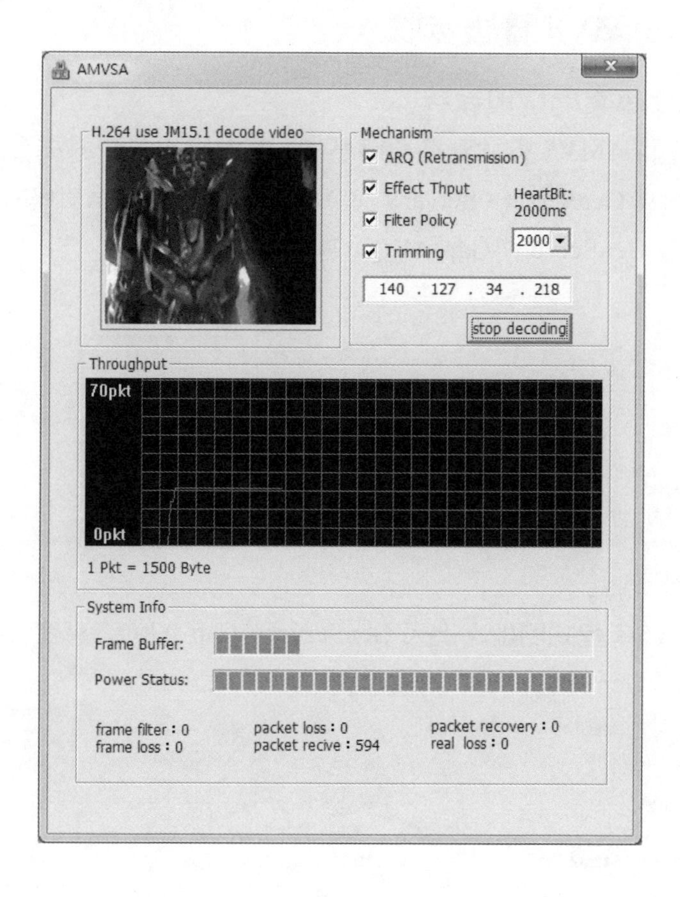
AMVSA
H.264 use JM15.1 decode video
Mechanism
ARQ (Retransmission)
Effect Thput
Filter Policy
Trimming
HeartBit:
2000ms
2000
140 . 127 . 34 . 218
stop decoding
Throughput
70pkt
0pkt
1 Pkt = 1500 Byte
System Info
Frame Buffer:
Power Status:
frame filter : 0
frame loss : 0
packet loss : 0
packet recive : 594
packet recovery : 0
real loss : 0

6-3-4 AMVS 實驗步驟

AMVSG 專案開啟與執行

1.首先將 AMVS 程式壓縮檔解壓縮，解壓縮完後資料夾會有兩個程式專案資料夾 GenServer（Server）與 AMVSA（Client），AMVSG（Server）程式需開啟 GenServer（Gap-ARQ）專案資料夾。

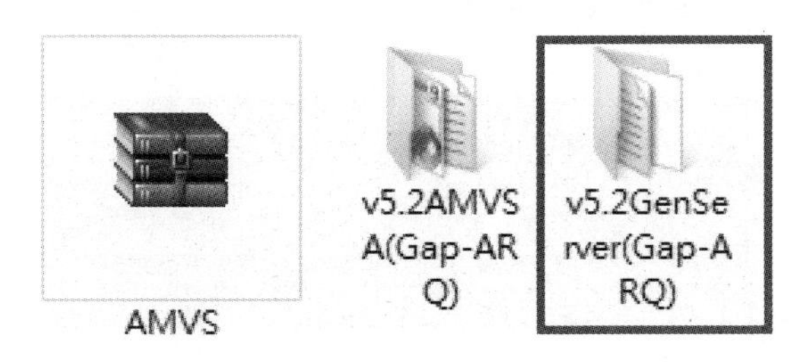

2.AMVSG 程式開啟：進入 GenServer（Gap-ARQ）專案資料夾，點選如圖中的 GenServer.sln，開啟程式。

名稱	修改日期	類型	大小
example	2010/5/20 上午 0...	文字文件	1 KB
foreman.264	2009/6/20 下午 0...	264 檔案	3,483 KB
foreman.264.bak	2010/1/23 上午 1...	BAK 檔案	4,353 KB
GenServer	2011/9/7 下午 05...	VC++ Intellisens...	12,947 KB
GenServer	2011/9/7 下午 05...	Microsoft Visual ...	1 KB
GenServer.sln.old	2009/1/15 下午 0...	OLD 檔案	1 KB
Monitor	2005/12/9 下午 0...	C/C++ Header	0 KB
MyDef	2010/8/20 下午 0...	C/C++ Header	6 KB
MyFun	2010/8/19 下午 0...	C++ Source	3 KB
MySocket	2006/4/15 上午 1...	C++ Source	2 KB
MySocket	2009/3/5 下午 09...	C/C++ Header	1 KB
PktID	2010/5/19 下午 0...	文字文件	28 KB
PktID.txt.bak	2010/3/3 下午 04...	BAK 檔案	21 KB
resource	2010/4/9 下午 09...	C/C++ Header	2 KB
StdAfx	2006/4/2 上午 02...	C++ Source	1 KB
StdAfx	2006/4/2 上午 02...	C/C++ Header	1 KB
test_dec.yuv	2011/9/7 下午 05...	YUV 檔案	0 KB

3.AMVSG 程式開啟後程式之主畫面，畫面右邊框處為專案的方案總管，其中有 Decoder、Resource Files、Source Files 之程式檔。

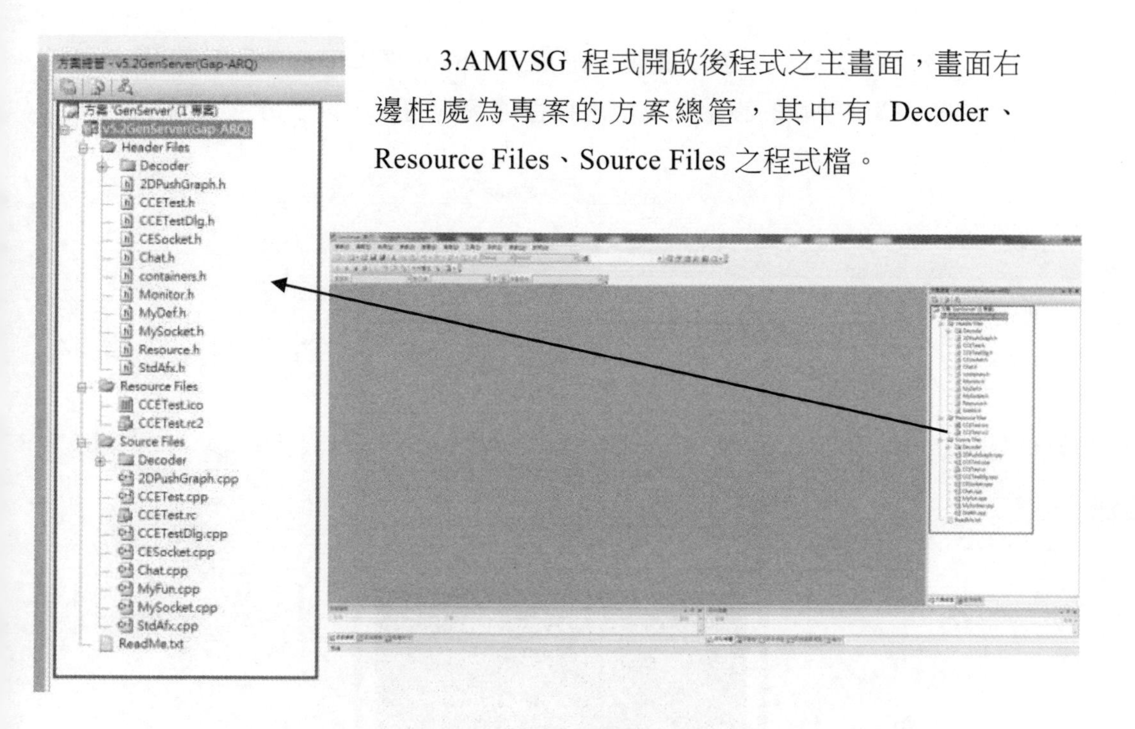

4.AMVSG 程式執行，按下上方框處箭頭按鈕，開始執行專案。

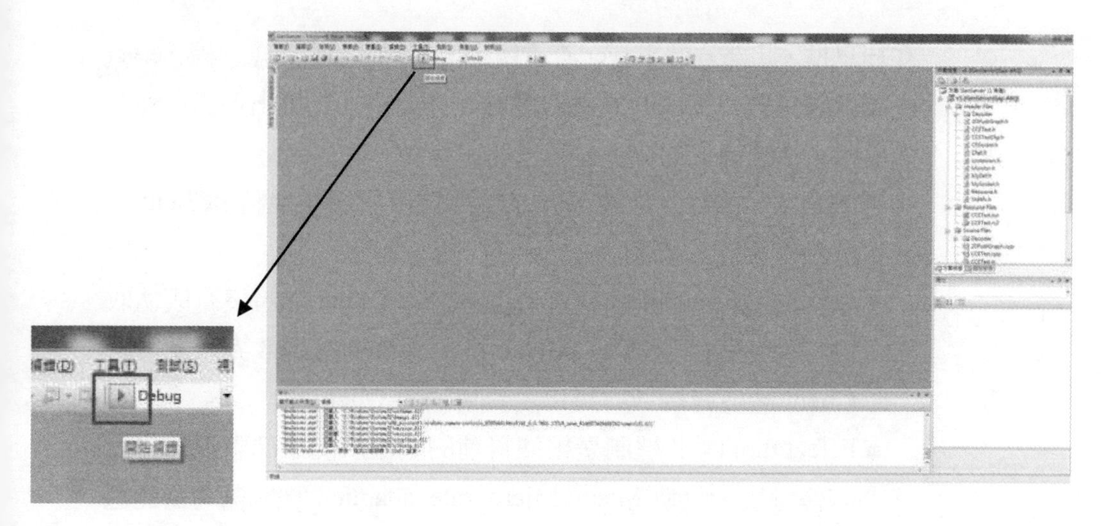

5.AMVSG 程式介面，此畫面主要是 Server 與 Client 的訊息傳遞、機制的選擇，參數的設定以及傳送過程速率的變化，以下分為六個部份介紹。

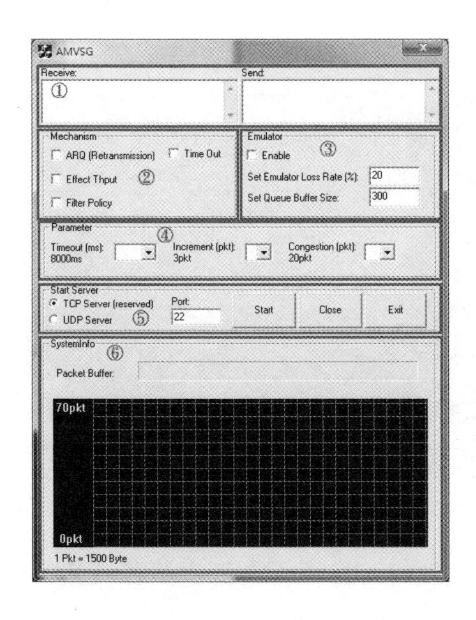

①訊息框，此部分是 Server 查看所送出與接收到的訊息，讓 Server 端查看是否有 Client 端進行連線，連線成功也會出現訊息通知 Server 端連線已建立。

②機制選項，此部分是讓 Server 端選擇使用那些機制，Client 端也需設定相同的機制。

- ARQ（Retransmission）：回傳機制，Client 端將沒有成功收到的封包資訊回傳給 Server 端，Server 端接收到訊息後將 Client 端沒有接到的封包重新傳送給 Client 端。
- Effect thput：此機制是根據目前的網路狀況來調整視訊串流的傳輸量，啟動 Macro/Micro rate adaption 機制需勾選此選項。

■ Fiter policy：此機制是用來過濾無效之封包，如果有重要之 Frame 遺失導致互相參考之 Frame 也無法解碼，就會將其過濾掉。

■ Time Out：如果傳送之封包等待時間超過所設定之時間，就啟動避免網路壅塞之機制。

③設定遺失率（Loss rate）以及 Buffer 的大小。

④參數設置，為 XXX、XXX、XXX 參數設定

⑤傳送方式選項，選擇使用 TCP 或 UDP 來傳送資料，選定後可以開啟 Server 之連線，等待 Client 連線。

⑥系統資訊，可以觀察目前 Buffer 的使用程度以及目前的傳輸量狀態圖。

6.所需的機制與參數設置完成後，按下 Start 按鈕，執行 Server 端程式，等待 Client 端進行連線。

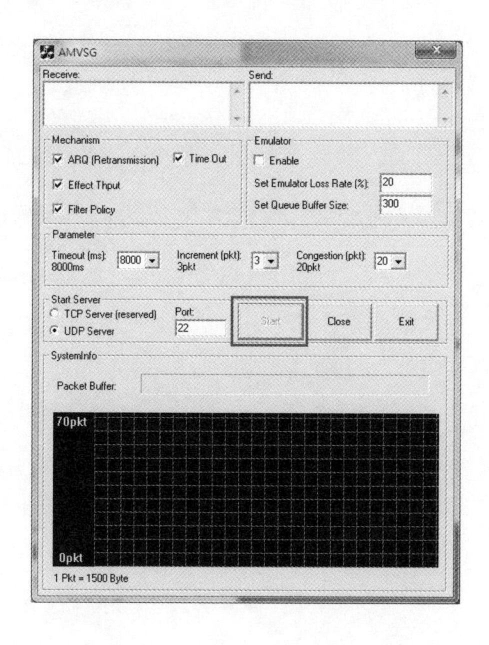

AMVSA 專案開啟與執行

1.首先將 AMVS 程式壓縮檔解壓縮，解壓縮完後資料夾會有兩個程式專案資料夾 GenServer（Server）與 AMVSA（Client），AMVSA（Client）需開啟 AMVSA（Gap-ARQ）專案資料夾。

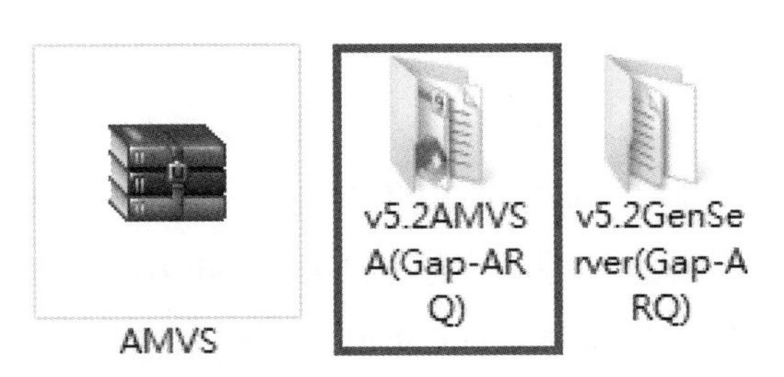

2.AMVSA 程式開啟：進入 AMVSA（Gap-ARQ）專案資料夾，點選如圖中的「AMVSA.sln」，開啟程式。

名稱	修改日期	類型	大小
_UpgradeReport_Files	2011/9/7 下午 05...	檔案資料夾	
AMVSA	2011/9/15 下午 0...	檔案資料夾	
Debug	2011/9/7 下午 05...	檔案資料夾	
AMVSA	2011/9/16 上午 1...	VC++ Intellisens...	12,379 KB
AMVSA	2011/9/7 下午 05...	Microsoft Visual ...	1 KB
AMVSA.sln.old	2009/8/13 下午 1...	OLD 檔案	1 KB
UpgradeLog	2011/9/7 下午 05...	XML Document	2 KB

3.AMVSA 程式開啟後程式之主畫面，畫面右方框處為專案的方案總管，其中有 Decoder、原始程式檔、程式標頭檔與資源檔。

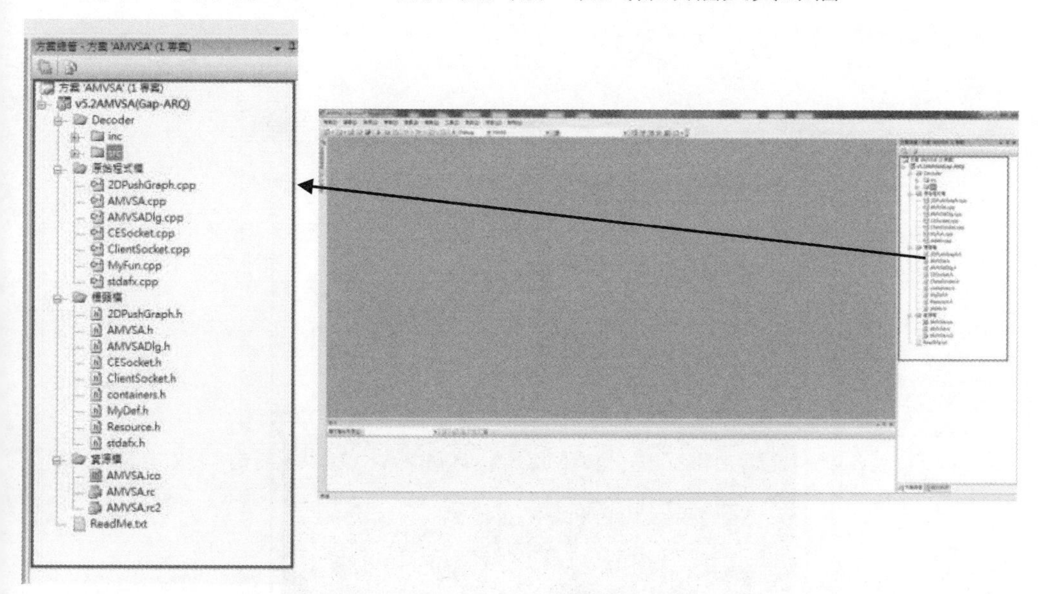

4.AMVSA 程式執行，按下上方框處箭頭按鈕，開始執行專案。

5.AMVSG 程式介面，此畫面主要有視訊解碼畫面顯示、機制的選擇、傳送過程速率的變化以及 Buffer 與 Power 相關的資訊，以下分來四個部份分別介紹。

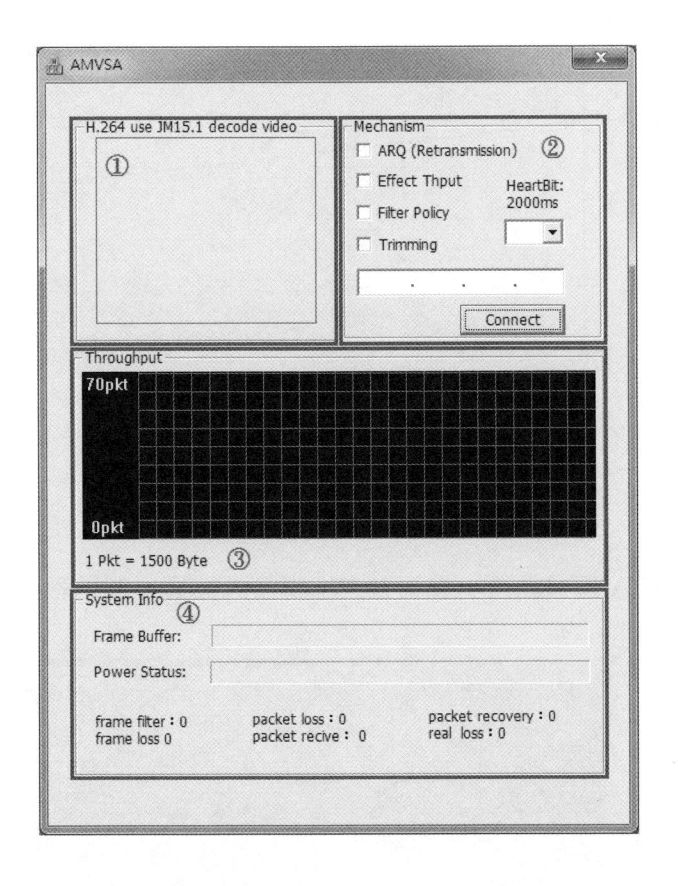

①AMVSA 視訊顯示框，此部分是由 AMVSG 所傳送的視訊，經 AMVS Decoder 解碼後以及所選定之機制處理後所播放的視訊串流，也可以觀察經由不同的機制所接收到的影片，影片品質之間的差異。

②機制選項：此部分是讓 Client 端選擇使用那些機制，Server 端也需設定相同的機制，所用之機制與 Server 端相同。

- HeartBeat：週期性的傳送 HeartBeat 封包，用來瞭解路徑可用情況。
- 設定 Server 端之 IP Address 並進行連線。

③視訊串流傳輸的狀態圖，可以經由此圖觀察傳輸量以及目前網路狀況。

④系統資訊，可以觀察目前 Buffer 的使用量以及 Power 的狀況，還有其他的有用資訊。

6.選定所須的機制，並設定 Server 之 IP Address 並進行連線，按下 Connect 按鈕即與 Server 連線，開始傳送視訊串流。

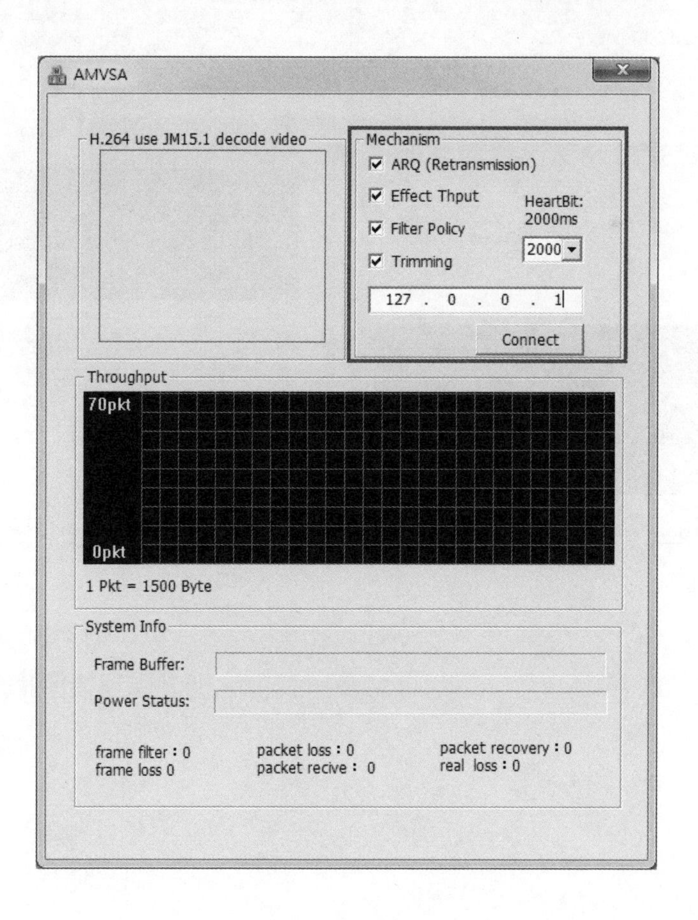

AMVSG 與 AMVSA 實際操作與分析

1.執行 AMVSG 與 AMVSA 程式，選擇 AMVSG 與 AMVSA 使用之機制，兩邊所選擇之機制需相同，並設定參數，此處所設定之參數為預設數值，都設定完成後 AMVSG 按下 Start 按鈕，開啟 Server 端連線等待 Client 端要求連線，AMVSA 也設定完成後輸入 Server 端 IP Address，按下 Connect 與 Server 端進行連線。

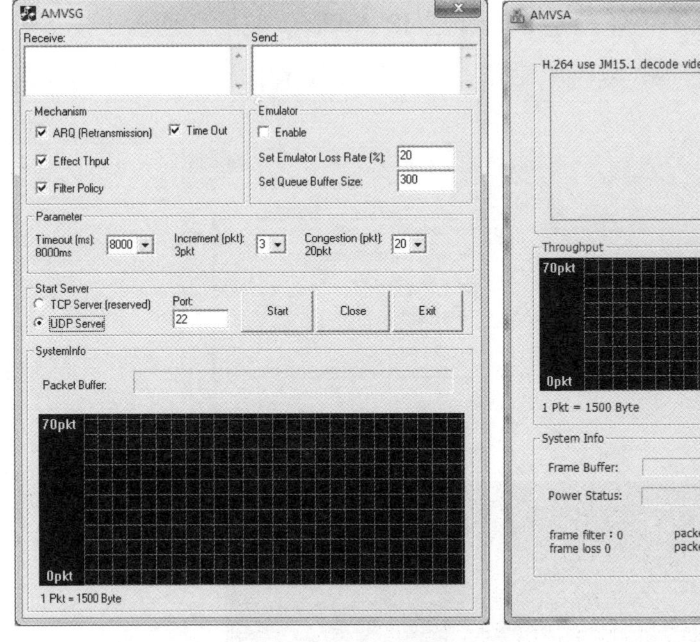

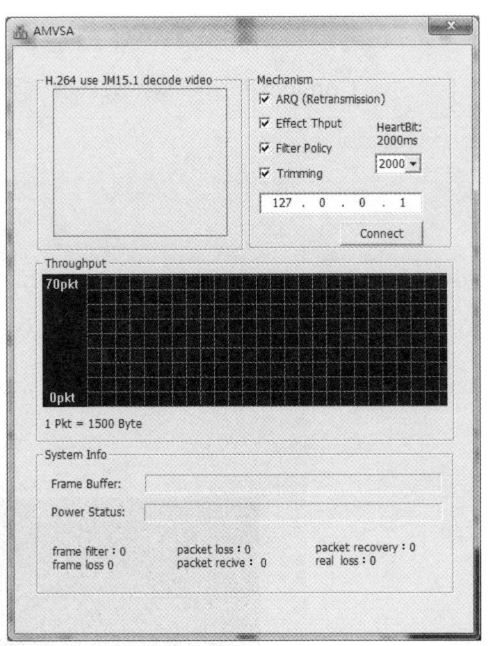

2.AMVSG 接收到 AMVSA 的連線請求，並開始傳送視訊資料。

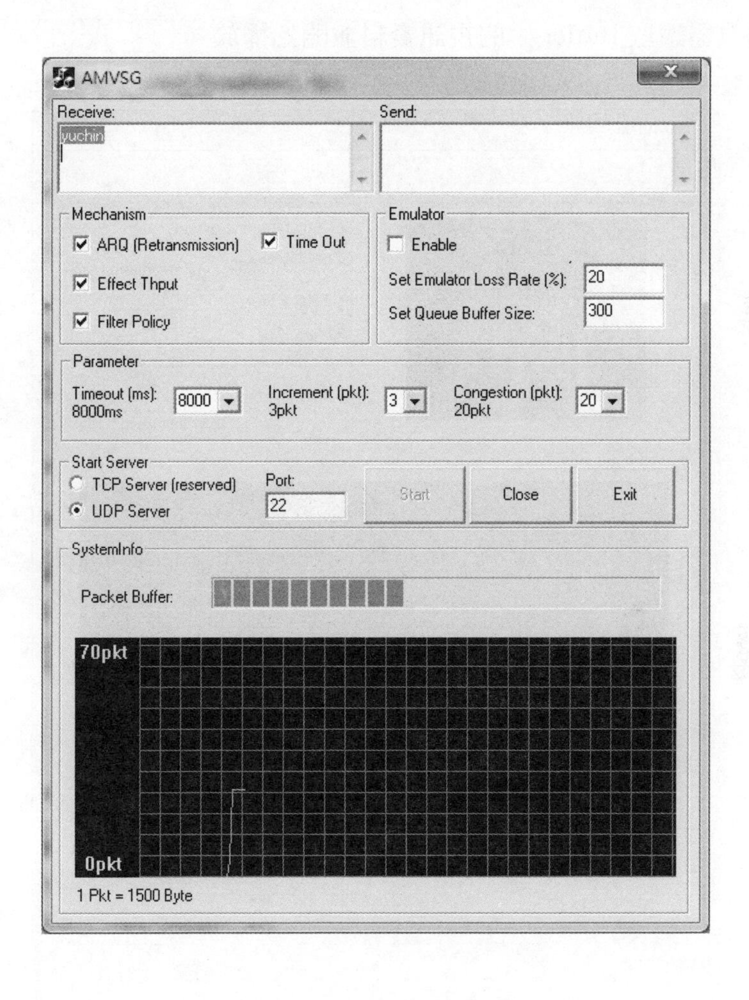

3.AMVSA 接收到 AMVSG 的視訊資料，先將視訊資料 Keep 在 Buffer 中，播放器讀取 Buffer 中的視訊資料並開始播放。

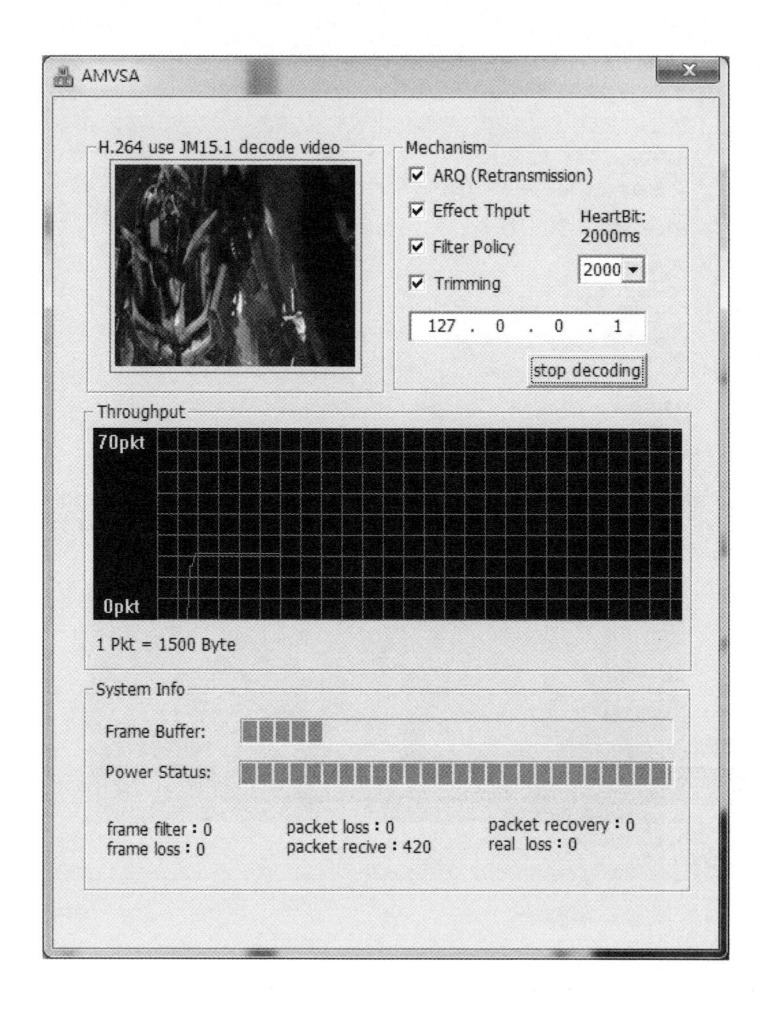

4.當網路情況不穩定時，Throughput 分布圖曲線會呈現震盪起伏，系統會根據預設串流調適條件的規則，會開始啟動多種調適機制來維護視訊的品質。

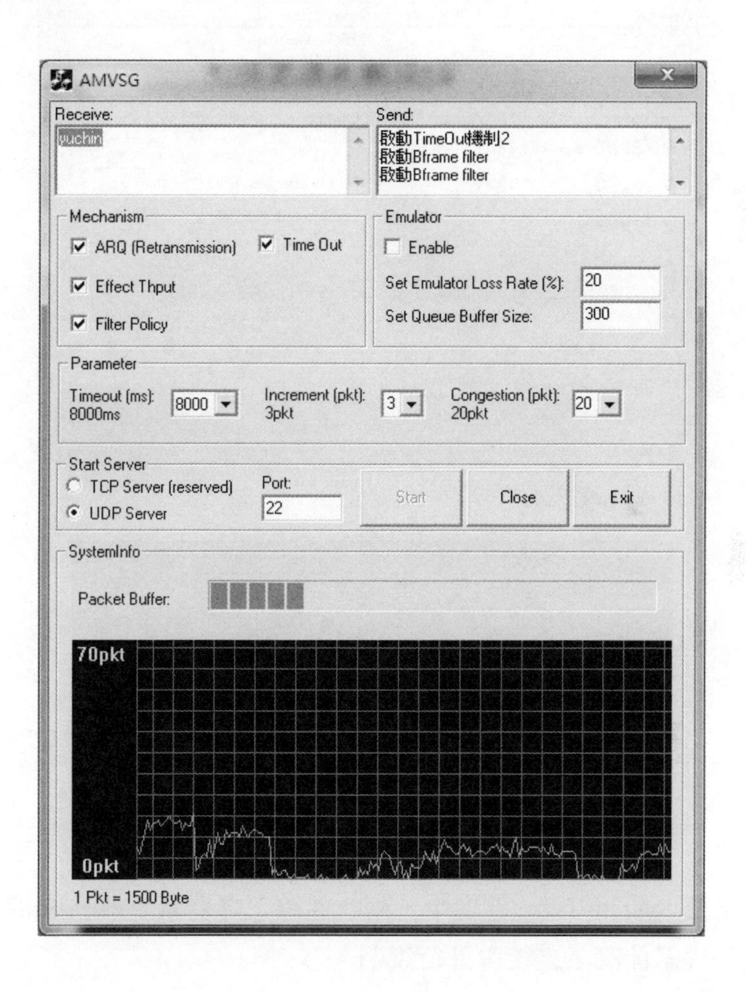

5.AMVSG 視訊資料傳送完畢。

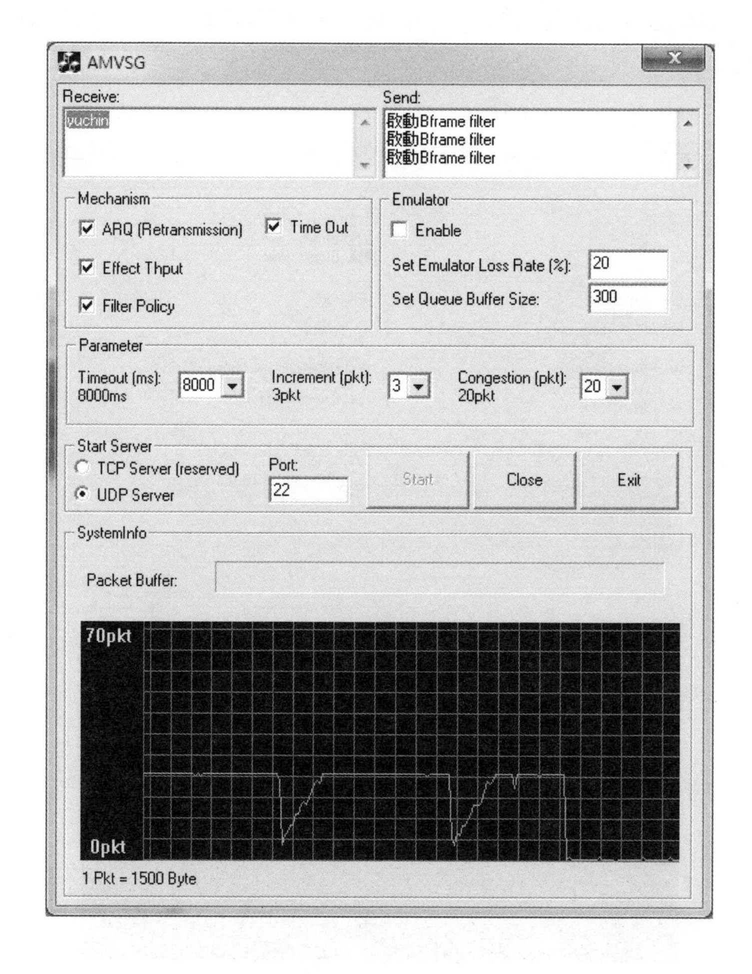

在上圖 System Infro 區塊中，兩次曲線下降為系統啟動 Buffer filter 的表現是表示什麼？之後會進行說明。

6.AMVSA 視訊資料接收完畢，Buffer 中的視訊資料會繼續播放完畢。

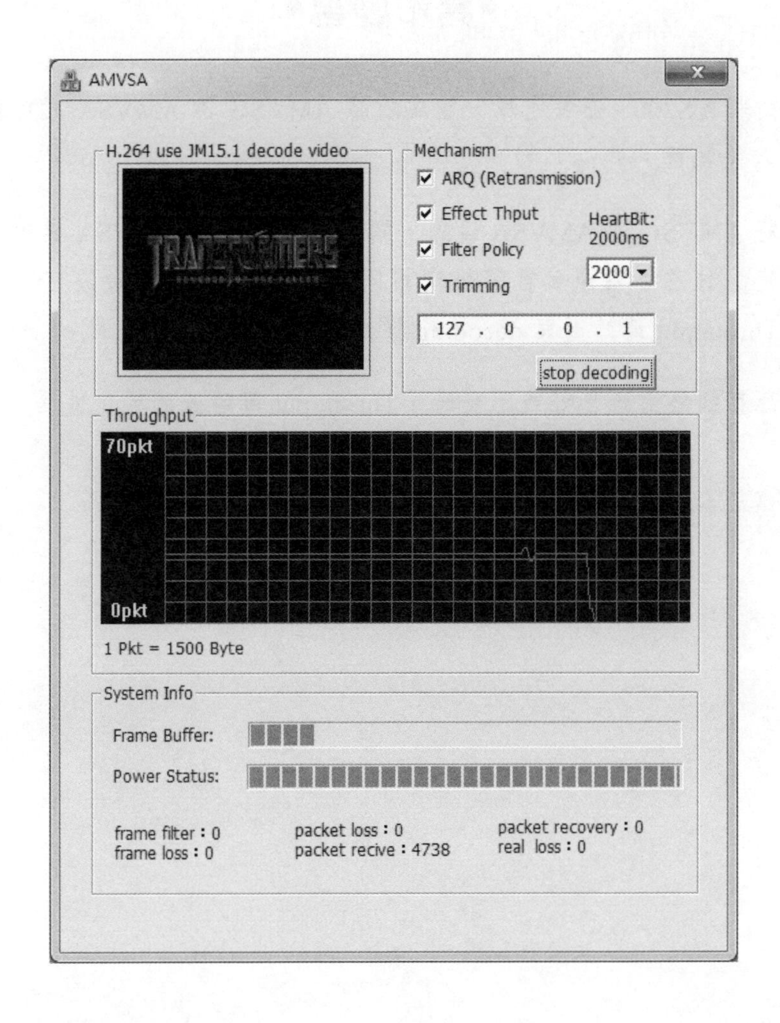

•實作練習•

1.請將 VS2008 安裝完成，並成功將 AMVSG 與 AMVSA 成功載入並執行。

2.將 AMVSG 與 AMVSA 連線，調整 AMVSG 與 AMVSA 參數設定（注意：兩邊參數需設定相同），觀察在不同參數設定下，Througput 傳輸圖與 decoding 播放出來的畫面有何差異。

3.觀察網路情況良好或不良時，Througput 傳輸圖的變化差異。

ϟ 第七章

視訊串流錯誤回復機制

★7-1　視訊串流錯誤回復技術

★7-2　實作實驗：視訊串流錯誤回復機制實作

7-1 視訊串流錯誤回復技術

現今行動網路服務已成為一種趨勢，但因無線網路的訊號會受到環境的影響，而導致訊號衰弱（Fading）、封包遺失（Packet loss）與高位元錯誤（Bit error）的情況發生，故在即時多媒體串流的應用上還是存在著許多挑戰。

為了適應無線網路有限的頻寬資源，在視訊壓縮編碼方面，則出現了可調性編碼（Scalability coding）技術；另外，為了解決網路通訊中惡劣的傳輸環境與保護影音資料的正確性，常常會利用錯誤更正碼（Error correction code）的技術，主要是當資料發生錯誤時，就可以使用此技術將錯誤資料找出並予以更正。現今「里德索羅門碼」（Reed-solomon codes, RS）在數位通訊與資料儲存系統上，已經是被廣泛採用的一種錯誤更正碼，RS 碼對於資料錯誤具有相當高的偵錯及修正能力。如果將 RS 碼搭配在不等量錯誤保護機制（Unequal error protection, UEP），並應用在可調性編碼的資料傳輸上，則可以提高多媒體影音串流在傳輸上的容錯能力，且不用過度依賴 ARQ（Automatic repeat-reQuest）來重傳資料，解決頻寬不穩定性與傳輸通道不完善的兩大網路傳輸問題。

7-1-1 簡介

在行動網路的環境中，因為封包遺失率可能會隨著行動網路環境變差而提高，所以利用前向錯誤更正碼（Forward error correction, FEC）來對視訊串流資料做保護，能有效提高多媒體串流在傳輸上的能力，例如：里德索羅門碼（Reed-solomon codes）是現今在數位通訊與資料儲存系統上廣泛被採用的一種 FEC 編碼，RS 為線性循環碼，具有相當優異的偵錯及修復能力。雖然 FEC 所產生的冗餘資料也會造成頻寬額外的負擔，但若能針對視訊編碼特性適量使用 FEC 冗餘碼來修復損毀或遺失的資料，則可以提高多媒體影音串流在傳輸上的容錯能力，且不用過度依賴 ARQ 來重傳資料，解決頻寬不穩定性與傳輸通道高遺失率的兩大行動網路傳輸問題，而 FEC 在調適策略應用上可分為等量錯誤保護（Equal error protection, EEP）與不等量錯誤保護（Unequal error protection），以下我們分別針對這兩類做法來探討。

EEP-FEC

EEP 即是不管原始資料重要性為何，皆使用單一的 FEC 編碼保護，固定取一段 K 個原始資料將之編碼，產生一個 FEC block，其中共有 n 個 packets，K 個 source data packets 和由 FEC 編碼產生的 n-k=h 個 Redundant packets，接收端若有收到受損或遺失的資料時，便能依靠 h 個冗餘資料將資料正確修復，如下圖，I、P、frame 為原始資料，F 代表 FEC 冗餘碼，無論 Frame type 為何皆採用 FEC（n,k）=（6,4）的編碼。但就調適性視訊資料而言，資料內容的重要性不一，若僅提供單一的 FEC 保護則欠缺彈性。

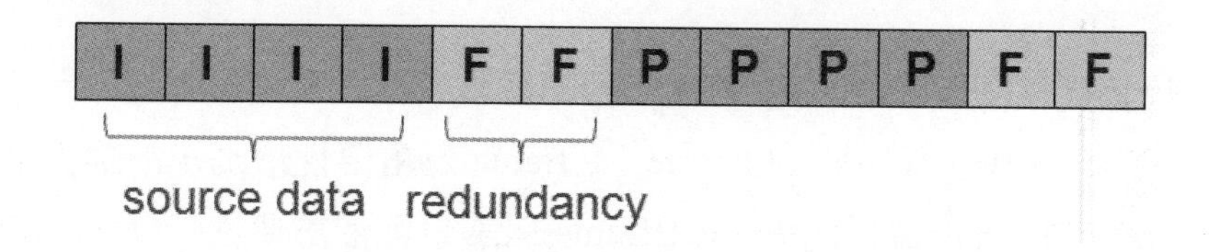

圖 1　EEP 示意圖

UEP-FEC

由於 EEP 機制單一編碼量的做法無法對調適性影片做彈性的保護，故我們提出非等量錯誤保護機制（Unequal error protection），主要根據無線網路頻寬的變動狀況、封包遺失率或視訊編解碼等特性，動態調整 FEC 編碼量，以達最佳的頻寬利用度與錯誤恢復率，也稱之為動態

（Dynamic）FEC 機制。

而本篇所介紹之 UEP，是以 Frame-based 為主，首先我們先介紹 H.264/AVC 影片編碼的結構，一般影片會壓縮成 I、P、B 三種不同的 Frame，I frame 可以獨立解碼，P frame 需參照前面的 I 或 P frame 才可解碼，B frame 則需參照前後的 I 與 P frame 才可解碼，其重要性依序分別為 I Frame > P Frame > B Frame，一個 Groups of pictures （GOP）通常是由 I frame 帶頭的一組 Frame，如圖 2 所示，以一個 GOP 包含 4 張 Frame 為範例，其中包含 1 張 I frame、1 張 P frame 與 2 張 B frame，假如某 Frame 需參照的 Frame 遺失，縱使該 Frame 有接收到也無法解碼。

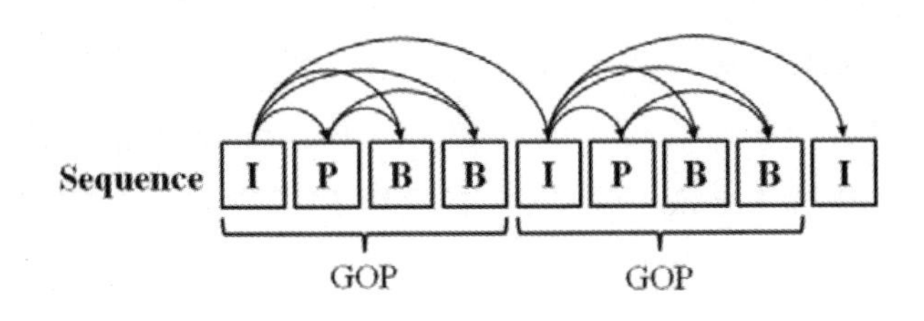

圖 2　H.264/AVC 編碼示意圖

故我們依照 Frame 的重要性，做不同程度的 RS 編碼保護，如圖 3 所示，I、P、B 三種不同的 Frame，I frame 為重要性最高，故提供最高 FEC 保護，以防止資料遺失，P, Bframe 保護量則依重要性較低，其 FEC 保護量相對降低。

圖 3　UEP（Unequal Error Protection）示意圖

7-2　實作實驗：視訊串流錯誤回復機制實作

7-2-1　實驗大綱

實驗目的

實驗主要內容為實際操作不等量錯誤回復機制系統，利用 RS 錯誤回復編碼使得視訊串流在無線網路環境下能仍保有一定的視訊品質。實驗的主旨為讓同學學習如何利用 JSVM 撰寫出不等量錯誤回復機制系統，並透過實際的系統操作能瞭解視訊串流錯誤回復機制實作的完整流程，藉由理論與實作的結合更能促進同學對視訊串流錯誤回復機制細節的瞭解，進而探討相關視訊串流 UEP 之應用。

學習目標

1.學習如何利用 JSVM 實作即時地 H.264 編解碼。

2.瞭解 RS 編碼實際運作時所需的參數設定。

3.學習如何將視訊資料分類，以作為 UEP 機制優先權之保護，並可進而探討如何定義欲傳送的多媒體影音串流資料之重要程度，依據其重要性給予不同程度的保護，而能得到較佳的視訊品質。

4.瞭解 UEP 保護比例的調整（n, k）對視訊品質的影響。

環境設置

1.本實驗實作環境為 Windows 作業系統。

2.請先行安裝 Microsoft visual studio 2008 軟體。

實驗步驟

1.首先介紹此實驗的視訊串流錯誤回復機制系統的系統架構。

2.敘述如何開啟並使用此實驗系統之專案。

3.介紹 Frame parser 模組。

4.說明系統 SVC vide 如何定義優先權與實作。

5.描述 RS 的 UEP 作法與參數設定教學。

6.介紹系統如何封裝資料（Packetizer）與解封裝資料（Depacketizer）。

7.說明接收端如何重組 Frame 資料。

8.教導系統實際運作後如何分析視訊品質。

7-2-2 環境設置

環境需求

1.Microsoft Windows XP Service Pack 2

Minimum of 192 MB of RAM（384 MB preferred）

At least a 1 GHz processor（1.6 GHz preferred）

2.Microsoft Windows Vista

Minimum of 768 MB of RAM（1 GB preferred）

At least a 1.6 GHz processor（2.2 GHz preferred）

3.Microsoft Windows Server 2003

Minimum of 768 MB of RAM（1 GB preferred）

At least a 1.6 GHz processor（2.2 GHz preferred）

環境安裝

若有正版 Microsoft visual studio 2008 軟體，則直接安裝即可。若無正版軟體，則可使用免費版本的 Visual Studio Express Edition，此版亦包含了許多軟體，像是 Visual Web Developer、SQL Server、Visual C#、Visual Basic、Visual C++等，當然這程式看似包含了許多功能，但其實不用將所有的功能都下載安裝，只要挑選需要的軟體下載使用即可。

● 至官網下載軟體。

位置：http://www.microsoft.com/visualstudio/en-us/products/2008-editions/express

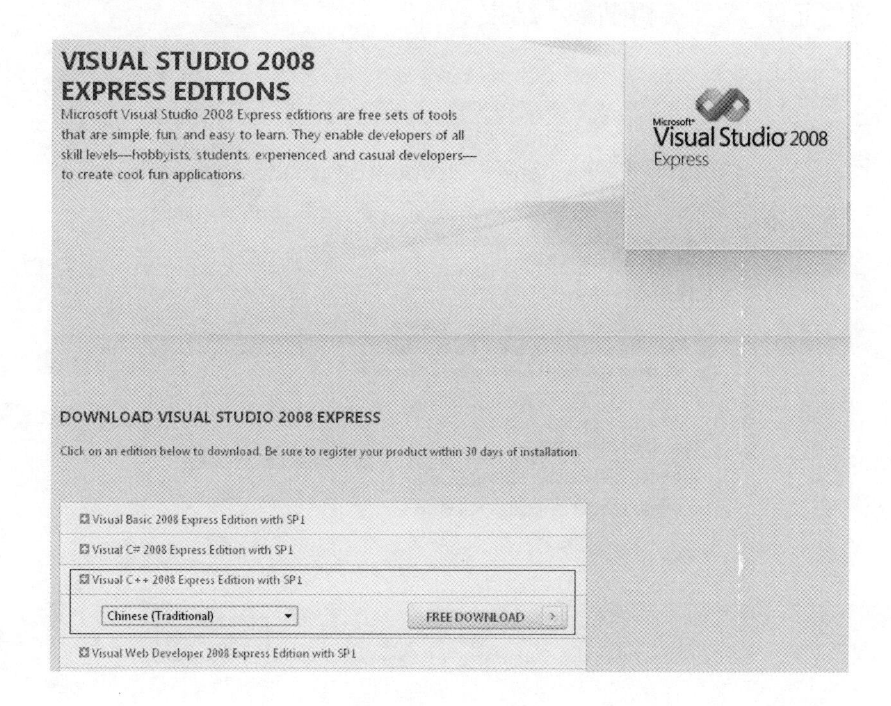

如上圖，找到「Visual C++ 2008 Express Edition with SP1」後，點擊左邊符號「+」即會出現下拉選單可以選擇軟體語系，選擇完後直接按「FREE DOWNLOAD」即可開始下載。

● 下載完後，直接執行該安裝檔即可開始安裝。

- 若安裝時有需要重新開機，則執行重新開機。重新開機後，登入 Windows 系統時安裝程式會自動進行，但若是遇到像下圖一樣的安裝失敗訊息，請您勾選下方的「加入安裝程式的桌面捷徑，稍後再安裝這些元件」，然後再點擊「結束」。

- 因為上述發生錯誤的安裝元件尚未完成安裝，故請再開啟安裝檔，選擇「修復或重新安裝」並按下「下一步」鈕。

- 接著選擇「沒有。自動下載安裝原始檔（O）」並按下「安裝」鈕。

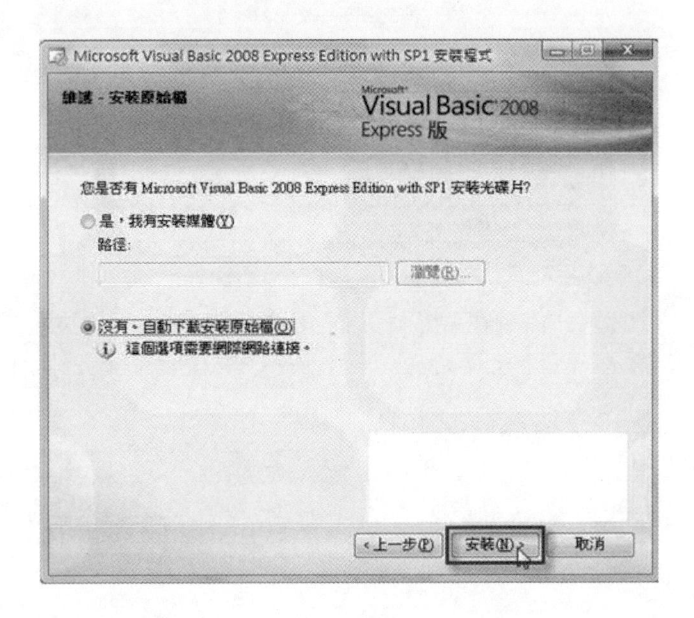

- 安裝程式就會開始進行安裝。

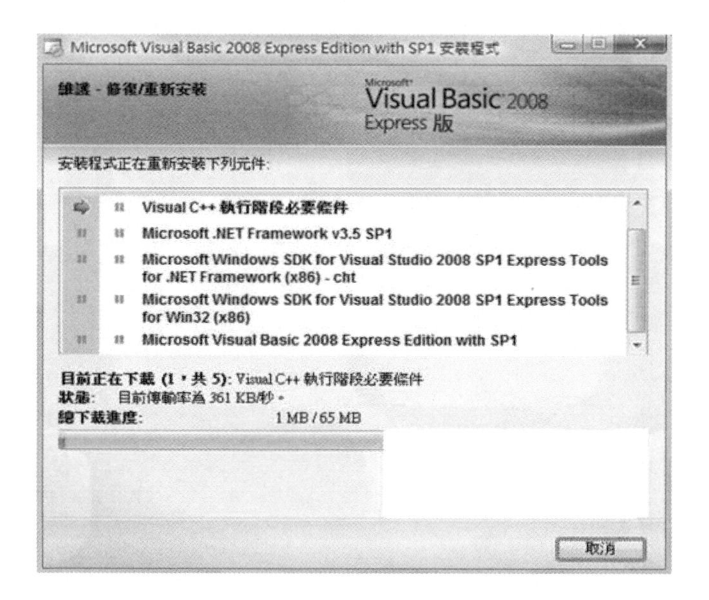

- 安裝完成後，最後再按下「結束」鈕即完成安裝。

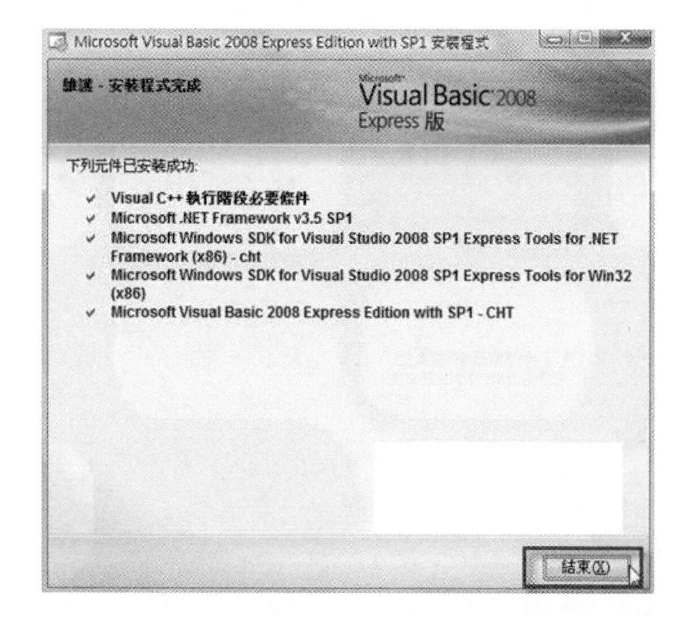

- 取得免費合法註冊授權序號
  - 開啟 Microsoft Visual C++ 2008 Express 後，點擊上方工作列的「說明」並選擇「註冊產品」。

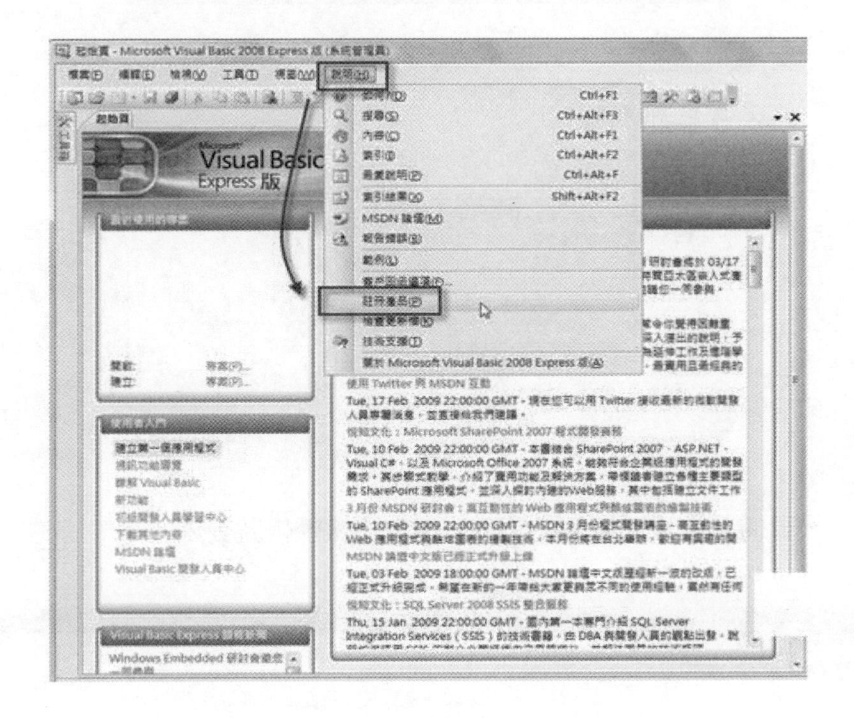

■ 接著點選「立即註冊」。

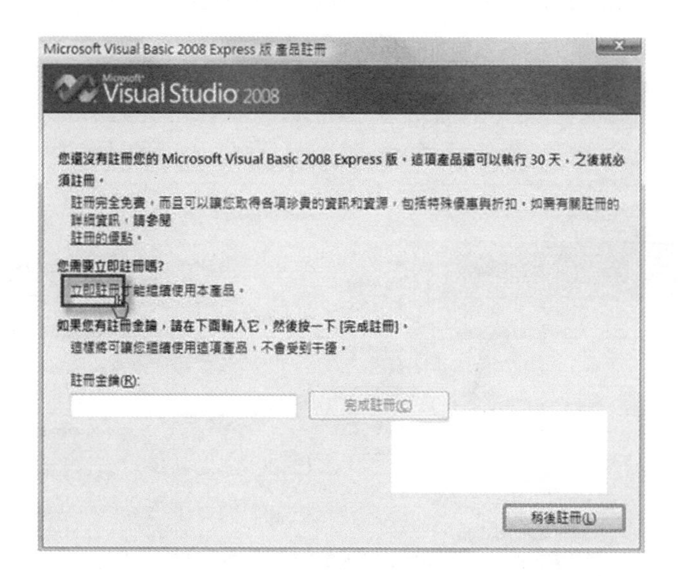

■ 此時會連線到網頁，請再使用您的微軟帳號登入。

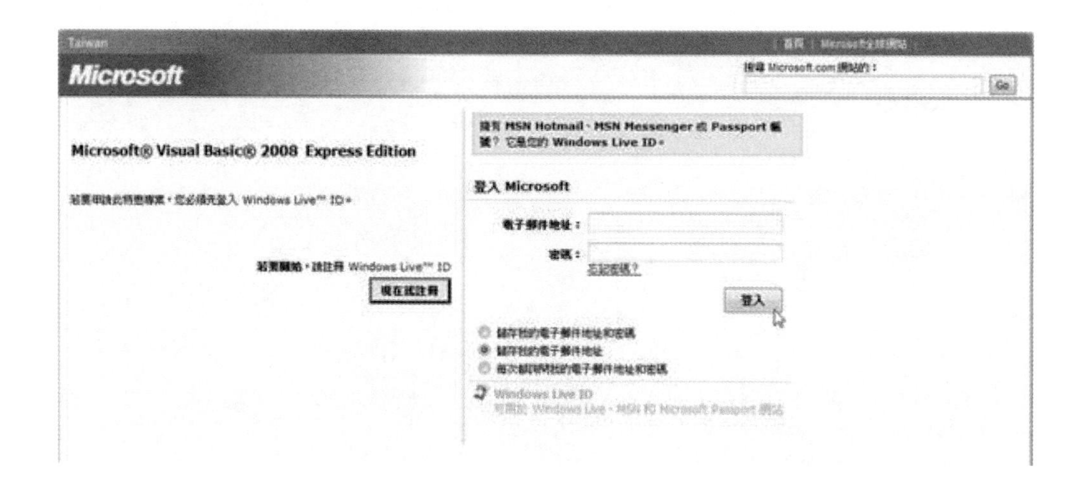

- 完成註冊後，最後畫面就會秀出免費合法的產品金鑰。接著再重覆上述兩個步驟，將此金鑰輸入後即可完成註冊。

7-2-3　實驗步驟

系統概述

系統是建置在無線網路環境下，如下圖，使用的是 H.264/SVC 編碼格式的影片進行傳送。影片在伺服器端會先透過不同的參數進行編碼，接著經過優先權等級的分類後進入到 RS UEP 的編碼階段，編碼完再進行封包封裝的程序後，再將封包依序送出至接收端。

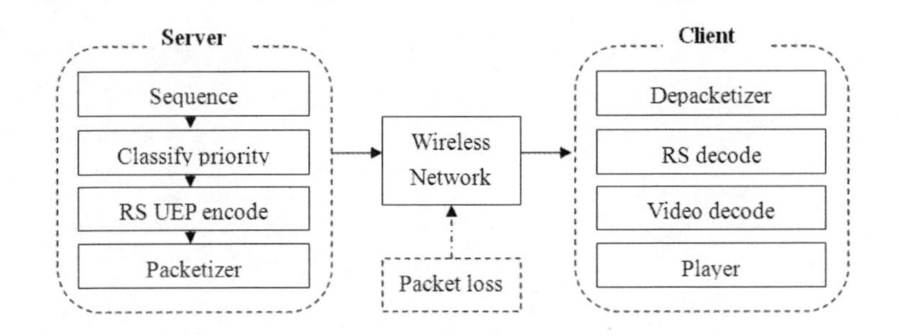

封包會先進入到接收端的 Buffer 做封包控制並解析封包資料，接著再分別進行 FEC 與 Video 的解碼，最後再將資料送至播放端做播放影片的動作。系統各部份的詳細做法如下：

- Video encoder

JSVM 編碼其可調參數有 GOP 架構、GOP 長度、增強層（Enhancement layer）層數、SNR 層量化參數（QP）等。此系統主要是將 Spatial layer 設為 2 層，Temporal layer 設為 4 層，Quality layer 設為 2 層。

- Classify priority

此系統優先權歸類的方法主要分成三類：I、P、B，如下表，STQ=（2,4,2）：

Quality = 0

1	(0,0,1) P	(0,1,1) P	(0,2,1) P	(0,3,1) B
0	(0,0,0) I	(0,1,0) I	(0,2,0) I	(0,3,0) B
S/T	**0**	**1**	**2**	**3**

Quality = 1

1	(1,0,1) P	(1,1,1) P	(1,2,1) B	(1,3,1) B
0	(1,0,0) I	(1,1,0) I	(1,2,0) I	(1,3,0) B
S/T	**0**	**1**	**2**	**3**

• RS UEP Encode

如下圖，此系統 UEP 的作法是將上述三類 I、P、B 做不等量的 RS 冗餘編碼保護，I、P、B 三類的保護比例（Code rate）分別為 0.75、0.875、0.95。

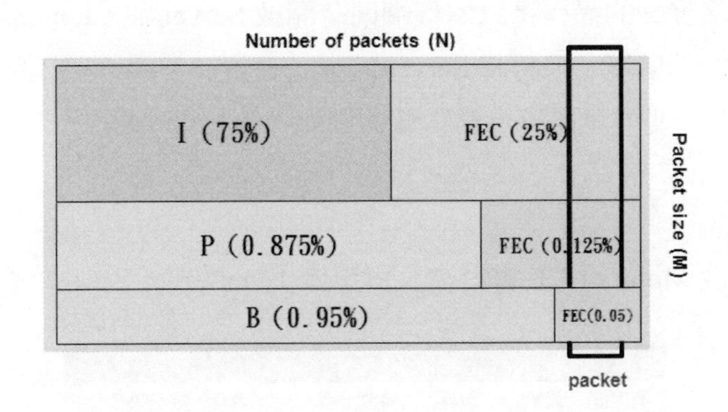

• Packetizer

封包的封裝是採縱向的方式，如上圖粗框 Packet 所示。

• Depacketizer

接收端每接收到封包時，則會先將封包暫存在 Buffer，當接收端判斷一個 RS 編碼區塊接收完畢時（根據封包 Header 資訊的 RS block 編號），則會開始將每個封包的 I、P、B 類的資料切割開分別存起來。

• RS decode

每當 Depacketizer 將 RS 編碼區塊資料區分好後，RS decode 模組即會針對這三類 I、P、B 資料進行解碼動作。

• Video decode

當 RS 將 I、P、B 三類資料解碼完後，即會將資料送至此模組，此模組會先將 Sub-frame 進行重組，再直接將每張 Frame 依照 Frame ID 送進 JSVM decode 模組進行 Video decode。

實作步驟

此節主要是介紹此系統運作的設定，直到最後能成功將系統執行的流程。此節實驗的操作是以本機端同時開啟 Server 與 Client 端為範例。若要實測行動環境，則請將 Server 端程式建置於有線網路電腦主機，而 Client 端程式則可建置於行動設備（例如：筆記型電腦）。

- Server 端
  - 開啟 Mobile UEP 資料夾，再選擇 JsvmServer 資料夾進入。

  - 接著開啟 GenServer 專案檔

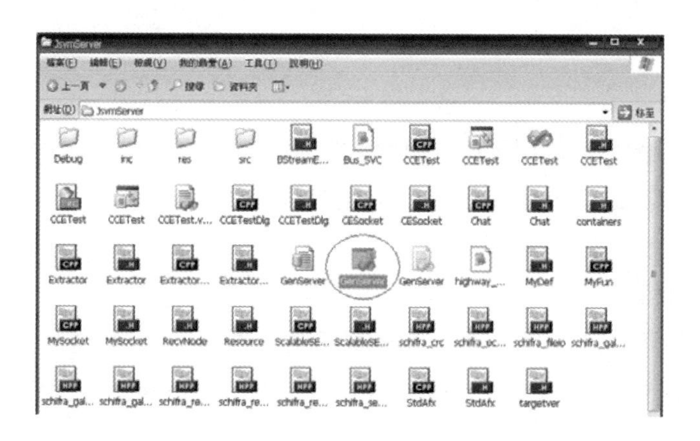

- 開啟程式樹狀結構

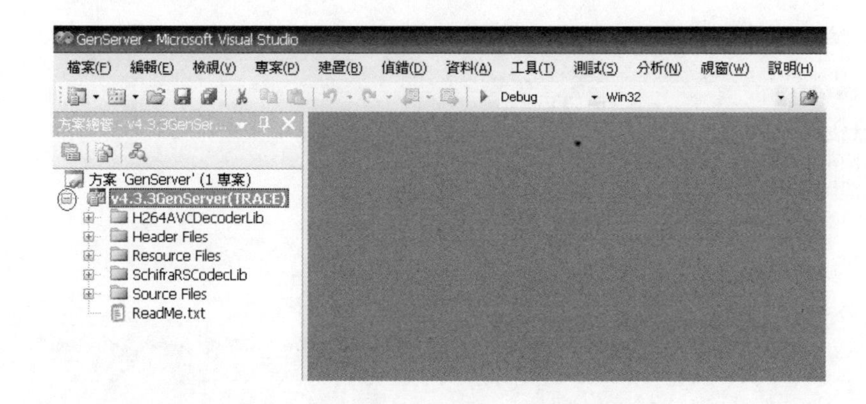

- 開啟主程式檔「CCETestDlg.cpp」

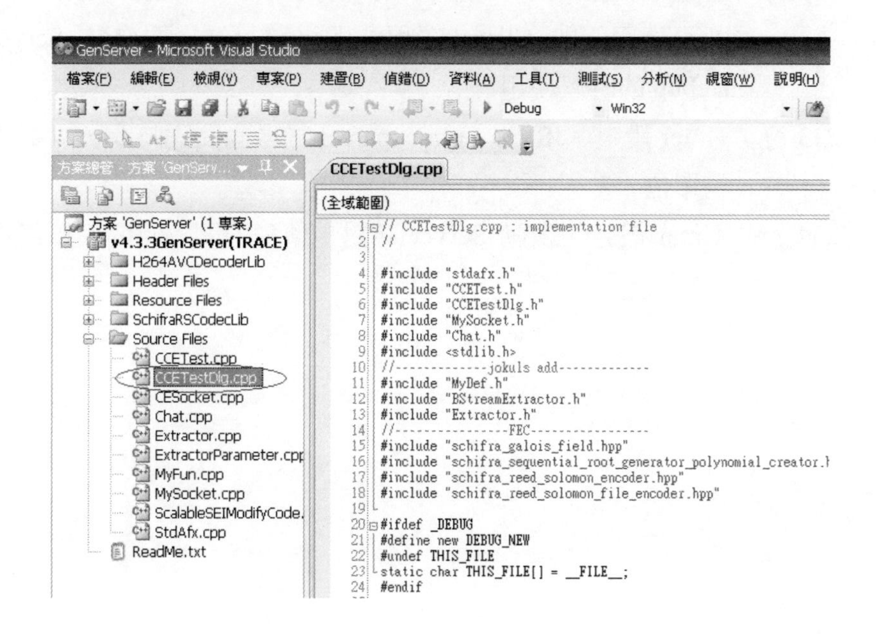

■ OnStartServer（ ）函式

```
226 void CCCETestDlg::OnStartServer()
227 {
228     bool created;
229     UpdateData(); //作類似 DDV_MinMaxInt 的資料基本檢查
230     //JM Decoder
231     Ready=0; Parser=0; //FileSend = 0;
232 
233     SetTimer(NOPRI_QUE, 1, NULL);    //Paser
234     SetTimer(PACK_SEND, 50, NULL);
235 
236     if(m_bServerType.GetCheck()) //GetCheck取得Button的返回值
237         created = m_server->Create(SOCK_STREAM);
238     else
239         created = m_server->Create(SOCK_DGRAM); //wen. UDP stream socket
240 
241     if(created)
242         if(m_server->Accept(atoi(m_sPort))) //aioi字串轉換回數字
243             GetDlgItem(IDC_START)->EnableWindow(FALSE);//GetDlgItem取得子視窗，編輯框的視窗代碼，讓編輯框成爲作用中的視窗，方便使用者輸入。
244 
245 }
246 
```

231 行：若要單機版 Server 測試，則可將 Parser=0 改為 Parser=1，則可不用開啟 Client 端程式即可運行，主要作為 Server Debug 的時候使用。

233 行：Timer 設定，JSVM frame parser 的啟動間隔時間，以毫秒為單位。

234 行：Timer 設定，啟動 Server 端封包傳送的間隔時間，以毫秒為單位。

■ OnTimer（UINT nIDEvent）函式－NOPRI_QUE

```
CCETestDlg.cpp*
(全域範圍)
268 void CCCETestDlg::OnTimer(UINT nIDEvent)
269 {
270     switch(nIDEvent)
271     {
272
273     case NOPRI_QUE:
274
275         if(Parser == 1)//啓動Parser執行緒
276         {
277             hDecodeThread=CreateThread(NULL,0,(LPTHREAD_START_ROUTINE)DecodeThread,(void *)this,0,&dwThreadID);
278             Parser=0;
279         }
280
281         if(Ready == 1)
282         {
283             headerSize = sizeof(img_par) - sizeof(img->frameBuf);   //爲了計算 frame node 結構去掉buf之後其他的位元數
284             tempSize = headerSize + img->frameSize;                  //計算加上 header 之後的 frame size
285             //325
286             unsigned int fid=0;
287             unsigned short lt=0;
288
289             //wen. 相同GOP
290             if(img->gopNum == GopNum_index)
291             {
292                 //wen. layerType = 1xx
293                 if(img->layerType / 100 >= 1)
294                 {
295                     // 100 | 110 | 120
296                     if(img->layerType % 10 == 0 && img->layerType / 10 < 13)
297                     {
298                         memcpy(&temp_FrameBuf_I[tp_FrameBufI_Pos], img, tempSize);
299                         tp_FrameBufI_Pos += tempSize;
300                     // 101 | 111
301                     }else if(img->layerType / 10 < 12){
302                         memcpy(&temp_FrameBuf_P[tp_FrameBufP_Pos], img, tempSize);
303                         tp_FrameBufP_Pos += tempSize;
304                     // 130 | 121 | 131
305                     }else{
306                         memcpy(&temp_FrameBuf_B[tp_FrameBufB_Pos], img, tempSize);
```

275 行：主要是將原始影片的 Frame 切割出來。

281 行：進行優先權的歸類，分類方法主要分成三類：I、P、B，如下表，STQ=（2,4,2）：

Quality = 0

1	(0,0,1) P	(0,1,1) P	(0,2,1) P	(0,3,1) B
0	(0,0,0) I	(0,1,0) I	(0,2,0) I	(0,3,0) B
S/T	**0**	**1**	**2**	**3**

Quality = 1

1	(1,0,1) P	(1,1,1) P	(1,2,1) B	(1,3,1) B
0	(1,0,0) I	(1,1,0) I	(1,2,0) I	(1,3,0) B
S/T	**0**	**1**	**2**	**3**

■ RS UEP encode

```
365                 //FEC_encoder
366                 if(GopNum_index != 0)
367                 {
368                     //index轉存全域變數
369                     fec_FrameBufSize_I = tp_FrameBufI_Pos;
370                     fec_FrameBufSize_P = tp_FrameBufP_Pos;
371                     if(tp_FrameBufB_Pos == 0)
372                         fec_FrameBufSize_B = 0;
373                     else
374                         fec_FrameBufSize_B = tp_FrameBufB_Pos;
375
376                     //buffer轉存全域變數
377                     memset(fec_FrameBuf_I, 0, sizeof(FrameBuffer));
378                     memset(fec_FrameBuf_P, 0, sizeof(FrameBuffer));
379                     memset(fec_FrameBuf_B, 0, sizeof(FrameBuffer));
380                     memcpy(fec_FrameBuf_I, temp_FrameBuf_I, fec_FrameBufSize_I);
381                     memcpy(fec_FrameBuf_P, temp_FrameBuf_P, fec_FrameBufSize_P);
382                     memcpy(fec_FrameBuf_B, temp_FrameBuf_B, fec_FrameBufSize_B);
383                     memset(temp_FrameBuf_I, 0, sizeof(temp_FrameBuf_I));
384                     memset(temp_FrameBuf_P, 0, sizeof(temp_FrameBuf_P));
385                     memset(temp_FrameBuf_B, 0, sizeof(temp_FrameBuf_B));
386
387                     fec_encoderType = 1;
388                     FEC_encoderI();
389                     fec_encoderType = 2;
390                     FEC_encoderP();
391                     //if B class no data then no do
392                     if(tp_FrameBufB_Pos != 0){
393                         fec_encoderType = 3;
394                         FEC_encoderB();
395                     }
396
397                     tp_FrameBufI_Pos = 0;
398                     tp_FrameBufP_Pos = 0;
399                     tp_FrameBufB_Pos = 0;
400
401                     Packetizer(GopNum_index);
```

387 行：若一 GOP 的 Frame parser 完並優先權分類結束後，則開始分別進行 I、P、B 三類 UEP RS 編碼。

401 行：RS 三類編碼完成後，則會送至 Packetizer（ ）函式進行資料封裝。

■ OnTimer（UINT nIDEvent）函式－PACK_SEND

當此 Timer 啟動時，則會讀取 Packetizer 所儲存的封包資料（Link list），並將一個個封包送至 MySend（ ）函式進行封包的傳送。

```
495        case PACK_SEND:
496
497            int sendTime = 0;
498            do{
499
500                PKTtop = PKTfront;
501                if(PKTtop == NULL) break;
502                m_server->MySend( PKTtop );
503                pktSend++;  //break point
504                GetDlgItem(IDC_SEND)->SetWindowText(m_sSend);
505                PKTfront = PKTfront->next;
506                if(PKTfront == NULL) PKTrear=NULL;
507                free(PKTtop);
508                sendTime++;
509
510            }while(sendTime<5);
511
512            break;
513
514        }
515
516        CDialog::OnTimer(nIDEvent);
517    }
518
```

510 行：設定每當啟動此 Timer 時要送出幾個封包。預設為 5，也就是每次啟動就做 5 次傳送封包的動作。

■ Packetizer（unsigned int RSblkNum）函式

```
546 void CCCETestDlg::Packetizer(unsigned int RSblkNum)
547 {
548     //設定各Type(IPB)的SIZE
549     char* temp_PktBuf_I;
550     char* temp_PktBuf_P;
551     char* temp_PktBuf_B;
552     int ItypeSize = fec_FrameBufSize_I + ((fec_FrameBufSize_I/191)+1) * 64;
553     int PtypeSize = fec_FrameBufSize_P + ((fec_FrameBufSize_P/223)+1) * 32;
554     int BtypeSize, PktNum_avg, PktDiff, Li, Lp, Lb, ItypeBlockSize, PtypeBlockSize, BtypeBlockSize;
555     int RSblkPktCount = 1;  //該RS block的封包編號累計
556
557     //若該GOP無B frame資料
558     if(fec_FrameBufSize_B==0){
559
560         BtypeSize = 0;
561         int allblkSize = ItypeSize+PtypeSize;
562         PktNum_avg = allblkSize/1024;
563         if(allblkSize%1024 != 0) PktNum_avg++;                              //平均最大封包數 = AllType加總/1個封包大小(1024)
564         PktDiff = 1024 - ((ItypeSize/PktNum_avg+1)+(PtypeSize/PktNum_avg+1));  //封包SIZE(1024) - 各L寬加總
565         Li = (ItypeSize/PktNum_avg+1) + PktDiff/2;                           //I Type的寬度
566         Lp = (PtypeSize/PktNum_avg+1) + (PktDiff-PktDiff/2);                 //P Type的寬度
567         if(PktDiff < 0)
568             PktNum_avg++;
569         ItypeBlockSize = PktNum_avg*Li;
570         PtypeBlockSize = PktNum_avg*Lp;
571         temp_PktBuf_I = (char*)malloc(sizeof(char)*ItypeBlockSize);
572         temp_PktBuf_P = (char*)malloc(sizeof(char)*PtypeBlockSize);
573         memcpy(temp_PktBuf_I, fec_OutputBuf_I, ItypeBlockSize);
574         memset(&temp_PktBuf_I[ItypeSize], 0, (ItypeBlockSize-ItypeSize));
575         memset(&fec_OutputBuf_I, 0, 30000);
576         memcpy(temp_PktBuf_P, fec_OutputBuf_P, PtypeBlockSize);
577         memset(&temp_PktBuf_P[PtypeSize], 0, (PtypeBlockSize-PtypeSize));
578         memset(&fec_OutputBuf_P, 0, 30000);
579
```

560 行：因我們是採用縱向的封包封裝方式，故在此會切割三類的資料以組合成一個個的封包。

■ RS encode

```
666 void CCCETestDlg::FEC_encoderI()
667 {
668     // TODO: 在此加入控制項告知處理常式程式碼
669
670     const std::size_t field_descriptor    =   8;
671     const std::size_t gen_poly_index      = 120;
672     const std::size_t gen_poly_root_count =  64;
673     const std::size_t code_length         = 255;
674     const std::size_t fec_length          =  64;
675     const std::string output_file_name    = "output.schifra";
676
677     schifra::galois::field field(field_descriptor,schifra::galois::primitive_polynomial_size06,schifra::galois::primitive_polynomial06);
678     schifra::galois::field_polynomial generator_polynomial(field);
679     schifra::sequential_root_generator_polynomial_creator(field,gen_poly_index,gen_poly_root_count,generator_polynomial);
680     schifra::reed_solomon::encoder<code_length,fec_length> rs_encoder(field,generator_polynomial);
681     schifra::reed_solomon::file_encoder<code_length,fec_length>(rs_encoder, output_file_name);
682 }
683
684 void CCCETestDlg::FEC_encoderP()
685 {
686     // TODO: 在此加入控制項告知處理常式程式碼
687
688     const std::size_t field_descriptor    =   8;
689     const std::size_t gen_poly_index      = 120;
690     const std::size_t gen_poly_root_count =  32;
691     const std::size_t code_length         = 255;
692     const std::size_t fec_length          =  32;
693     const std::string output_file_name    = "output.schifra";
694
695     schifra::galois::field field(field_descriptor,schifra::galois::primitive_polynomial_size06,schifra::galois::primitive_polynomial06);
696     schifra::galois::field_polynomial generator_polynomial(field);
697     schifra::sequential_root_generator_polynomial_creator(field,gen_poly_index,gen_poly_root_count,generator_polynomial);
698     schifra::reed_solomon::encoder<code_length,fec_length> rs_encoder(field,generator_polynomial);
699     schifra::reed_solomon::file_encoder<code_length,fec_length>(rs_encoder, output_file_name);
700 }
701
```

設定 RS 三類編碼，「code_length」也就是 RS（n, k）的 n，原始資料長度，而「fec_length」則是冗餘資料長度。

■ RS encode 程式類別。

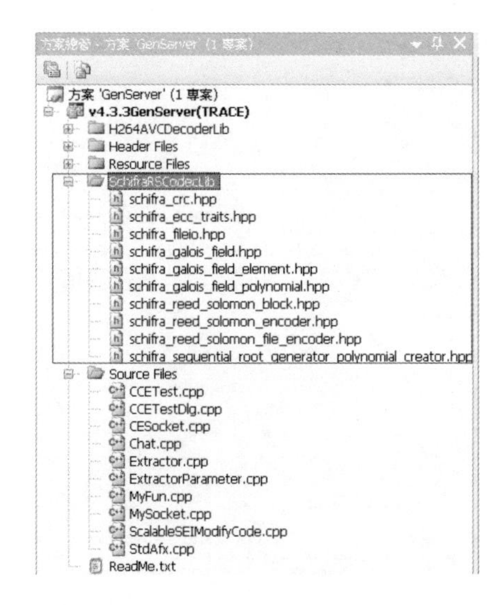

■ 主要參數與結構定義檔。

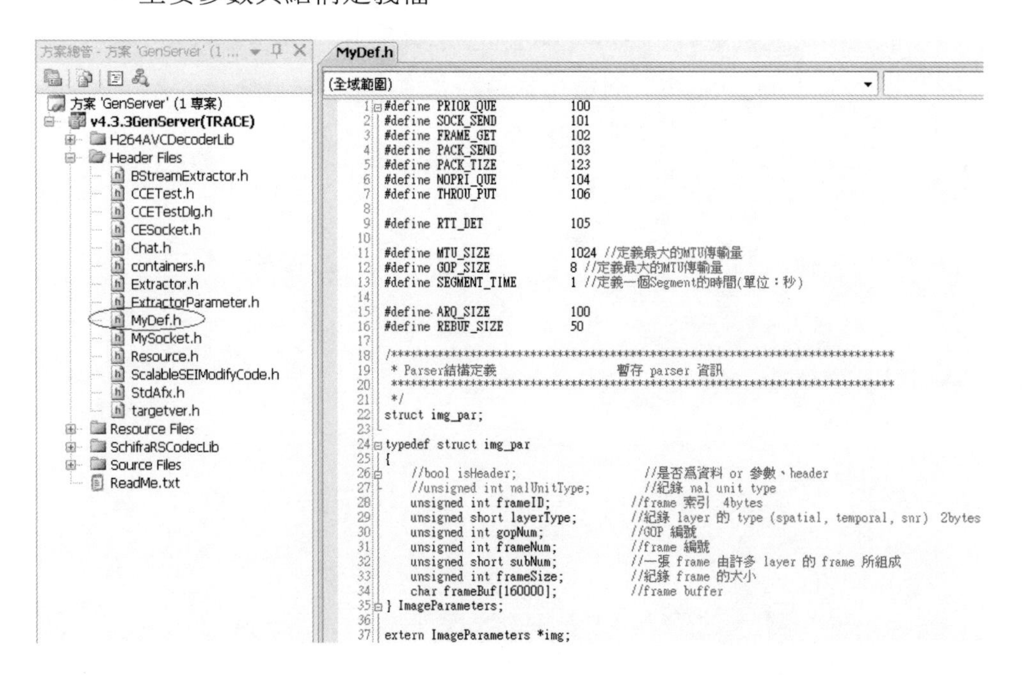

- 完成初始設定後，即可按下編譯鈕執行程式。(若第一次編譯程式會跑比較久，請耐心等候。)

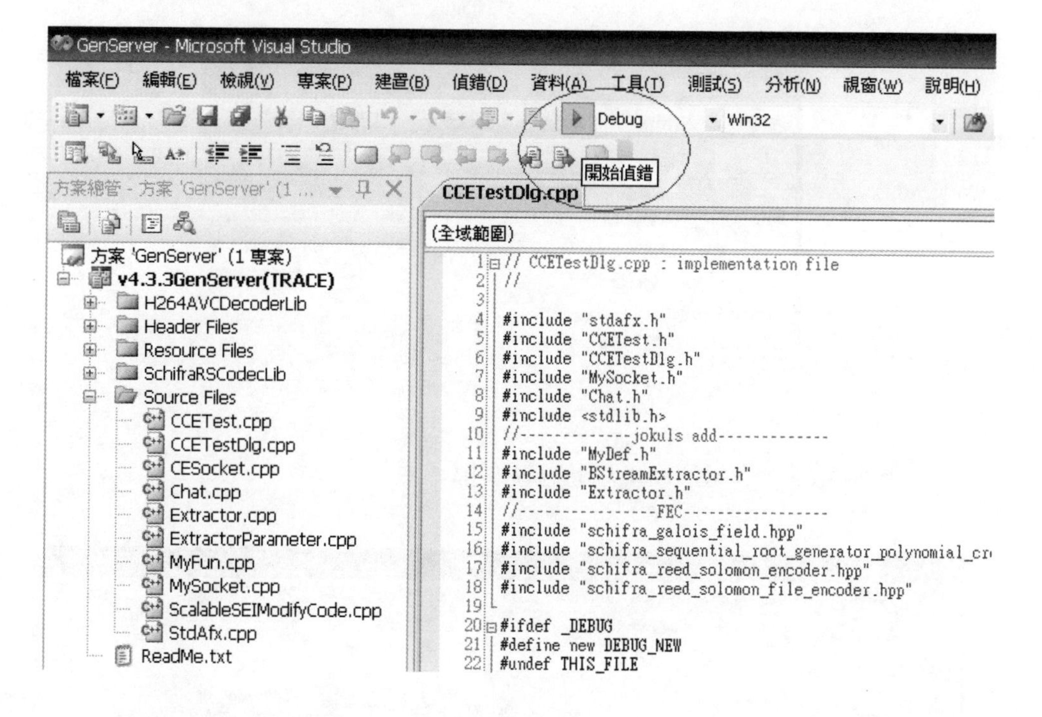

- 編譯完後如下畫面，請選擇「UDP Server」選項後再點擊「Start」鈕，即完成 Server 的啟動。

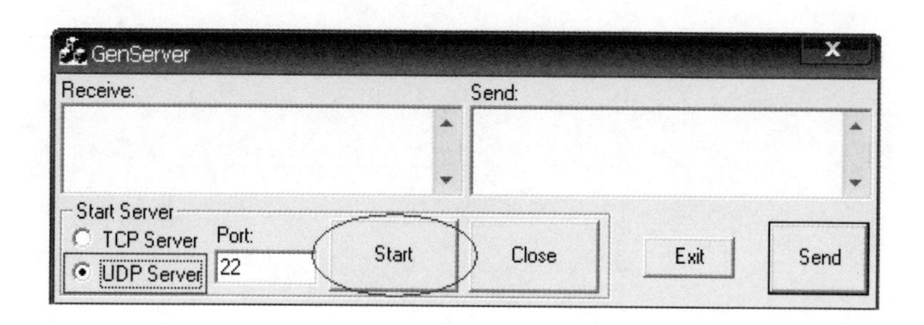

- Client 端
  - 開啟 Mobile UEP 資料夾，再選擇 JSVMClient 資料夾進入。

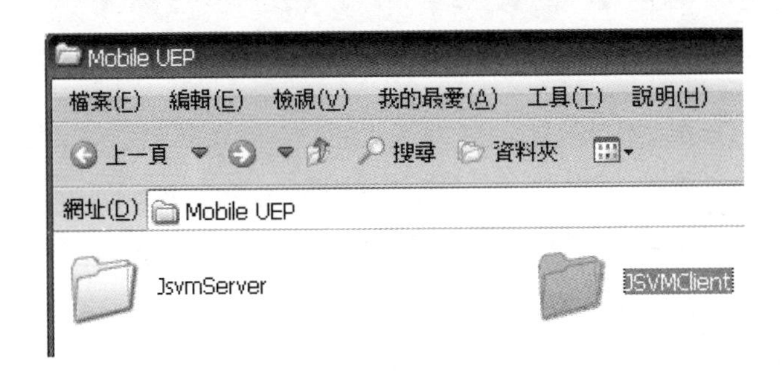

  - 開啟「JSVMClient_CIF」專案檔。

- 開啟主程式頁面「JSVMClient_CIFDlg.cpp」。

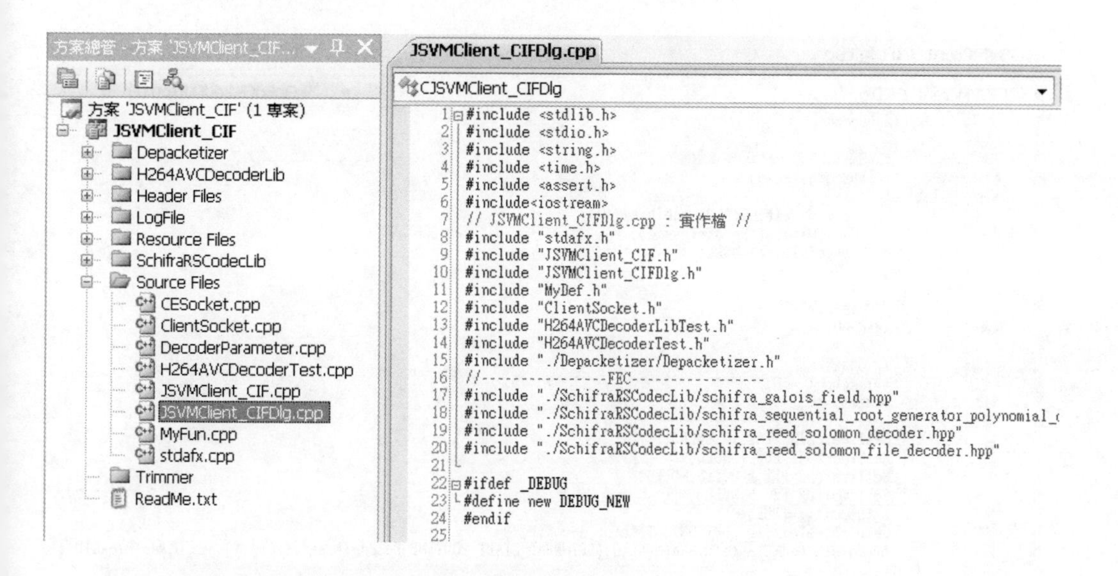

- 設定欲連接 Server 端的 Server IP。

JSVMClient_CIFDlg.cpp

CJSVMClient_CIFDlg

```
409 void CJSVMClient_CIFDlg::OnBnClickedButton1()
410 {
411     //GUI
412     if(m_sTemporal.GetCheck())
413         TemporalEnable = 1;
414
415     if(m_sSpatial.GetCheck())
416         SpatialEnable = 1;
417
418     if(m_sSNR.GetCheck())
419         SNREnable = 1;
420
421     // TODO: Add your control notification handler code here
422     m_ClientSocket = new CClientSocket(this);
423     m_ClientSocket->SetEolFormat(CCESocket::EOL_CR);
424     m_sAddress = "140.127.34.246";
425     m_sPort = "22";
426     Connect();
427
```

■ Timer 設定（建議預設即可）。

JSVMClient_CIFDlg.cpp

CJSVMClient_CIFDlg　　OnBnClickedButton1()

```
428     if(!m_bDecoding)
429     {
430         //如果有的話，停止解碼線程
431         if(hDecodeThread)
432         {
433             TerminateThread(hDecodeThread,0);
434             CloseHandle(hDecodeThread);
435             hDecodeThread=NULL;
436         }
437 
438         //開始解碼線程
439         Ready=0;
440         //heartbeat = 0;                //設定heartbeat開關
441         //初始值設定
442         throughput = 0;
443         pktget = 0;
444 
445         SetTimer(DIS_PLAY,10,NULL);
446         SetTimer(GET_BUF,1,NULL);
447         SetTimer(DE_PKT_BLOCK,5,NULL);
448         SetTimer(DE_FEC,5,NULL);
449         m_bDecoding=TRUE;
450         SetDlgItemText(IDC_BUTTON1,_T("stop decoding"));
451         hDecodeThread=CreateThread(NULL,0,(LPTHREAD_START_ROUTINE)DecodeThread,(void *)this,0,&dwThreadID);
452     }
453     else
454     {
455         SetDlgItemText(IDC_BUTTON1,_T("decode"));
456         //停止編碼線程
457         if(hDecodeThread)
458         {
459             TerminateThread(hDecodeThread,0);
460             CloseHandle(hDecodeThread);
461             hDecodeThread=NULL;
462         }
463         m_bDecoding=FALSE;
464     }
465 }
466 
```

■ OnTimer（UINT nIDEvent）函式－DE_PKT_BLOCK。

當接收完 RS 編碼區塊後，即針對該 Block 的封包進行封包解析。

JSVMClient_CIFDlg.cpp

(全域範圍)

```
576         case DE_PKT_BLOCK:
577             if(m_Depacketizer->checkPktList(getPktListCount%PKT_LIST_SIZE))
578             {
579                 m_Depacketizer->dePacket(getPktListCount%PKT_LIST_SIZE);
580                 getPktListCount++;
581             }
582             break;
```

■ OnTimer（UINT nIDEvent）函式－DE_FEC

當封包解析完後，即會針對 RS 編碼區塊進行 RS 的解碼動作。解碼完會再切成三類優先權資料分別儲存。

JSVMClient_CIFDlg.cpp

(全域範圍)

```
584        case DE_FEC:
585            if(m_Depacketizer->checkFECbuf(getFECBufCount%FEC_BUF_NUM))
586            {
587                m_Depacketizer->setDeFECnode(getFECBufCount%FEC_BUF_NUM);
588
589                fec_decoderType = 1;
590                FEC_decoderI();
591                fec_decoderType = 2;
592                FEC_decoderP();
593                if(m_Depacketizer->checkFECBtype(getFECBufCount%FEC_BUF_NUM)){
594                    fec_decoderType = 3;
595                    FEC_decoderB();
596                }
597
598                CombinetoFrame();    //setFrame
599
600                fec_bufSize_I = 0;
601                fec_bufSize_P = 0;
602                fec_bufSize_B = 0;
603                memset(fec_inputBuf_I, 0, FEC_BUF_SIZE);
604                memset(fec_inputBuf_P, 0, FEC_BUF_SIZE);
605                memset(fec_inputBuf_B, 0, FEC_BUF_SIZE);
606
607                m_Depacketizer->FECbufNodeInit(getFECBufCount%FEC_BUF_NUM);
608                getFECBufCount++;
609            }
610            break;
```

■ RS 解碼程式類別

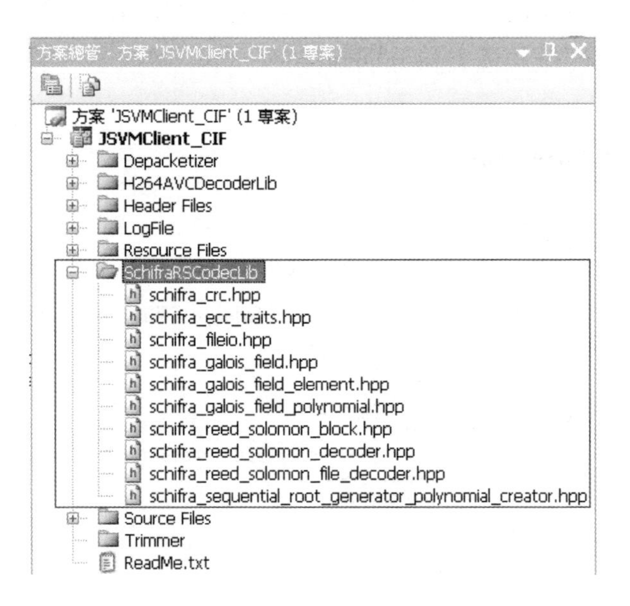

■ Depacketizer

封包的接收與解析。

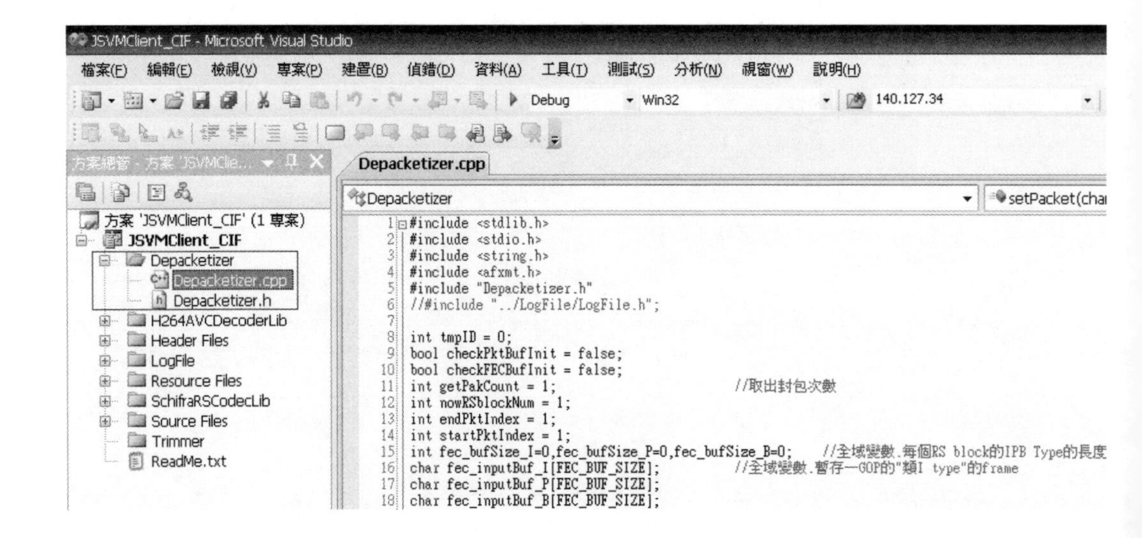

■ 設定接收封包的紀錄清單

```
Depacketizer.cpp
Depacketizer
53  //set FEC packet list
54  void Depacketizer::setFECpktList(int blockID, int startIndex, int endIndex)
55  {
56      int listIndex = blockID%PKT_LIST_SIZE;
57      if(PktList[listIndex].blockID == EOL || PktList[listIndex].blockID == 0){
58          PktList_node* ListNew;
59          ListNew = (PktList_node*) calloc(1, sizeof(PktList_node));
60          ListNew->blockID = blockID;
61          ListNew->start = startIndex;
62          ListNew->end = endIndex;
63          PktList[listIndex] = *ListNew;
64          delete ListNew;
65      }else{
66          TRACE("[ERROR]Packet List Buffer Overload!\n");
67      }
68  }
69
```

■ Depacketizer::dePacket（int inblockID）

每個 epoch 的封包依 Type 長度去分割，轉存至 FEC decoder 各 Type（IPB）的暫存 Buffer。

```
Depacketizer.cpp*
Depacketizer
191 void Depacketizer::dePacket(int inblockID)
192 {
193     //取出該block的PktList資訊
194     int blockID = PktList[inblockID].blockID;
195     int pktStart = PktList[inblockID].start;
196     int pktEnd = PktList[inblockID].end;
197     PktList[inblockID].blockID = EOL;
198     int Index = blockID % FEC_BUF_NUM;
199     int Li = pktBuf[pktStart].ItypeLi;
200     int Lp = pktBuf[pktStart].PtypeLp;
201     int Lb = pktBuf[pktStart].BtypeLb;
202     int getBlkPktCount = 0;
203     int blkPktCount;
204     if(pktEnd-pktStart<0)
205         blkPktCount = (pktEnd+(PKT_BUF_SIZE-pktStart))+1;
206     else
207         blkPktCount = pktEnd-pktStart+1;
208     int tmpBufSize_I = blkPktCount * Li;
209     int tmpBufSize_P = blkPktCount * Lp;
210     int tmpBufSize_B = blkPktCount * Lb;
211
212
213     //dePacket start
214     if(pktEnd-pktStart<0){
215
216         for(int i=pktStart;i<PKT_BUF_SIZE;i++){
217             //判斷是否packet loss
218             if(pktBuf[i].pktID == EOL){
219                 memset(&fectmpBuf_I[getBlkPktCount*Li], 0, Li);
220                 memset(&fectmpBuf_P[getBlkPktCount*Lp], 0, Lp);
221                 if(Lb != 0){
222                     memset(&fectmpBuf_B[getBlkPktCount*Lb], 0, Lb);
223                 }
224                 TRACE("@[Loss] Packet ID=%d\n", getPakCount);
```

■ CombinetoFrame（ ）函式

分別針對 RS 解碼完的三類資料（三個 Buffer）切割出一張張 frame，切割完後再送至 JSVM Video decode。

```
JSVMClient_CIFDlg.cpp
CJSVMClient_CIFDlg
677 void CJSVMClient_CIFDlg::CombinetoFrame()
678 {
679     unsigned int searchFrameIndex = 0;
680     int tpFrameID;
681 
682     int tpFrameSize;
683     int BufRemainSize=0;
684     int BlkMaxFrameID = 1;
685     FDBLink FDBNew;     //用於FEC Block Type 的frame辨識
686 
687     do{
688         tpFrameID=0;
689         tpFrameSize=0;
690         BufRemainSize = fec_bufSize_I - searchFrameIndex;
691 
692         //FDBNew = (FDBLink) malloc(sizeof(FrameDiffBuf));
693         FDBNew = (FDBLink) calloc(1, sizeof(FECbuf_node));
694         memcpy(FDBNew, &fecDcd_OutputBuf_I[searchFrameIndex], BufRemainSize);
695         tpFrameID = FDBNew->frameID;
696         tpFrameSize = FDBNew->frameSize + 24;
697         if(tpFrameID>0 && tpFrameID<10000 && FDBNew->subNum>=0 && FDBNew->subNum<20
698             memset(tempBuf,0,sizeof(ImageParameters));
699             memcpy(tempBuf, &fecDcd_OutputBuf_I[searchFrameIndex],tpFrameSize);
700             setFrameBuf(tempBuf, tpFrameID, tpFrameSize);
701             searchFrameIndex += tpFrameSize;
702         }else{
703             searchFrameIndex++;
704         }
705         free(FDBNew);
706         FDBNew = NULL;
707     }while(BufRemainSize>24);
```

■ setFrameBuf（char *tempBuf, int inframeID, int framelen）函式將 frame 存至 JSVM Video decode Buffer，以待解碼。

ReadBitstreamFile.cpp

(全域範圍)　　setFrameBuf(char * tempBuf, int inframeID, int framelen)

```
225 void setFrameBuf(char *tempBuf, int inframeID, int framelen)        //tempBuf 裡存著一張 frame 的資訊; framelen 代表frameSize + frame 的 heade
226 {
227     int HashIndex=0, Index=0;                                   //雜湊索引
228     //Index = framenum % FRAME_SIZE;
229     Index = inframeID % FRAME_SIZE;
230 
231     if(fb_ini==false){
232         //frame_buf初始化
233         for(int i=0;i<FRAME_SIZE;i++){
234             frame_buf[i].frameID=0;
235             frame_buf[i].frameNum=0;
236             frame_buf[i].frameSize=0;
237             frame_buf[i].gopNum=0;
238             frame_buf[i].layerType=0;
239             frame_buf[i].subNum=0;
240             memset(frame_buf[i].frameBuf,NULL,10000);
241         }
242         fb_ini = true;
243     }
244 
245     HTBNew = (HTBLink) malloc(sizeof(HashTrimmerBuf));      //hashnode create
246     memcpy(HTBNew, tempBuf, framelen);
247 
248     frame_buf[Index].frameID   = HTBNew->frameID;
249     frame_buf[Index].frameNum  = HTBNew->frameNum;
250     if(HTBNew->frameID==1)
251         frame_buf[Index].frameSize = HTBNew->frameSize-1;
252     else
253         frame_buf[Index].frameSize = HTBNew->frameSize;
254     frame_buf[Index].gopNum    = HTBNew->gopNum;
255     frame_buf[Index].layerType = HTBNew->layerType;
256     frame_buf[Index].subNum    = HTBNew->subNum;
257     memcpy(frame_buf[Index].frameBuf, HTBNew->frameBuf, HTBNew->frameSize);
258 
259     TRACE("收到frame編號%d,layerType=%d,GOP編號%d,frame長度%d\n", HTBNew->frameID, HTBNew->layerType, HTBNew->gopNum, HTBNew->frameSize);
```

■ frame buffer 預存設定。

如圖，當 frame buffer 的暫存數達 200 張 frame 則開始解碼並播放。

ReadBitstreamFile.cpp

(全域範圍) setFrameBuf(char * tempBuf, int inframeID, int framelen)

```
273 int getFrame()  //Ready 可能可以設在此
274 {
275     UInt frameSize = 0;      //用來接收 frame 的 size
276     while(framenum < 200)  Sleep(0);  //framenum(frameID)
277
278     //沒接收到的frame跳過，不作frame decoder
279     if(frame_buf[readFbufIndex].frameSize==0){
280         do{
281             TRACE("@[Loss] Frame ID=%d\n", readFbufIndex);
282             readFbufIndex++;
283             //decframenum++;
284         }while(frame_buf[readFbufIndex].frameSize==0);
285     }
286
287     frameSize = frame_buf[readFbufIndex].frameSize;
288
289     while((int)frame_buf[readFbufIndex].frameID - (int)disframe > 1) //如果接收到的frame大撥放的frame就Sleep一下
290     {
291         disframe++;
292         //logDisFrame(disframe);
293         Sleep(60);
294     }
295
296     disframe = frame_buf[readFbufIndex].frameID;
297     //logDisFrame(RecvFrame.framenum);
298
299     //jokuls
300     memset(ShareBuf, 0, sizeof(ShareBuf));
301     memcpy(ShareBuf, &frame_buf[readFbufIndex].frameBuf, frame_buf[readFbufIndex].frameSize);
302
303     readFbufIndex++;
304
305     return frameSize;
306
307 }
```

■ 完成上述設定後，執行 Client 編譯。

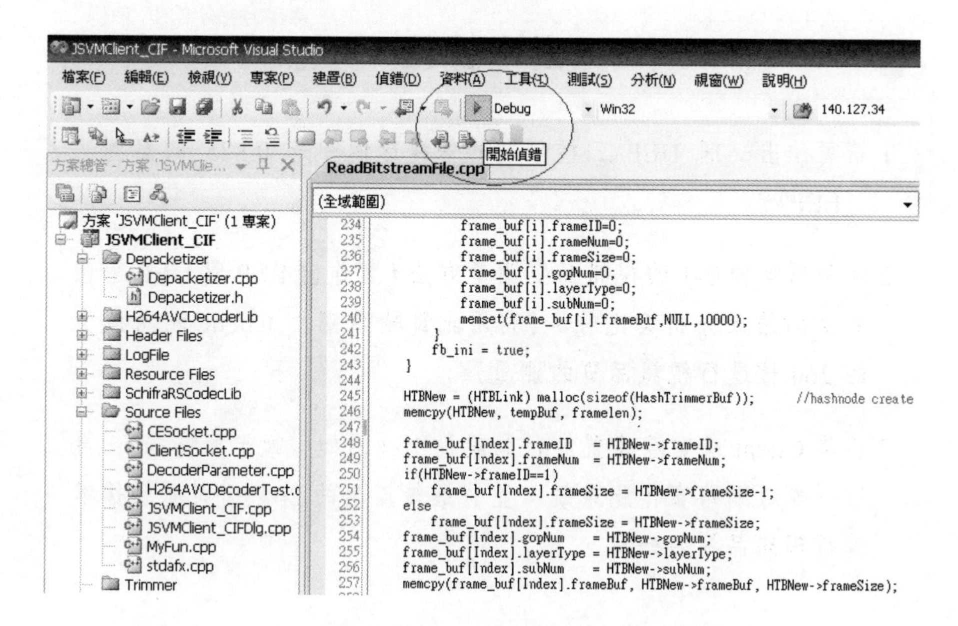

■ 點擊「Decoder」後，Client 端即會開始運作。

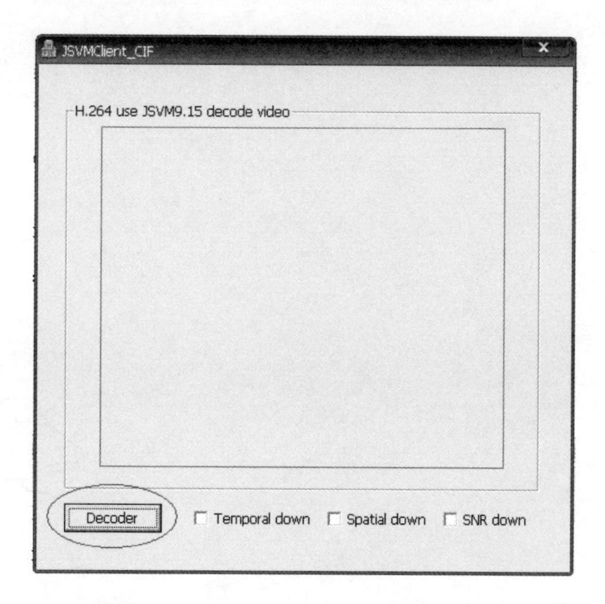

•實作練習•

1. 請實作出一個 UEP 三種類別的保護比例皆是 0.875 的案例。（EEP）

2. 請利用實驗 2-1 的視訊品質測量方法，實作出 EEP 與 UEP 兩個做法的結果分析與比較。（利用此實驗跑完後 Client 端所產生的.264 檔進行視訊品質的測量）

3. 請將 Client 端實際建置於行動設備上（例如：筆記型電腦），再透過無線網路實作此系統，並將最後產生的.264 檔與原始檔案進行視訊品質的分析。

ϟ 第八章

點對點串流傳輸

★8-1　點對點傳輸技術

★8-2　DHT 演算法

★8-3　實作實驗：視訊派送網路模擬實作

8-1 點對點傳輸技術

網際網路的發展迅速，使得資料分享的數量也越趨龐大，因此使用者傳輸資料的方式必須比以往更方便且更快速；相對於傳統的 FTP 傳輸方式，目前熱門的 P2P 檔案交換技術，因是當今使用者所最常接觸到的檔案傳輸應用。

對等式網路（Peer-to-peer，簡稱 P2P），又稱作點對點技術，是無中心伺服器、依靠一群使用者（Peers）交換檔案或資訊的網路體系，我們通常會以層疊網路（Overlay network）來表示其網路架構，相對於實體網路。與有中心伺服器的主從式網路（Client-server）系統不同，對等網路的每個使用者端既是用戶端，也是伺服器，任何一個節點無法直接找到其他節點，必須依靠其戶群進行資訊交流。

8-1-1 BitTorrent

BitTorrent（簡稱 BT）是由 Bram Cochen 在 2002 年獨力完成合新程式碼的撰寫，並於隔年五月將 BT 基礎理論以短篇五頁的學術文章在 Workshop on Economics of Peer-to-Peer Systems（2003）上發表，至今已累積 474 篇的 Reference 數。

根據 CNN 在 2004 年六月時的報導，BT 已經佔據了網路 P2P 流量的 53%。現在許多網路應用已經採用 BT 的模式，某些線上遊戲的更新，例如魔獸世界在改版時總會有數百 MB 的更新檔案，玩家透過遊戲場商提供的更新程式，以 BT 方式進行下載分流，省去了每次改版就得重新製作光碟，或者玩家得等待單一載點的方式，常見還有 Linux 的 ISO 檔（虛擬光碟鏡像檔），或者是 PPStream 網路電視等等。

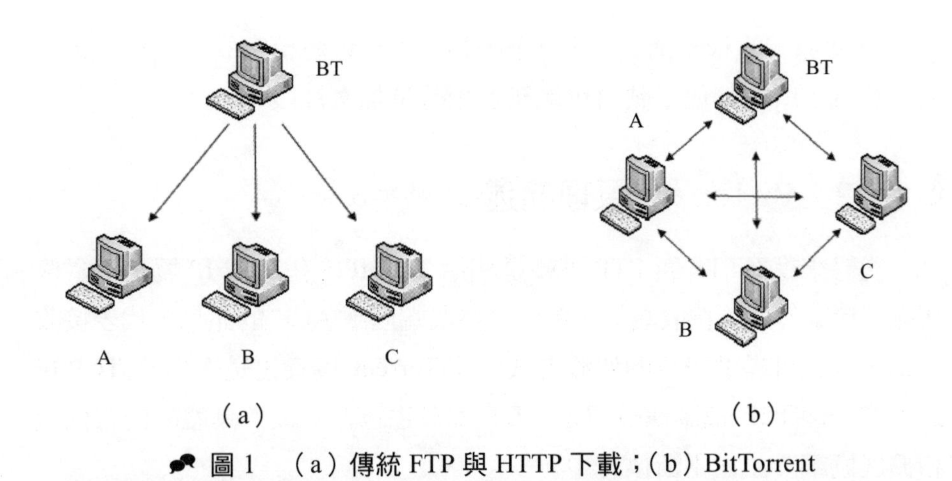

圖 1　(a) 傳統 FTP 與 HTTP 下載；(b) BitTorrent

BT 的特點在於下載的速度極快，比傳統的 FTP、網頁下載來得快很多，如圖 1 (a) 所示，傳統的 FTP 與 HTTP 是由擁有檔案的人將檔案分送給其他想要檔案的人，如此一來這三個人的下載速度就必須平分檔案擁有者上傳速度，因此每個人的下載速度就是 1/3。

比起 FTP 與 HTTP，BT 的傳送就比較複雜了一點，如圖 1 (b)，擁有檔案的人 (BT)，也有人稱為種子，將檔案切割成許多的片段，這時假設 A 想要檔案，種子或其他下載者會將一部分的檔案傳給 A，並且看看 B 與 C 有沒有其他的部分，如果有的話就進行交換，這樣的模式下就 A 而言，他可以同時向 B 與 C 索取資料，因此下載速度就會變快，而不會因為所有人都跟伺服器要資料，讓下載頻寬變小。

我們由上面的描述可以知道，擁有同樣檔案的下載者越多，傳送的速度越快，而現今網路上的 BT 使用者爆增，因此對 A 來說傳送的速度理論上也會增加許多，當然 BT 的好處不僅僅於此，在以往如果要確保所有下載者隨時都能夠抓到檔案，那麼種子就不可以下線，因為種子下線了，接收到一半的下載者以及想要檔案的下載者就找不到人要檔案。

BT 則是網路上有將檔案全部下載完畢的人，他就能成為另一個種子，甚至沒有新的種子出現，如同前面描述 BT 下載者之間分享的方

式 ，即使原本的種子消失了，但是因為種子已經將檔案的片段分送給其他下載者，所以其他下載者也能夠互相分享檔案片段。

8-1-2 BitTorrent 原理簡述

一般來說 HTTP 與 FTP 下載是使用 TCP/IP，在 TCP/IP 協定下當傳送端將檔案傳送給接收端後，會等待接收端回應 ACK 的訊息，代表接收成功，因此可提供可靠的傳輸方式，BitTorrent 協議也是架構於 TCP/IP 之上的一個 P2P 檔案傳輸協定，BT 本身也包含了很多具體的內容協議和擴展協議，並在不斷擴充中。

根據 BitTorrent 協議，檔案的提供者會產生一個 Torrent 的種子檔案，或稱為「種子」，種子其實是一個文字檔，其中包含了 Tracket 和檔案訊息兩部分，Tracket 是一個小程式，紀錄著所有下載成員的名單還有位置，原因在於 BT 中的種子以及下載成員不斷在變動，所以必須要讓其他新成員能夠找到他們，Torrent 檔紀錄的就是 Tracker 的位置與檔案片段的全部名稱，讓新成員從 Torrent 中得知 Tracker 的位置，才能夠與其他下載成員取得聯繫。

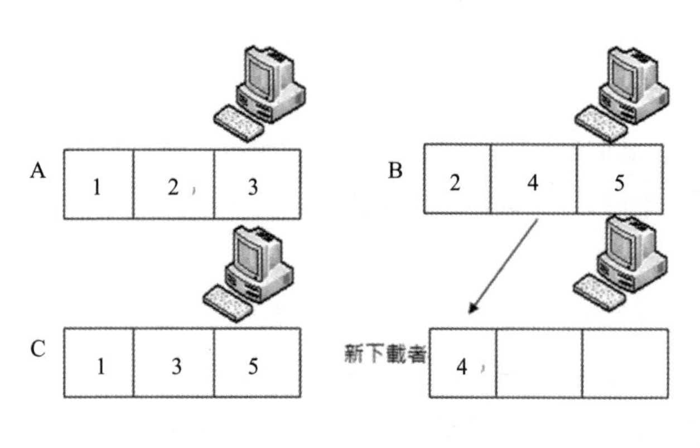

圖 2　Rarest first policy

Tracker 是 BT 的配套措施之一，其中還包括了另外三個，第一個是 Rarest First Policy，讓檔案分享速度增加，方法在於讓每個成員能盡量分享網路上最少見的檔案片段，舉例來說如圖 2 所示，下載者 A、B、C 分別擁有片段（1，2，3）、（2，4，5）、（1，3，5），片段中擁有 1、2、3、5 的下載者都有兩個，只有片段 4 僅有一個下載者擁有，所以片段 4 是最罕見的片段，因此當有人想與 B 分享檔案時，B 就會優先將片段 4 給他。

第二個機制是 Choking Policy，如果一個檔案非常熱門，那麼擁有這些檔案片段的下載者，一定會有許多其他的下載者希望與他交換檔案片段，但是在 BT 系統中的下載者非常的多，而擁有檔案片段的下載者的上載速度也許沒有那麼快，或者像是 BT 最原始的程式預設只能同時上傳給 4 個人，那麼這個機制就派上用場了，BT 的做法是接受正在上傳給我，而且速度最快的前面幾個人，因此這項做法提供了一個重要的機制，也就是上載頻寬較快的人，接收其他人檔案的下載速度會更快。

第三個則是 Optimistic Unchoking，我們根據 Choking Policy 機制可以知道，如果想要有更快的下載速度就必須要將檔案傳送給其他人，所以 Optimistic Unchoking 會讓每個人每 30 秒送給網路中隨便一個人，例如 A 傳給 B，當 B 發現 A 傳送的速度很快，則會允許 A 從 B 下載檔案，但是如果 A 覺得 AB 之間傳送速度很慢，那麼 A 則會停止與 B 之間的傳送，並尋找下一個人傳送，這麼一來下載者之間就能彼此發掘與自己傳輸速度最快的下載者，進而提高傳輸效率。

8-1-3　P2P Overlay 介紹

所謂層疊網路（Overlay network）是指我們刻意忽略網路的實體架構，將網路上的每個節點都視為一個單獨的節點，並且假設他們可以自由的互相連接。將這些單獨的節點採用某種特殊的結構來建置一個網路，一條層疊網路上的連線可能是由數條實體網路的連線所構成；透過互相連接的網路節點，使其能夠達到某種我們期望的效果，簡單來說就是透過虛擬環境所提供的系統機制來建立另一種網路系統。

層疊網路是架構在實體網路之上的另一層網路，所以實體網路的連接關係與變動絕對性的影響了層疊網路的穩定性；而任何的 P2P 網路都有 Node 會隨時加入及離線的特性，相當於在其上運作的系統必需有適應高度變化的能力。

P2P 網路在應用層相互連結所行成的層疊網路，大略上可以分為：結構化、非結構化以及混合式網路三種不同的架構。

結構化網路（Structured overlay）

結構化網路主要採用 DHT（Distributed hash tabl，結構化演算法）技術，這是目前擴展性最好的 P2P Routing 方式。將一個關鍵值（Key）的集合分散到所有在分散式系統中的節點，並且可以有效地將訊息轉送到唯一一個擁有查詢者提供的關鍵值的節點（Peers）。

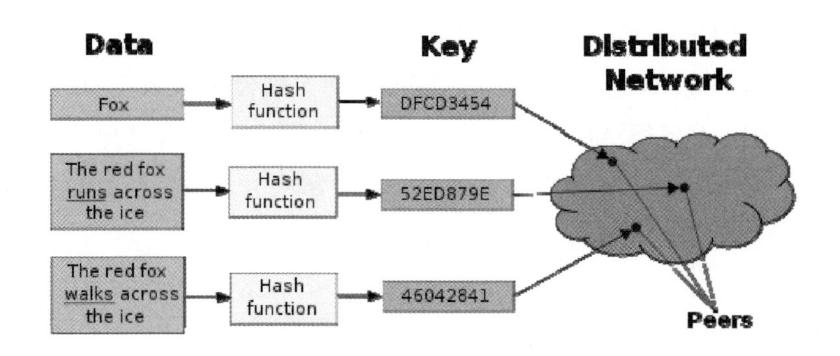

圖 3　結構化演算法示意圖

分散式雜湊表通常是為了擁有極大節點數量的系統，而且在系統的節點常常會加入或離開（例如網路斷線）而設計的。

非結構化網路（Unstructed overlay）

非結構化網路，節點之間彼此連結，形成一個沒有特定規則的網路。其特點為 Peer 可以隨時動態加入、隨時離開，整個網路呈現隨時變必須透過廣播的方式尋找，收到的 Peer 如果不能滿足搜尋請求，同樣會將訊息再廣播出去。直到目標 Peer 收到廣播訊息後，目標 Peer 會發送回應訊息。網路中存在 BootStrap node，主要的任務是負責導引新加入的節點進入現有的 P2P 網路。

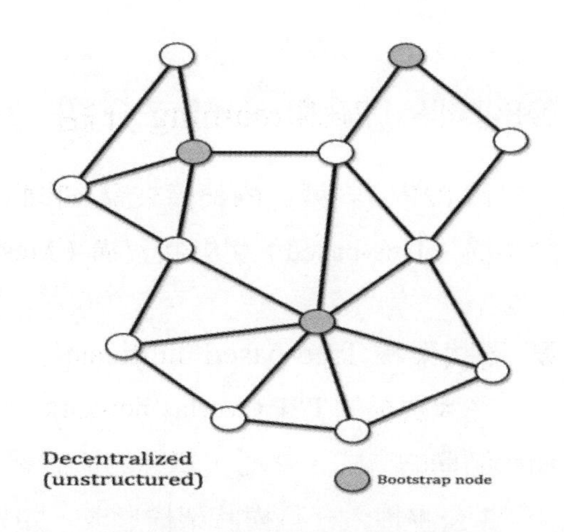

圖 4　非結構化網路示意圖

混合式網路（Hybrid overlay）

混合式網路的檔案傳輸發生在個別使用人的電腦之間；但也具有管理並組織所有使用人的檔案搜尋索引（Index）以及網路位址（IP Address）的功能。

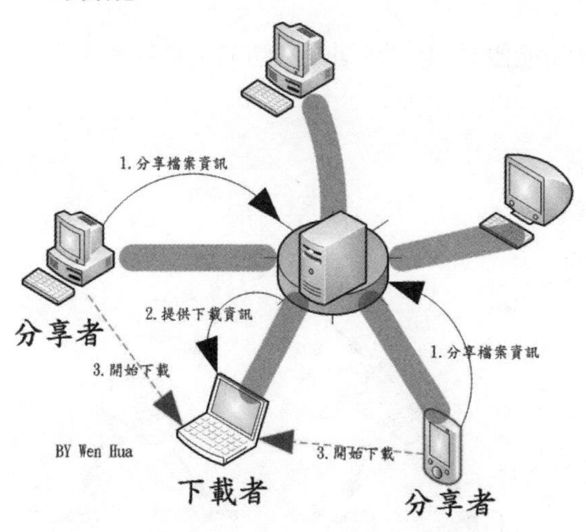

圖 5　混合式網路運作流程圖

圖 5 為其運作流程：

1. 分享者登入 P2P 網路後，將分享資料（檔案資源所在地）上傳至中央伺服器。
2. 下載者登入 P2P 網路後，從中央伺服器得到分享下載的其他主機位置。
3. 下載者由已知的主機位置開始下載。

8-1-4 P2P Streaming 介紹

以 P2P 資料遞送的架構來說，我們大致上可將其分為兩種架構：樹狀架構（Tree-based）與網狀架構（Mesh-based）。

樹狀架構 Tree-based multicast

在大規模的 P2P Overlay network 中，最直覺的資料遞送方式莫過於樹狀結構的方式。然而，單純的樹狀架構卻有三項問題：

1.公平性。一旦樹狀架構形成，如果 Peer 不再需要資料，而子節點卻需要，Peer 還是必須負責資料的傳遞，甚至在簡易的樹狀架構下，其資料傳遞路徑將變得非常長而變得沒有效率。

2.架構脆弱。P2P 中的 Peer 應該是允許任意加入或離開的，若是在意外的情況下擔任中間節點的 Peer 離線了，此時此 Peer 下的子節點將全部受到影響。

3.除了最底層的 Peer 外，中間節點均要付出非常高的頻寬來分享資料。

然而，樹狀架構對於使用者頻繁地加入與離開，甚至於行動網路上的佈署上，仍有著極大的挑戰。

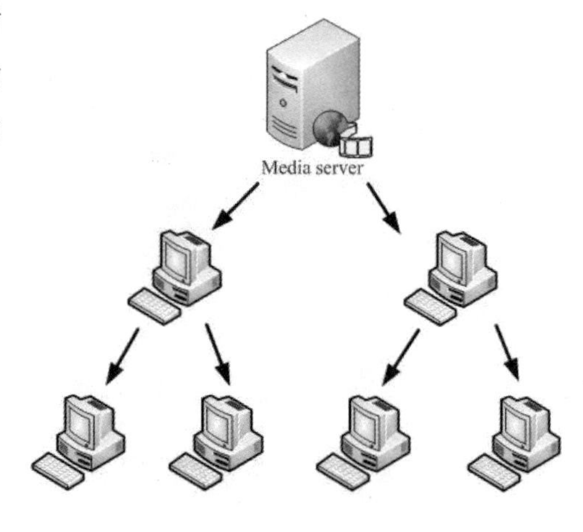

圖 6　樹狀結構示意圖

■ 網狀架構 Mesh-based

網狀架構是目前普遍採用的 P2P Data-driven 方式，雖然在資源搜尋上須花不少成本，但他的資源分享效應卻是值得的。

網狀架構的 P2P Streaming 使用 Push-pull 的方式獲取資料，因此在一對一、一對多或是多對一的情況下分別有不同的考慮方式，以分享者的角度而言，希望分享出去的資料能對整體系統做出最有效之貢獻；而以需求者而言，會希望越能順暢的獲取資料越好。

在傳統 P2P File sharing 如 BitTorrent，eDonkey 其內部有其自訂之積分機制，讓貢獻度越大者越容易獲取資料，但在 P2P Streaming 中使用者是「play - while – downloading」，也因此在資料遞送上具有相當的時效性。

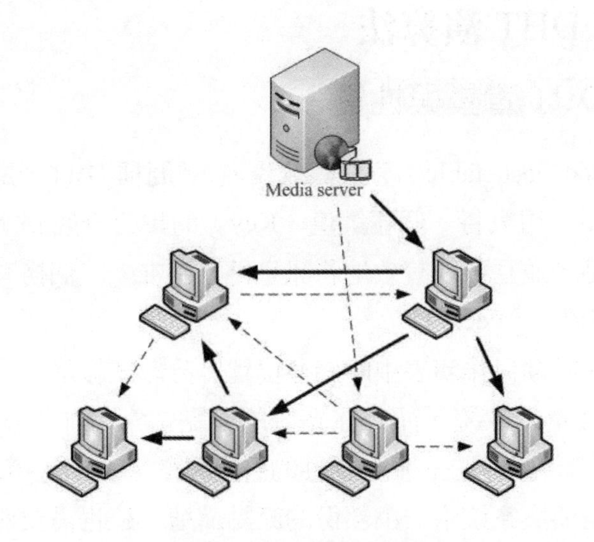

圖 7　網狀結構示意圖

在前一個章節中，我們提到了「結構化網路（Structed overlay）」最常運用的演算技術為 DHT 技術，DHT 技術對於 P2P 系統設計有很重要的影響，由於 DHT 支援有序性、高擴充性、可確定性查詢的結構化拓樸，超越了之前的隨機、ad hoc 的非結構性拓樸，所以也因此產生了很多新型的 P2P 系統，如 CAN、Chord、Tapestry、Pastry、Kademlia、Symphony、Viceroy、Koorde、P-Grid、Cycloid 等。這些系統都是採用 DHT 技術為其設計基礎，由於節點和物件都是透過分散式雜湊表組織成一個重疊網路（Overlay network），也因此這些系統被稱之為 DHT-based 的 P2P 系統。

DHT-P2P 系統中每一個節點負責一定範圍的鍵值，重疊網路中的節點可以儲存資源本身，也可以僅儲存資源的位址指標，而這些方式都是視不同系統中演算法的需求而有所不同。下面我們將依序介紹 DHT 的基本概念以及其結構與演算法的分類。

8-2 DHT 演算法

8-2-1 DHT 背景與性質

Distributed hash table（分散式雜湊表），簡稱 DHT，是分散式計算系統中的一類，用來將一個關鍵值（Key）的集合分散到所有在分散式系統中的節點，並且可以有效地將訊息轉送到唯一一個擁有查詢者提供的關鍵值的節點。（Peers）

這裡的節點類似雜湊表中的儲存位置。分散式雜湊表通常是為了擁有極大節點數量的系統，而且在系統的節點常常會加入或離開而設計的，例如網路斷線等。在一個結構性的層疊網路（Overlay network）中，參加的節點需要與系統中一小部份的節點溝通，這也需要使用分散式雜湊表。

分散式雜湊表可以用以建立更複雜的服務，例如分散式檔案系統、點對點技術檔案分享系統、合作的網頁快取、多播、輪播、網域名稱系統以及即時通訊等。

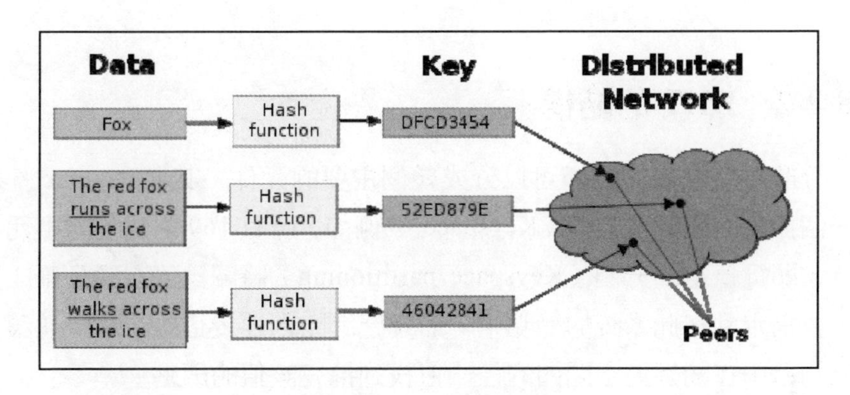

圖 8　DHT 示意圖

分散式雜湊表本質上強調以下特性：

1.離散性：構成系統的節點並沒有任何集中式的協調機制。

2.伸縮性：即使有成千上萬個節點，系統仍然應該十分有效率。

3.容錯性：即使節點不斷地加入、離開或是停止工作，系統仍然必須達到一定的可靠度。

要達到以上的目標，有一個關鍵的技術：任一個節點只需要與系統中的部份節點溝通。一般來說，若系統有 N 個節點，那麼只有 $O(\log n)$ 個節點是必須的。因此，當成員改變的時候，只有一部分的工作，例如資料或關鍵值的傳送，雜湊表的改變等必須要完成。

有些分散式雜湊表的設計尋求能對抗網路中惡意的節點的安全性，但仍然保留參加節點的匿名性。在其他的點對點系統，例如檔案分享中就較為少見。

最後，分散式雜湊表必須處理傳統分散式系統可能遇到的問題，例如負載平衡、資料完整性，以及效能問題，特別是確認轉送訊息、資料儲存及讀取等動作能快速完成。

8-2-2 DHT 的結構

分散式雜湊表的結構可以分成幾個主要的元件。其概念（+）基礎是一個抽象的關鍵值空間（Keyspace）。例如，所有 160 位元長的字元串集合，關鍵值空間分割（Keyspace partitioning）將關鍵值空間分割成數個，並指定到在此系統的節點中。而延展網路則連接這些節點，並讓他們能夠藉由在關鍵值空間內的任一值找到擁有該值的節點。

當這些元件都準備好後，一般使用分散式雜湊表來儲存與讀取的方式如下所述。

假設關鍵值空間是一個 160 位元長的字元串集合，為了在分散式雜湊表中儲存一個檔案，名稱為 Filename 且內容為 Data，我們計算出 Filename 的 SHA1 雜湊值：一個 160 位元的關鍵值 K，並將訊息 Put（k , data）送給分散式雜湊表中的任意參與節點。

此訊息在層疊網路（Overlay network）中被轉送，直到抵達在關鍵值空間分割中被指定負責儲存關鍵值 K 的節點。而（k, data）即儲存在該節點；其他的節點只需要重新計算 Filename 的雜湊值 k，然後送出訊息 Get（k）給分散式雜湊表中的任意參與節點，以此來找與 k 相關的資料。

此訊息也會在層疊網路（Overlay network）中被轉送到負責儲存 K 的節點。而此節點則會負責傳回儲存的資料 Data。

以下分別描述關鍵值空間分割及延展網路的基本概念。這些概念在大多數的分散式雜湊表實作中是相同的，但設計的細節部份則大多不同。

關鍵值空間分割

大多數的分散式雜湊表使用某些穩定雜湊（Consistent hashing）方

法來將關鍵值對應到節點。

此方法使用了一個函式 δ（k_1, k_2）來定義一個抽象的概念：從關鍵值 k_1 到 k_2 的距離；每個節點被指定了一個關鍵值，稱為 ID。ID 為 i 的節點擁有根據函式 δ 計算，最接近 i 的所有關鍵值。

例：Chord 分散式雜湊表實作將關鍵值視為一個圓上的點，而 δ（k_1, k_2）則是沿著圓順時鐘地從 k_1 走到 k_2 的距離。結果，圓形的關鍵值空間就被切成連續的圓弧段，而每段的端點都是節點的 ID。如果 i_1 與 i_2 是鄰近的 ID，則 ID 為 i_2 的節點擁有落在 i_1 及 i_2 之間的所有關鍵值。

穩定雜湊擁有一個基本的性質：增加或移除節點只改變鄰近 ID 的節點所擁有的關鍵值集合，而其他節點的則不會被改變。

對比於傳統的雜湊表，若增加或移除一個位置，則整個關鍵值空間就必須重新對應，由於擁有資料的改變通常會導致資料從分散式雜湊表中的一個節點被搬到另一個節點，而這是非常浪費頻寬的，因此若要有效率地支援大量密集的節點增加或離開的動作，這種重新配置的行為必須盡量減少。

層疊網路（Overlay network）

每個節點保有一些到其他節點的連結。將這些連結總合起來就形成延展網路。而這些連結是使用一個結構性的方式來挑選的，稱為網路拓樸。

所有的分散式雜湊表實作拓樸有某些基本的性質：對於任一關鍵值 K，某個節點要不就擁有 K，要不就擁有一個連結能連結到距離較接近 K 的節點。因此使用以下的貪心演算法即可容易地將訊息轉送到擁有關鍵值 K 的節點：在每次執行時，將訊息轉送到 ID 較接近 K 的鄰近節點。若沒有這樣的節點，那我們一定抵達了最接近 K 的節點，也就是擁有 K 的節點。這樣的轉送方法有時被稱為「基於關鍵值的轉送方法」。

除了基本的轉送正確性之外，拓樸中另有兩個關鍵的限制：其一為保證任何的轉送路徑長度必須盡量短，因而請求能快速地被完成；其二為任一節點的鄰近節點數目（又稱最大節點度，Degree（graph theory））必須盡量少，因此維護的花費不會過多。當然，轉送長度越短，則最大節點度越大。

以下列出常見的最大節點度及轉送長度（n 為分散式雜湊表中的節點數）：

- 最大節點度 0(1)，轉送長度 0(logn)
- 最大節點度 0(logn)，轉送長度 0(logn/loglogn)
- 最大節點度 0(logn)，轉送長度 0(logn)
- 最大節點度 $0(n^{\frac{1}{2}})$，轉送長度 0(1)

第三個選擇最為常見，雖然他在最大節點度與轉送長度的取捨中並不是最佳的選擇，但這樣的拓樸允許較為有彈性地選擇鄰近節點。許多分散式雜湊表實作利用這種彈性來選擇延遲較低的鄰近節點。

最大的轉送長度與直徑有關：最遠的兩節點之間的最短跳數（Hop distance）。無疑地，網路的最大轉送長度至少要與它的直徑一樣長，因而拓樸也被最大節點度與直徑的取捨限制住，而這在圖論中是基本的性質。因為貪婪演算法（Greedy method）可能找不到最短路徑，因此轉送長度可能比直徑長。

8-2-3　DHT 的結構

在結構化網路中，有著較為嚴密的拓樸，資料的放置和查詢演算法都以分散式雜湊表為基礎並且明確的定義其運作的方式。

每一個節點和每一個資源都會透過分散式雜湊函數取得一個唯一的 Key 值，並且把計算出來的資源 Key 值放在一個特定的節點上。

而典型的分散式雜湊表網路包含：CAN、Chord、Pastry 和 Tapestry，以下將個別描述其架構。

Content addressable network 架構

Content addressable network（CAN）利用多維座標空間的概念來架構出點對點的網路系統，在座標圖中每個 CAN 的節點會被分配到一個多維座標空間的位置，當一個新節點 N 欲加入此網路的時候，會先透過一個起始點隨機的選擇系統中的一個節點 P，N 會送出加入的訊息給 P，而當 P 收到 N 的加入訊息時，P 會和 N 均分它的座標空間，並將應該置放在 N 所在位置的檔案儲存在 N 之中。而當一個新的檔案資訊加入 CAN 系統的時候，透過雜湊函數的計算會取得一個座標位置，CAN 再依此座標位置將該檔案資訊放置在該位置的節點中。

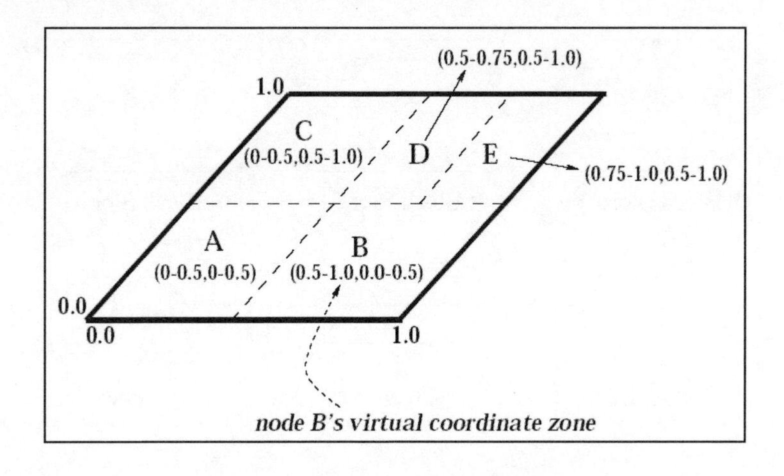

圖 9　節點的二維空間示意圖

Chord network 架構

Chord network 架構是由麻省理工學院的幾位學者在 2001 年所提出的查詢演算法，其架構為 Structured P2P network，Chord 採用 DHT 技術進行資源索引的發佈與搜尋。

Chord 將所有節點對應到一個由 N 個整數所組成的環狀架構，每個節點以一個編號來代表在此環狀網路的位置，而節點的編號是利用節點的 IP 位址透過一個節點雜湊函數計算得到；而每個檔案則利用一個物件編碼，其物件編碼是透過一個檔案雜湊函數計算得到。當一個新的檔案加入 Chord 系統時，Chord 會利用該檔案的物件編碼找到在其環狀架構中的 Successor 節點來存放檔案的位置資訊。在 Chord 系統搜尋檔案位置時，可以利用如路由表的方式進行跳躍式的搜尋，讓每個節點維持 0(logn)的鄰居節點列表，使得每個節點擁有 0(logn)的查詢。

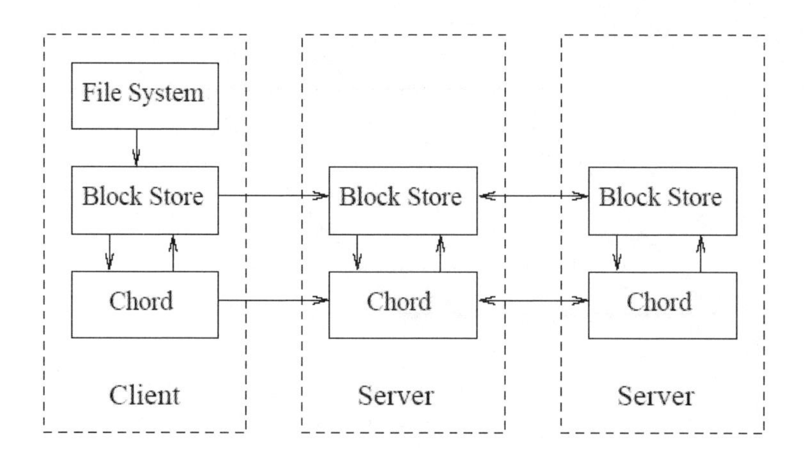

圖 10 以 Chord 為基礎的分散式儲存系統示意圖

Pastry network 架構

Pastry 也是利用環狀架構的一個點對點系統，和 Chord 相同也是利用兩個雜湊函數來計算出節點和檔案的編號，並在每個節點儲存一個路由表紀錄著節點編號之間的對應關係，而路由表中分別紀錄著 Leaf set、Routing table 和 Neighborhood set。其中 Leaf set 紀錄著和自己相近的節點；而 Routing table 紀錄與該節點有著相同前置碼的節點編號；最後一欄的 Neighborhood set 紀錄與該節點之網路距離相近的節點。

Pastry 在做檔案搜尋的時候，首先會判斷該物件編號是否存在於 Leaf set 或 Neighborhood set 中，若有則找到該檔案；若無則從 Routing table 中以比對前置碼的方式尋找最相近的節點，再以相同的方法搜尋下去。

Tapestry network 架構

Tapestry 採用改編 Plaxton 的分散搜尋方式，它的檔案系統架構是利用節點編號之間的字尾比對（Suffix matching）之結果所形成的網路。而節點編號是採用節點雜湊函數與節點 IP 計算所得的，而這個節點編號是由數個 16 進制的數字組成的，例如：0XF2189。

而每個檔案也都擁有一個物件編號（Object ID），相同的物件編號也是採用計算節點編號的方式。每個檔案的位址資訊會被儲存在與其物件編號有最接近的字尾比對的節點上。

另外，每個節點會維持一個路由表，紀錄本身節點的編號和其他節點編號中最相近的字尾比對後節點。當新節點加入的時候，利用本身節點的編號和鄰近節點的編號做字尾的比對，進而找到和本身節點最相近的節點，並依照自己的節點編號跟此節點取得檔案位置的資訊。

Tapestry 為了能夠適應 P2P 網路的動態特性，做了許多的改進。雖然其路由機制和定位機制與 Plaxton 所提出的分散搜尋方式很類似，但在 Plaxton 中，當有多位使用者要分享時，節點會查詢路由到距離其最近的根節點，而 Tapestry 則是讓根節點儲存了所有要分享的映射訊息用以提升其靈活性。除此之外，為了能夠有效的適應 P2P 網路的動態環境，它還提供了自我組織、可擴展性及動態適應性等特質。

8-3 實作實驗：視訊派送網路模擬實作

8-3-1 實驗介紹

隨著影音媒體的數位化與網際網路的普及化，及時串流服務已成為 Internet 中多元服務的主流之一，諸如 YouTube、PPStream 等目前炙手可熱的影音分享平台，提供了隨選視訊（Video on demand, VOD）這種隨選即撥的服務型態，讓使用者不必等待漫長的時間即可立即觀賞影片，同時也改變了使用者以往對於多媒體的使用習慣，其中，線上影音新聞便是近年來網路應用服務的重大變革之一。

Peer-to-peer（P2P）網路是近年來興起的一種網路架構，相較於傳統的 Client-server 架構，其特色主要於它破除了 Client 一定只會和 Server 連線的限制；在 P2P 網路中，每個加入此網路的節點都可以和其他節點連線，大大增加了網路的靈活度，透過每個網路節點幫忙分擔運算的動作，消除了在 Client-server 架構下 Server 能力限制的瓶頸。目前常見的 P2P 應用如 File-sharing（如：BitTorrent、eMule）、Voice over IP（如：Skype）……等，而 P2P 網路就是一種層疊網路（Overlay network）概念的實現。

本實驗主要就是透過模擬軟體，幫助同學瞭解層疊網路的基礎架構，同時藉由操作模擬軟體，瞭解在層疊網路上 P2P Streaming 的運作方式，以及相關的結構化演算法（Distributed hash table）架構的運作，如 Chord、Pastry、CAN 等。

8-3-2　實驗大綱

實驗目的

本實驗主要的內容為操作 P2P 網路模擬軟體，主要使用目前被廣泛使用的網路環境模擬軟體 OM NET++，進行 P2P 網路串流的模擬，實驗的主旨是為了讓學生能瞭解 P2P 網路中如何進行串流的傳輸。

學習目標

1.學習如何安裝 OMNET++軟體與 OverSim 套件。
2.學習如何使用 OverSim 進行 P2P 網路模擬。
3.學習如何在 OMNET++平台上，使用系統現有的模組，進行實驗模擬。
4.學習如何調整 OMNET++的內部參數，以獲得不同的實驗結果。

環境設置

1.下載 OMNET++軟體、INET 套件、OverSim 套件以及 DenaCast 套件。
2.進行 Windows 環境下的安裝與設定。
3.進行 Linux 環境下的安裝與設定。

實驗步驟

1.進行 DHT、DenaCast 模組等範例程式的模擬操作。

實作練習

1.新增一個模組，並具有 Chord 的功能。
2.將參數設定中的 Churn 模組內的參數型式修改為 RandomChurn。

8-3-3 環境設置

環境需求

OMNET++套件：OMNET++4.1

INET 套件：INET-OverSim-20101019.tgz

OverSim 套件：OverSim-20101103.tgz

備註：根據作業系統的不同，下載後對套件的處理方式也有不同，處理方式請參照後面兩種作業系統的安裝。

環境安裝

由於 OMNET++部分的模組會用到 JDK 套件，故請學生在安裝 OMNET++ 以及 OverSim 等套件之前，務必要先裝好 JDK 並做好環境變數之設定。

1.請同學先完成 JAVA SE JDK 套件的安裝以及環境變數的設定。

2.至 OMNET++官方網站上，下載 OMNET++軟體。

先到 Omnet++官方網站上，點選 Download 連結，進入下載頁面。

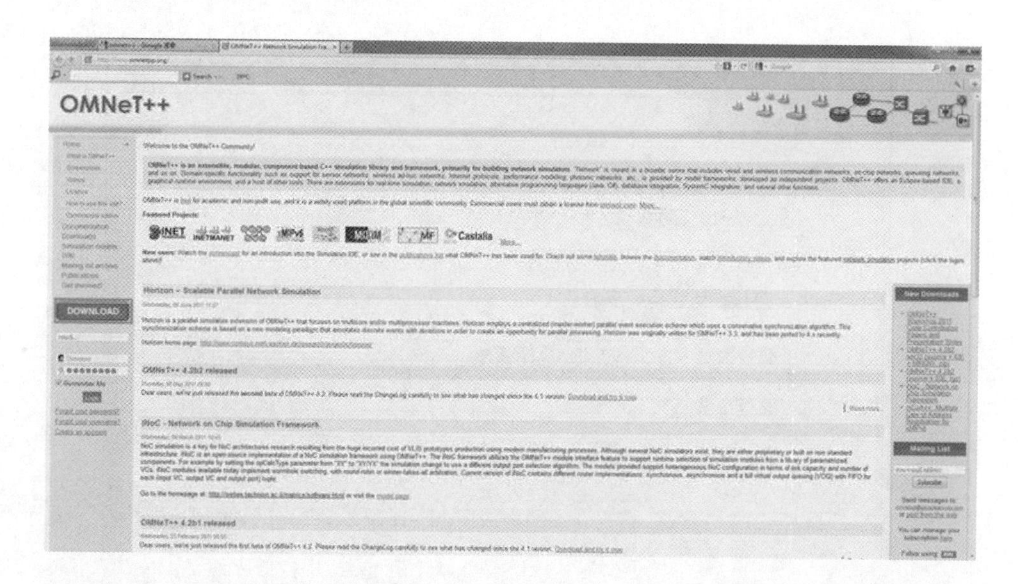

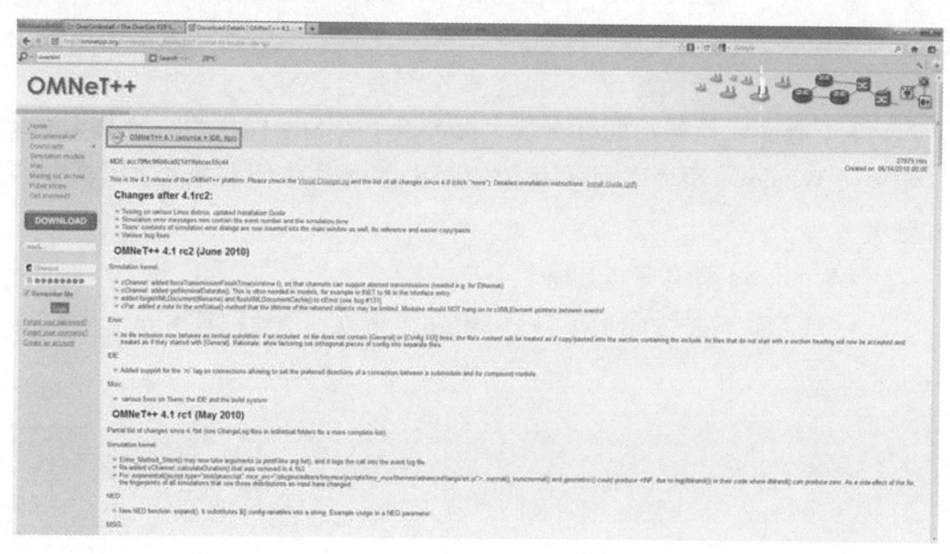

點選 OMNET++4.1（source+IDE.tgz）進入下載畫面：

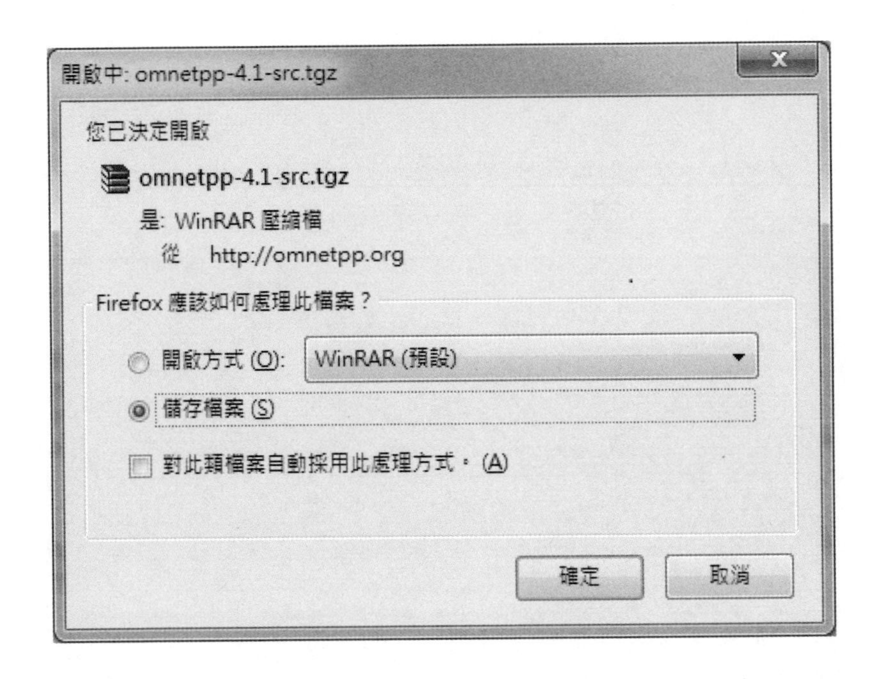

3.下載完成後開始進行安裝流程，以下安裝過程我們將分為 Linux 環境與 Windows 環境下兩種版本的流程，請學生依照自身需求選擇安裝環境。

4.Windows 環境安裝流程。

- 將下載下來的 OMNET++解壓縮後，放到預設路徑 Sim_a 資料夾中。

執行 mingwenv.cmd，會出現以下視窗介面：

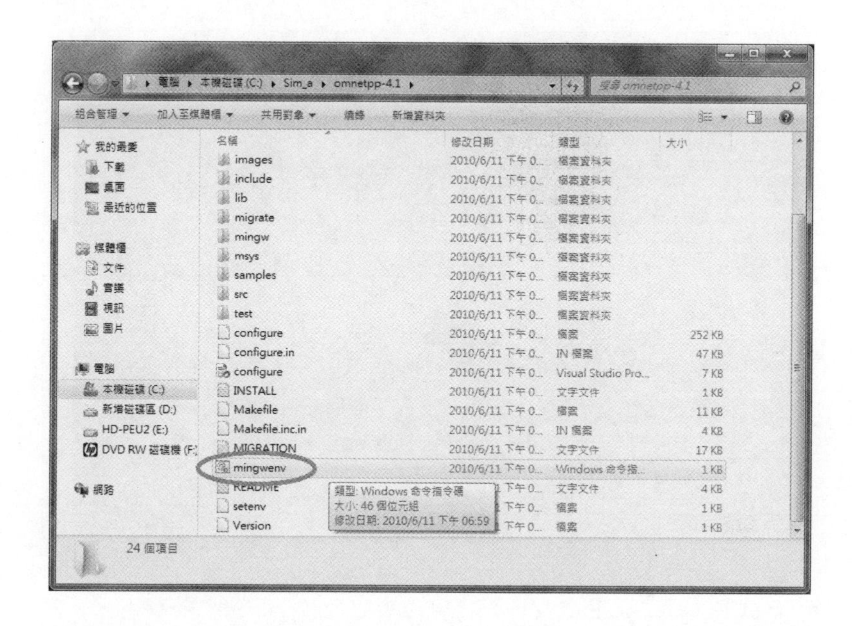

- 接著按照視窗上的訊息，輸入 ./configure 指令。

```
MINGW32:~
Welcome to OMNeT++ 4.1!

Type "./configure" and "make" to build the simulation libraries.

When done, type "omnetpp" to start the IDE.

chiayen@CHIAYEN-PC ~
$ _
```

- 執行過程中會對系統各個相關套件的配置檢查。

```
MINGW32:~
configure: reading configure.user for your custom settings
configure: -----------------------------------------------
checking for icc... no
checking for gcc... gcc
checking for C compiler default output file name... a.exe
checking whether the C compiler works... yes
checking whether we are cross compiling... no
checking for suffix of executables... .exe
checking for suffix of object files... o
checking whether we are using the GNU C compiler... yes
checking whether gcc accepts -g... yes
checking for gcc option to accept ISO C89... none needed
checking for icpc... no
checking for g++... g++
checking whether we are using the GNU C++ compiler... yes
checking whether g++ accepts -g... yes
checking for g++... g++
checking for ranlib... ranlib
checking whether g++ supports -fno-stack-protector... yes
checking whether g++ supports -fno-stack-protector... yes
checking if shared libs need -fPIC... no
checking for dlopen with CFLAGS="" LIBS=""... no
checking if --export-dynamic linker option is supported/needed... test failed
checking for flags needed to link with static libs containing simple modules...
```

- 完成後會顯示訊息。

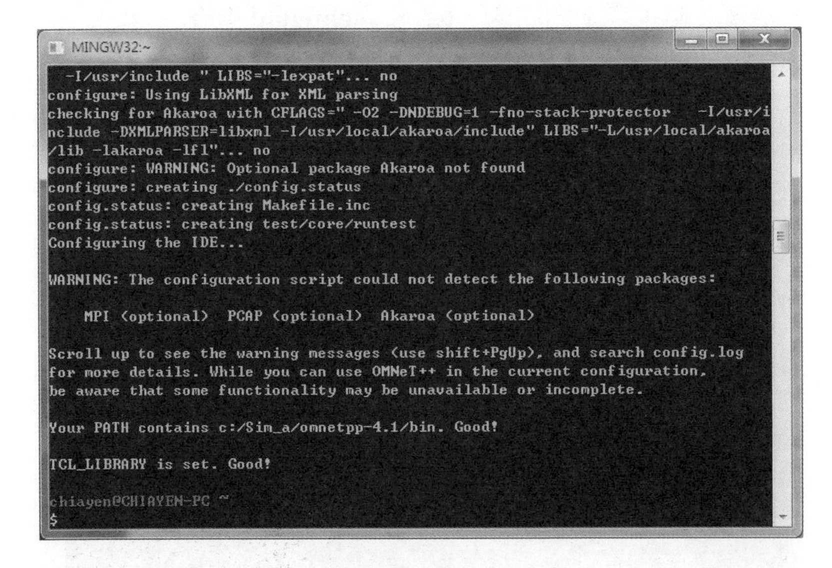

到此為止完成 OMNET++程式的初始化設定，但尚未安裝完成。

- 接著輸入 make 指令。

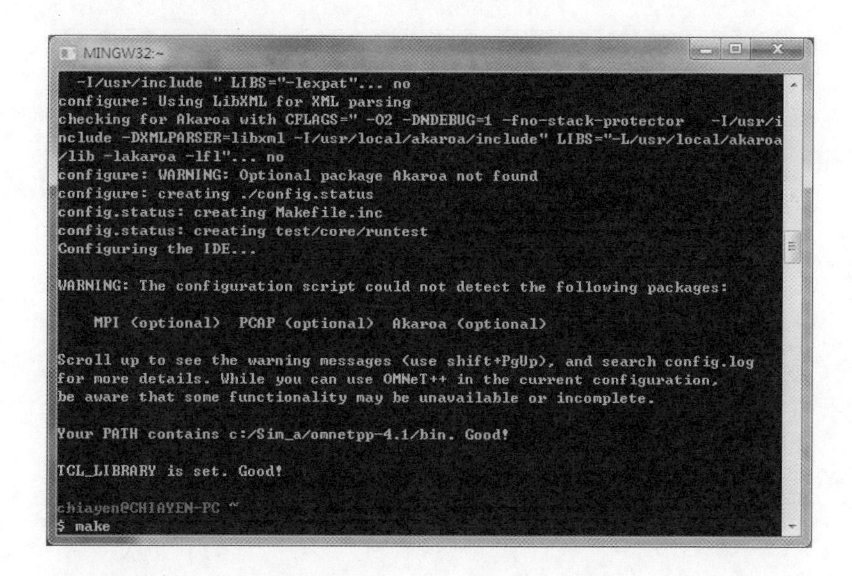

- 開始安裝流程。

```
MINGW32:~
        cp omnetpp.cmd c:/Sim_a/omnetpp-4.1/bin; \
        cp omnest.cmd c:/Sim_a/omnetpp-4.1/bin; \
      fi
cp opp_configfilepath c:/Sim_a/omnetpp-4.1/bin
cp opp_makemake c:/Sim_a/omnetpp-4.1/bin
cp opp_test c:/Sim_a/omnetpp-4.1/bin
cp opp_makedep c:/Sim_a/omnetpp-4.1/bin
cp opp_shlib_postprocess c:/Sim_a/omnetpp-4.1/bin
cp opp_runall c:/Sim_a/omnetpp-4.1/bin
cp splitvec c:/Sim_a/omnetpp-4.1/bin
cp omnetpp c:/Sim_a/omnetpp-4.1/bin
cp omnest c:/Sim_a/omnetpp-4.1/bin
cd c:/Sim_a/omnetpp-4.1/out/gcc-release/src/utils && c:/Sim_a/omnetpp-4.1/src/ut
ils/install-prog opp_lcg32_seedtool.exe c:/Sim_a/omnetpp-4.1/bin
cd c:/Sim_a/omnetpp-4.1/out/gcc-release/src/utils && c:/Sim_a/omnetpp-4.1/src/ut
ils/install-prog abspath.exe c:/Sim_a/omnetpp-4.1/bin
echo wish >/c/Sim_a/omnetpp-4.1/.wishname
make[2]: Leaving directory `/c/Sim_a/omnetpp-4.1/src/utils'
===== Compiling common ====
cd c:/Sim_a/omnetpp-4.1/src/common && make
make[2]: Entering directory `/c/Sim_a/omnetpp-4.1/src/common'
g++ -c -O2 -DNDEBUG=1 -fno-stack-protector   -I/usr/include -DXMLPARSER=libxml -
DWITH_PARSIM -DWITH_NETBUILDER -I. -Ic:/Sim_a/omnetpp-4.1/include/platdep -o c:/
Sim_a/omnetpp-4.1/out/gcc-release/src/common/lcgrandom.o lcgrandom.cc
```

- 完成後顯示訊息。

可輸入以下指令測試是否安裝成功：

- cd samples
- cd dyna
- ./dyna
- 如果出現圖形介面表示安裝成功。

- 輸入 omnetpp 執行 OMNET++。

- 程式起始畫面，會要求選擇程式碼儲存路徑，照系統預設路徑即可。

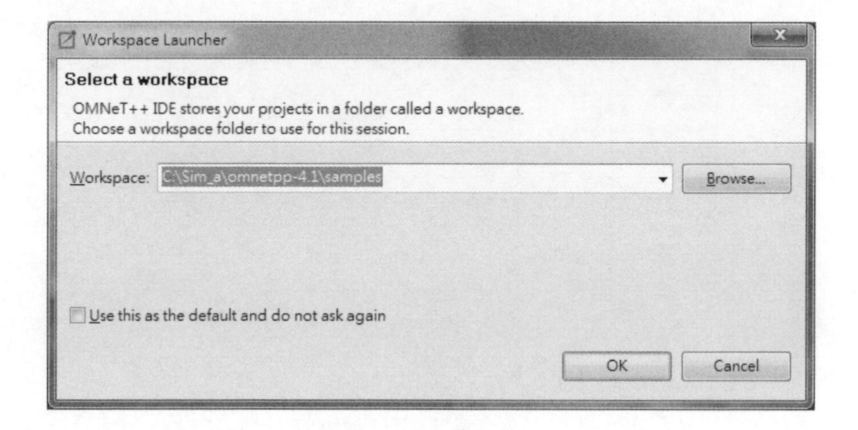

- 系統開啟畫面。

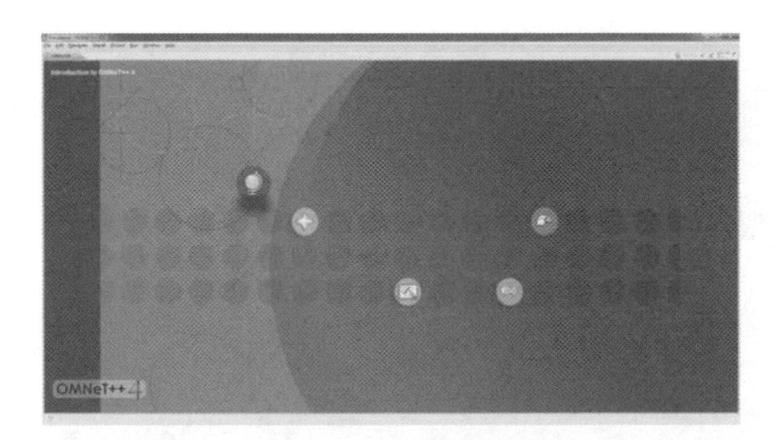

- 程式一開始左上方的模組區內並無本實驗所需的套件，必須另外安裝。

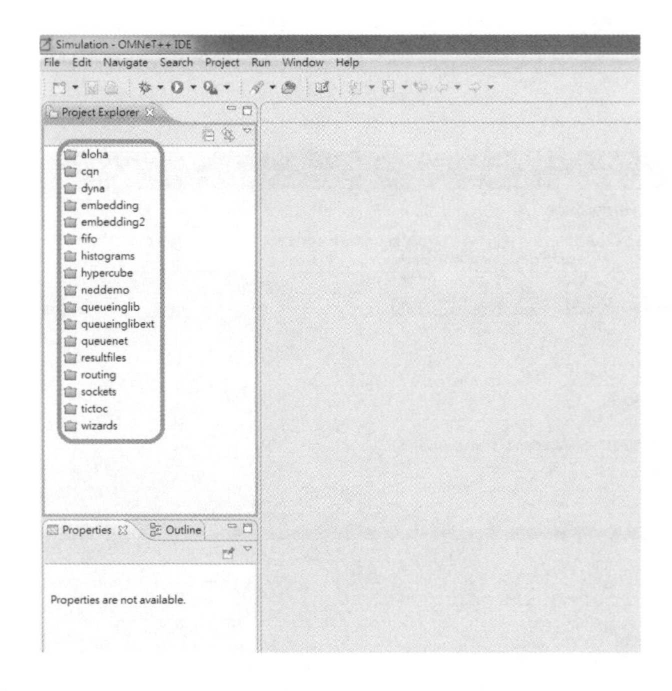

- 請同學到 OverSim 官方網站上下載「INET-OverSim-20101019.tgz」套件。

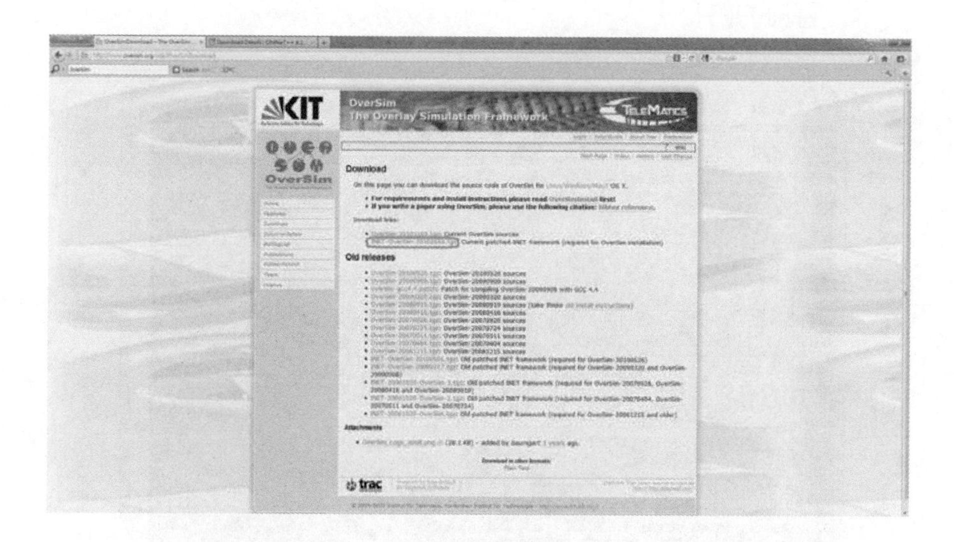

- 接著下載「OverSim-20101103.tgz」套件。

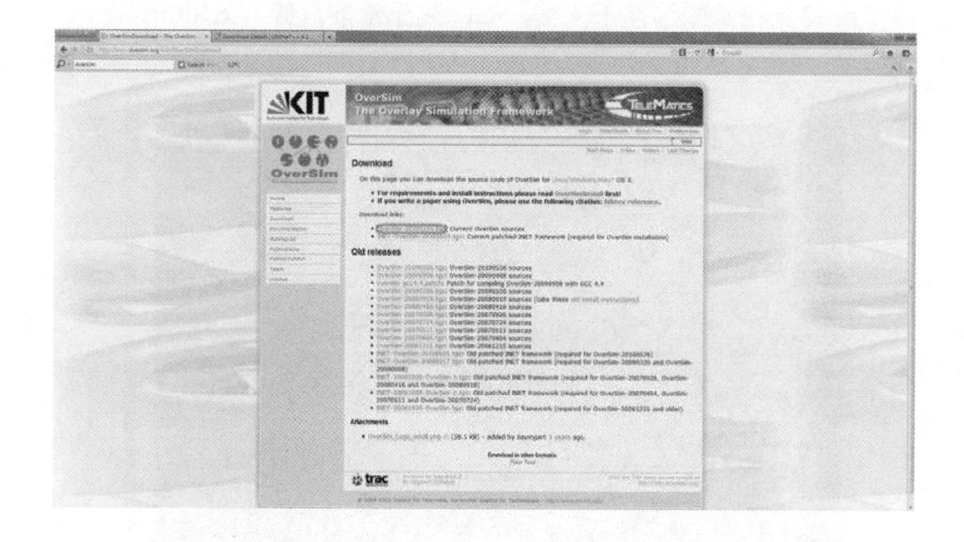

- 開啟 mingwenv.cmd 後，按照以下步驟操作：
  - 確認目前所在之路徑（應該在/c/Sim_a）。輸入 pwd 指令以顯示目前的路徑。

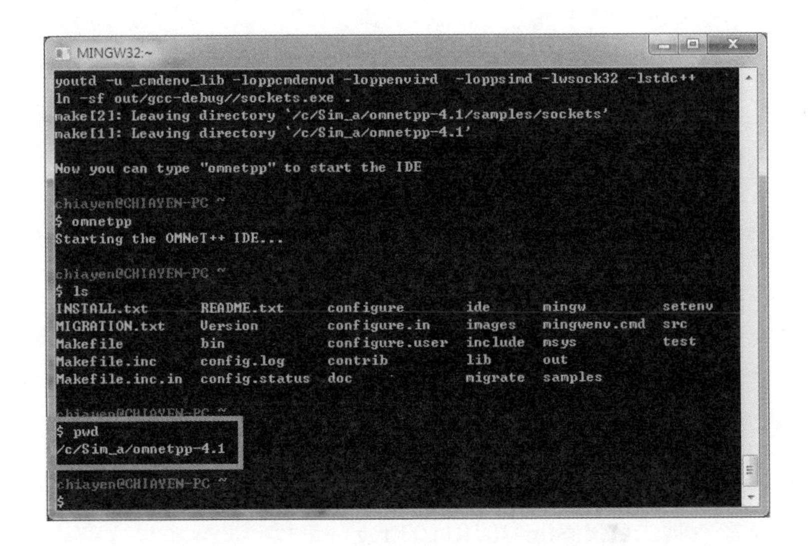

  - 移到正確的路徑下：輸入 cd ..跳出當前目錄到/c/Sim_a。

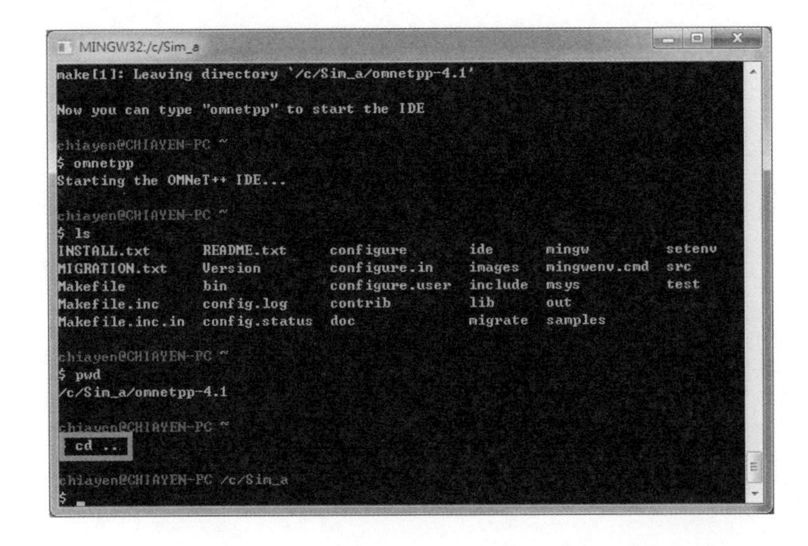

到目前為止，在正確路徑下，輸入指令 ls 應該可看到所有安裝套件。

- OMNET++4.1
- INET-OverSim-20101019.tgz
- OverSim-20101103.tgz

■ 到正確路徑下之後，輸入 tar xzvf INET-OverSim-20101019.tgz 做解壓縮。

```
MINGW32:/c/Sim_a
$ ls
INSTALL.txt       README.txt      configure       ide       mingw         setenv
MIGRATION.txt     Version         configure.in    images    mingwenv.cmd  src
Makefile          bin             configure.user  include   msys          test
Makefile.inc      config.log      contrib         lib       out
Makefile.inc.in   config.status   doc             migrate   samples

chiayen@CHIAYEN-PC ~
$ pwd
/c/Sim_a/omnetpp-4.1

chiayen@CHIAYEN-PC ~
$ cd ..

chiayen@CHIAYEN-PC /c/Sim_a
$ ls
omnetpp-4.1  omnetpp-4.1-src-windows.zip

chiayen@CHIAYEN-PC /c/Sim_a
$ ls
INET-OverSim-20101019.tgz  omnetpp-4.1
OverSim-20101103.tgz       omnetpp-4.1-src-windows.zip

chiayen@CHIAYEN-PC /c/Sim_a
$ tar xzvf INET-OverSim-20101019.tgz
```

■ 解壓縮完後，輸入 cd ./INET-20101019 進入資料夾。

- 輸入 make 進行安裝動作。

- OverSim-20101103.tgz 的解壓縮方式與上述相同。

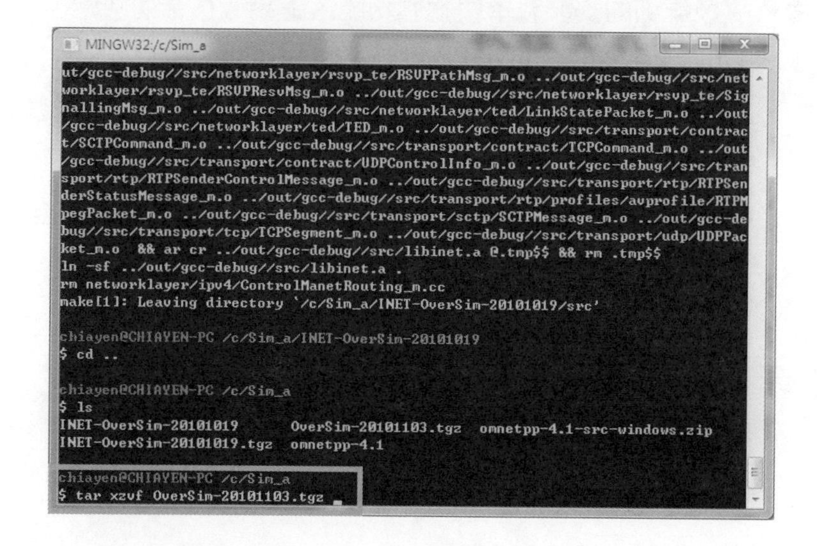

■ 最後到/c/sim/OverSim-20101103/simulations 路徑下，輸入../src/OverSim.exe 執行模擬程式。

● 更多詳細的安裝教學與軟體功能，請參考官方網站：
http://www.oversim.org/wiki/OverSimGuide

- 接著開始 import INET 套件與 OverSim 套件。

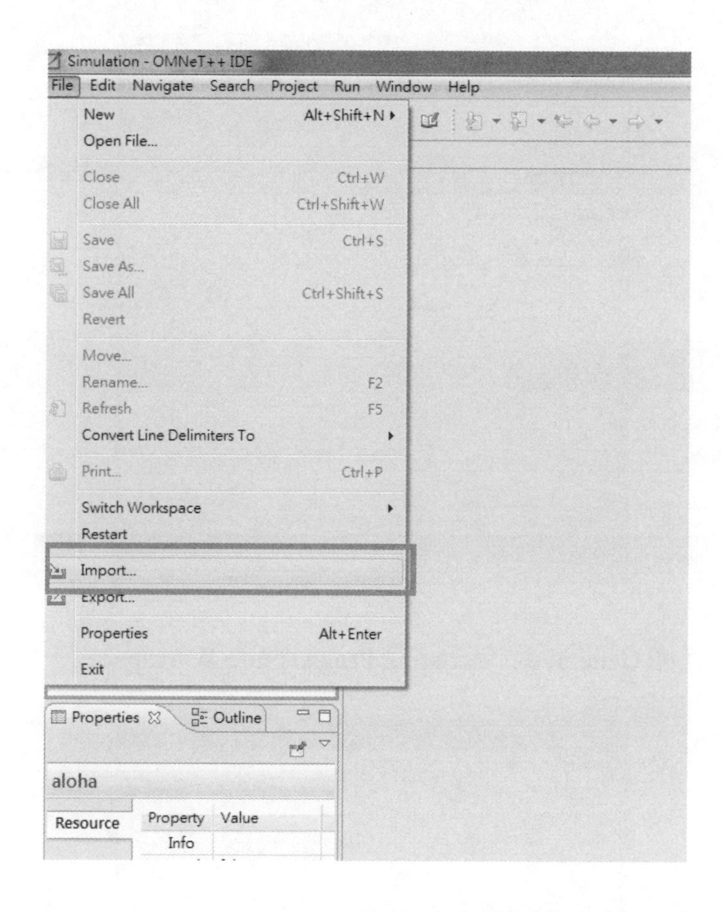

請讀者在 IMPORT 之前務必要將兩個套件解壓縮到相同的路徑之下，才可以正常 import 套件到 omnet++。

- 選取「Import」的套件畫面。

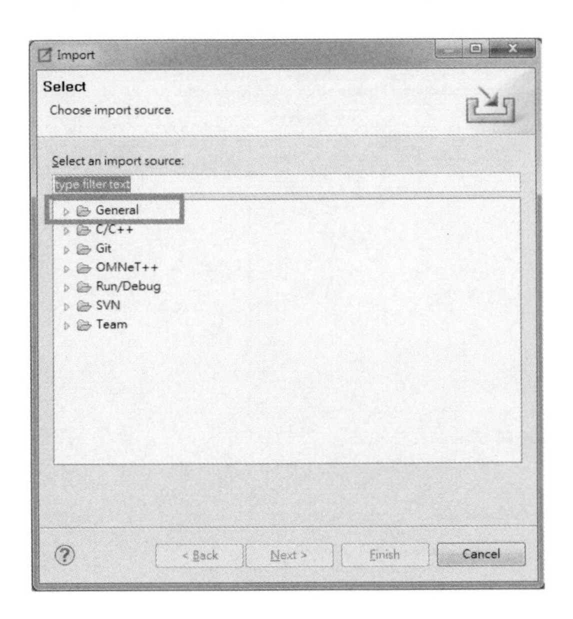

- 選擇 General 的「Existing Projects into Workspace」。

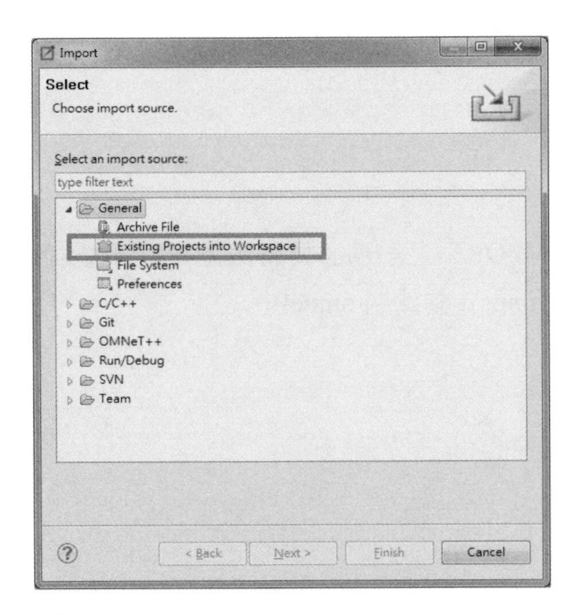

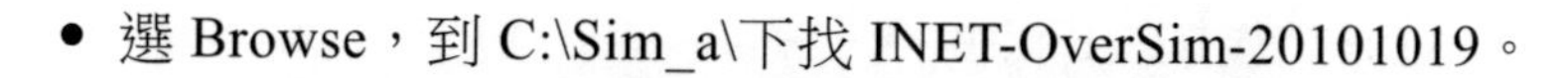

- 選 Browse，到 C:\Sim_a\下找 INET-OverSim-20101019。

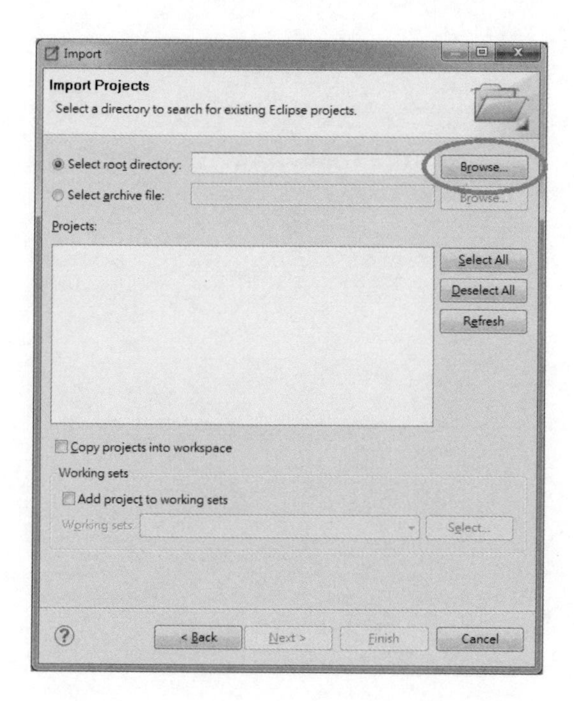

- 選擇 INET-OverSim-20101019 後按「確定」。

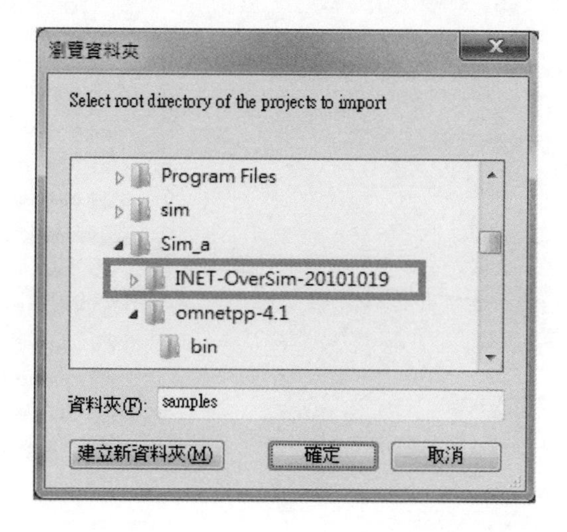

- 選好之後按「Finish」。

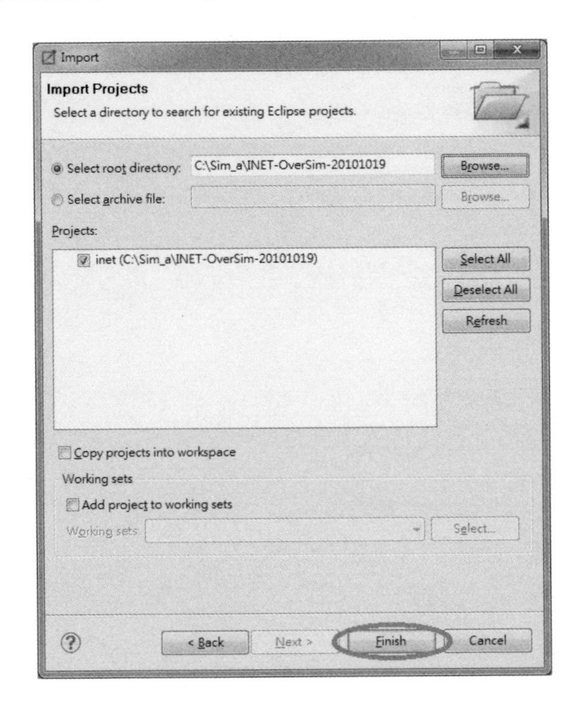

- Import 完之後，位於左上方的 Project Explorer 會看到 inet 專案套件。

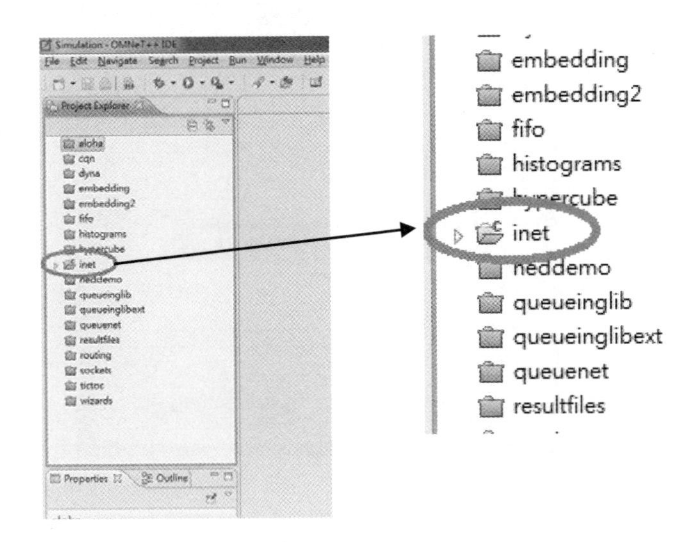

- 接著 import OverSim-20101103.tgz

  Import 的流程與 INET-OverSim-20101019.tgz 相同。

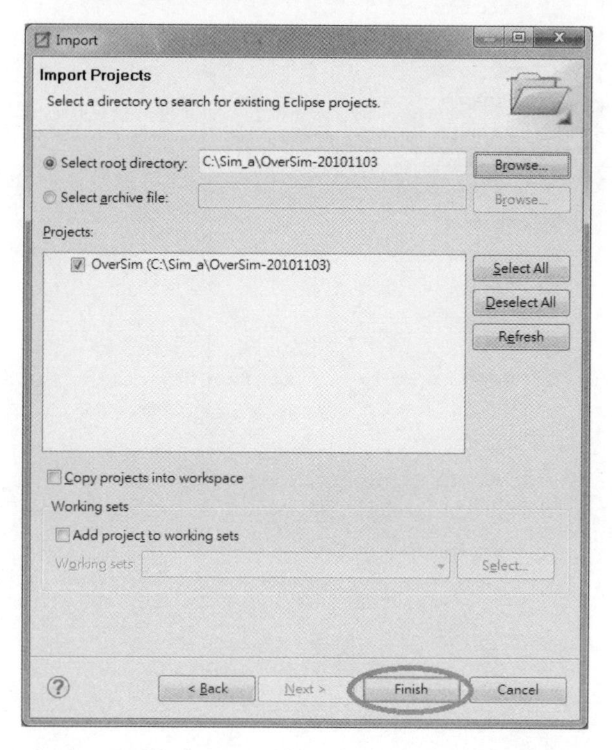

- 完成 OverSim-20101103 套件的 Import 之後，omnet++畫面左上角會出現 OverSim 套件，如此一來便完成所有 OverSim 的安裝步驟。

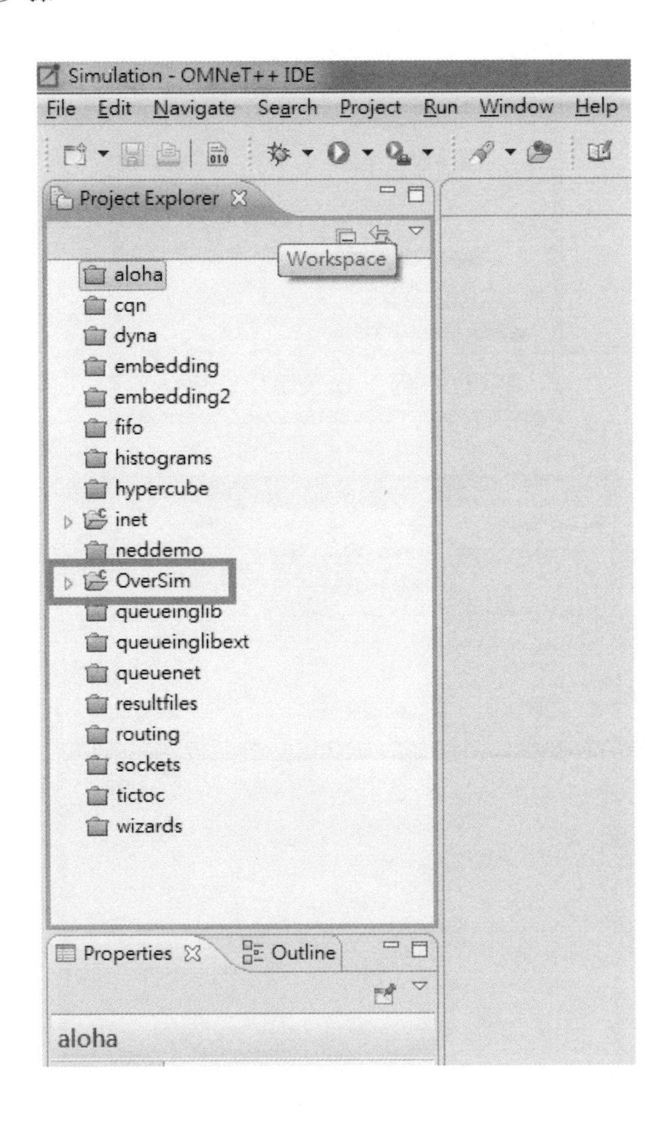

5.Linux 環境安裝流程。

- 在安裝 OverSim 之前，請先檢查 Linux 是否已安裝以下套件：

build-essential, gcc, g++, bison, flex, perl, tcl-dev, tk-dev, blt, libxml2-dev, zlib1gdev,openjdk-6-jre, doxygen, graphviz, openmpi-bin, libopenmpi-dev, libpcap-dev

- 上述套件安裝完成後，請依照下列指令安裝需要的套件：

```
~$ sudo apt-get install tk8.4-dev libgmp3-dev blt-dev
```

- 接著在跟目錄下的 User 目錄下，建立一個 sim 資料夾。建好之後，進入~sim 目錄下，輸入解壓縮指令進行解壓縮。指令如下：

```
syc@syc-Ubuntu-P2PLab:~$ mkdir ~/sim
```

- 接著進行路徑設定：

```
syc@syc-Ubuntu-P2PLab:~$ cd ~sim
bash: cd: ~sim: 沒有此一檔案或目錄
syc@syc-Ubuntu-P2PLab:~$ cd sim
syc@syc-Ubuntu-P2PLab:~/sim$ export PATH=~/sim/omnetpp-4.1/bin:$PATH
```

- 對 OMNET++進行編譯，指令如下：

cd ~/sim/omnetpp-4.1

./configure

make

- 安裝 INET-OverSim-20101019.tgz framework

  - 解壓縮指令：

```
syc@syc-Ubuntu-P2PLab:~$ cd sim
syc@syc-Ubuntu-P2PLab:~/sim$ cd omnetpp-4.1/
syc@syc-Ubuntu-P2PLab:~/sim/omnetpp-4.1$ cd
syc@syc-Ubuntu-P2PLab:~/sim$ tar xzvf INET-OverSim-20101019
```

  - 安裝指令：

```
syc@syc-Ubuntu-P2PLab:~$ cd sim
syc@syc-Ubuntu-P2PLab:~/sim$ cd omnetpp-4.1/
syc@syc-Ubuntu-P2PLab:~/sim/omnetpp-4.1$ cd ..
syc@syc-Ubuntu-P2PLab:~/sim$ cd INET-OverSim-20101019
syc@syc-Ubuntu-P2PLab:~/sim/INET-OverSim-20101019$ make
```

- 安裝 OverSim-20101103.tgz framework

  - 輸入解壓縮指令：

```
syc@syc-Ubuntu-P2PLab:~$ cd sim
syc@syc-Ubuntu-P2PLab:~/sim$ cd omnetpp-4.1/
syc@syc-Ubuntu-P2PLab:~/sim/omnetpp-4.1$ cd ..
syc@syc-Ubuntu-P2PLab:~/sim$ cd INET-OverSim-20101019
syc@syc-Ubuntu-P2PLab:~/sim/INET-OverSim-20101019$ cd ..
syc@syc-Ubuntu-P2PLab:~/sim$ tar xzvf OverSim-20101103
```

  - 安裝指令：

```
syc@syc-Ubuntu-P2PLab:~$ cd sim
syc@syc-Ubuntu-P2PLab:~/sim$ cd OverSim-20101103
syc@syc-Ubuntu-P2PLab:~/sim/OverSim-20101103$ make
```

- 在執行 OMNET++安裝時，系統可能會出現路徑安裝不完整的情況，請依照系統指示，針對缺少的部分進行路徑設定。

一般可能的情況，可能會缺少兩個路徑：

- ■ export PATH=$PATH:/home/*UserName*/sim/omnetpp-4.1/bin（*UserName* 為使用者主機名稱）
- ■ export TCL_LIBRARY=/usr/share/tcltk/tcl8.4

- Import 的部分與 Windows 部分相同，請同學參考 Windows 部分的操作流程。
- DenaCast 模組，提供 BT 環境下的 P2P 多媒體串流傳輸模擬。

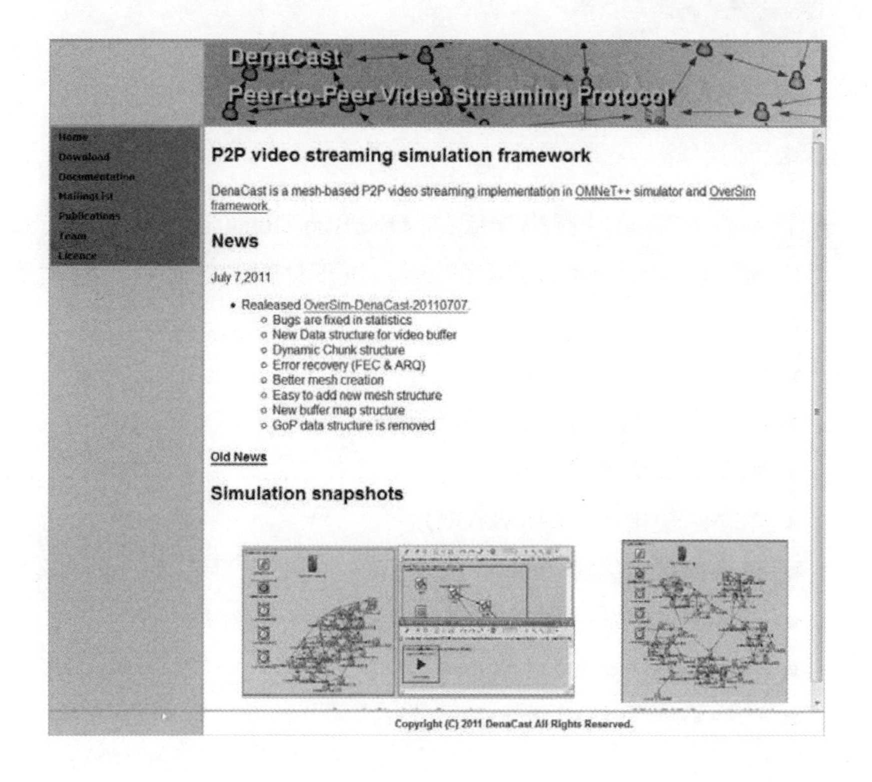

- DenaCast 的套件版本與 OverSim 不同，DenaCast 的套件為：
  - INET-OverSim-20100505.tgz
  - OverSim-DenaCast-20101123.tgz

這兩個套件的安裝與 Import 方式，與前面的 OverSim 幾乎完全相同，唯一不同的點在於模擬程式執行的畫面以及功能上的差異。

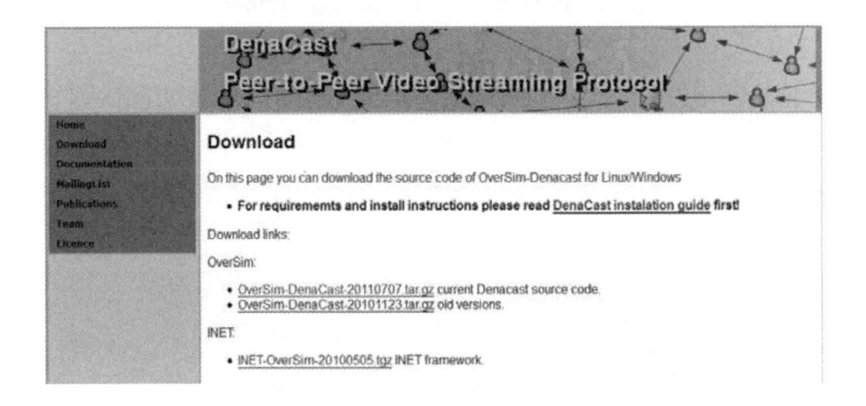

- 目前官方網站有釋出新版的 OverSim-DenaCast 套件，版本為 OverSim-DenaCast-20110707.tgz，以下是修改的項目，提供學生做參考：
  - 修正了前一版的 bug。
  - 建立新的視訊 buffer 資料結構。
  - 動態 Chunk 架構。
  - 錯誤回復機制（FEC&ARQ）。
  - 建立較好的網路架構。
  - 較容易增加網狀網路架構。
  - 更新的 Buffer map 結構。
  - 移除 GoP 資料結構。

⟲8-3-4　實驗步驟

執行範例程式的模擬

- 建立新的 Protocol module，並執行模擬。

  1.Overlay module 宣告

  - 模組的宣告必須在.ned 檔中。
  - .ned 檔名必須與宣告的模組名稱相同。
  - 所有 Overlay module 檔案都放在 OverSim/src/overlay 之下。
  - Parameter 子項目列出模組的參數，在模擬前要先設定。其形態可為 Boolean、String、Integer 或 Double，也可依個人需求自行定義。

  2.Create new module in omnetpp.ini

如下圖所示，在 omnetpp.ini 中建立一個 MyConfig，實作一個自行定義的 MyOverlay module。

```
440 [Config MyConfig]
441 description = MyApplication / MyOverlay (Example from the OverSim website)
442 **.overlayType = "oversim.overlay.myoverlay.MyOverlayModules"
443 **.tier1Type = "oversim.applications.myapplication.MyApplicationModules"
444 **.targetOverlayTerminalNum = 10
445 **.enableDrops = false
446 **.dropChance = 0
447 **.sendPeriod = 1s
448 **.numToSend = 1
449 **.largestKey = 10
```

補充說明：

- Omnetpp.ini 設定值：
  - ♦ Description：Module 應用程式名稱/overlay module 名稱。

- **.overlayType：呼叫的 module。
- **.tier1Type：第一層所用到的應用程式。
- targetOverlayTerminalnum：網路中的節點數。
- **.sendPeriod：每隔幾秒做傳輸。
- **.numToSend：每次送幾個封包。

■ Default.ini 設定值：

- 位於 OverSim/simulations。
- 設定各種模組的參數值。

ChurnGenerator 參數設定

在 P2P 網路中，因 Peer 的離開或加入而導致整個網路環境的擾動現象，我們稱之為 Churn。在 OverSim 中，可以根據使用者的需求自行設定 Churn 參數，以模擬各種 P2P 網路中節點的現象。以下的內容針對軟體套件提供的四種模式做說明，學生可依照個人需求選擇。

參考網址：http://www.oversim.org/wiki/OverSimChurn

1.ChurnGenerator 的四種模式簡介

- NoChurn

  Node 數會一直增加，直到達到 targetOverlayTerminalNum 值為止。

- Lifetime Churn

  Node 建立時，會先從 probability function 中隨機選取一個值當 lifetime，達到此時間後，Node 會被移除。

- Patero Churn

  類似 Lifetime Churn，一個 Node 的 Lifetime 是在建立時取得的。

- RandomChurn

  在固定間隔中 Draw 一個 Random number。根據此 Number，隨機做一個 Node 的增加、刪除或遷移。

2.ChurnGenerator 各種模式下的參數

- NoChurn
  - No parameter
- Lifetime Churn
  - Lifetime mean：平均 Lifetime（以秒為單位）。
  - LifetimeDistName：預設為 Weibull 分配，另外還有 Pareto Shifed、Turncnormal 兩種分配可選。
- Patero Churn
  - Lifetime:node 平均 Lifetime。
  - Deadtime: node 平均 Deadtime。
- Random Churn
  - targetMobilityDelay：兩個 action 之間的時間間隔（單位時間秒）。
  - creationProbability：node 加入機率。
  - removalProbability：node 離開機率。
  - migrationProbability：node 遷移機率。

Parameter restriction：所有機率值總和≦1。

模擬操作

1.執行 OverSim 模組範例程式操作：以 DHT-Chord 演算法為例

- 在程式畫面左上角的部分，選擇 OverSim/simulations/omnetpp.ini 檔案。

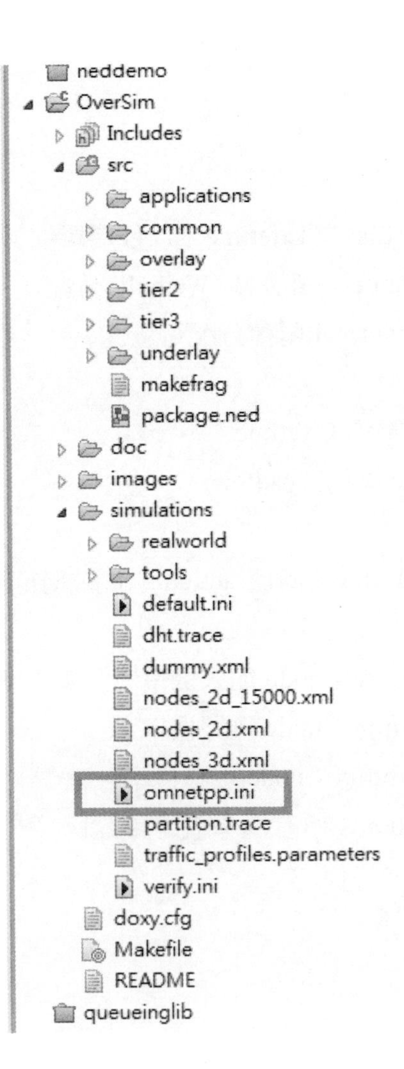

- 點滑鼠右鍵後，選擇「Run As→OMNeT++ Simulation…」執行模擬。

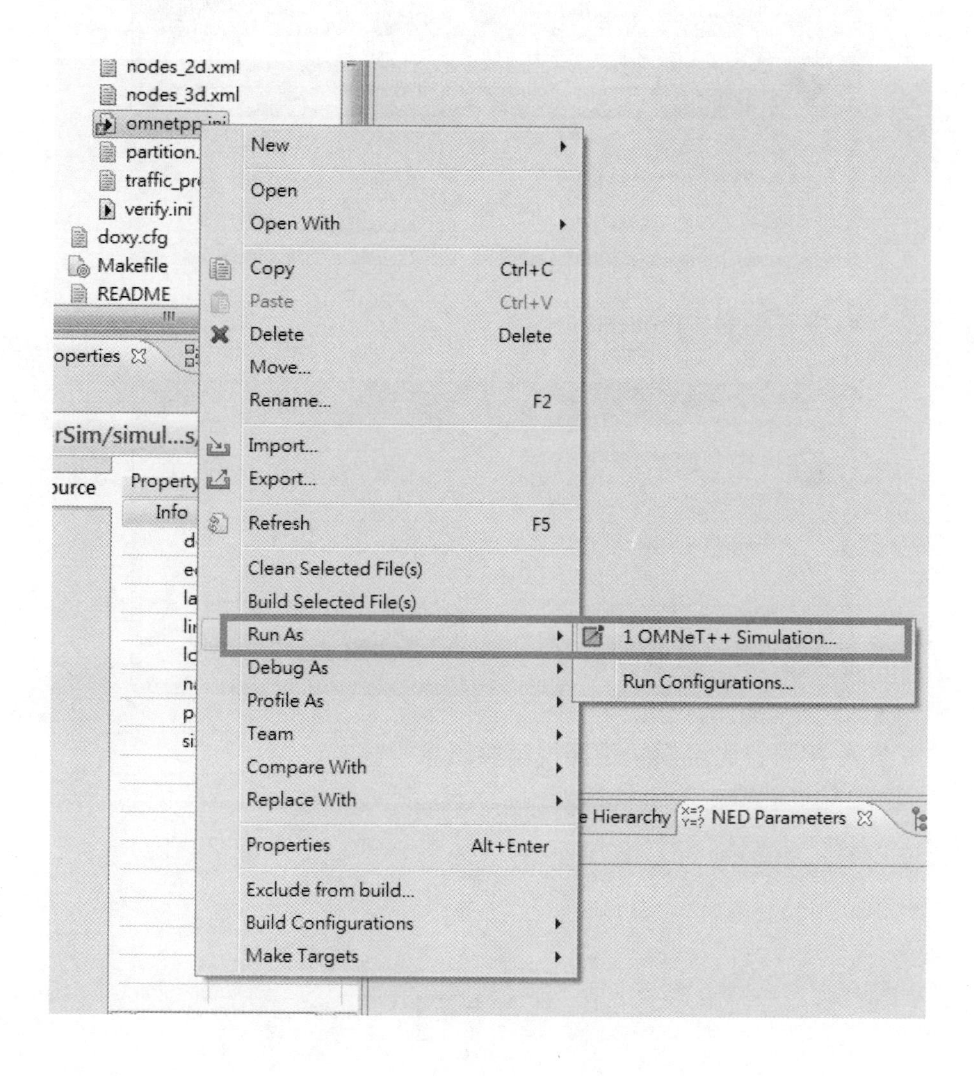

- 接著會跳出對話視窗，配置檔產生，請選「OK」。

- 接著點選「Proceed」。

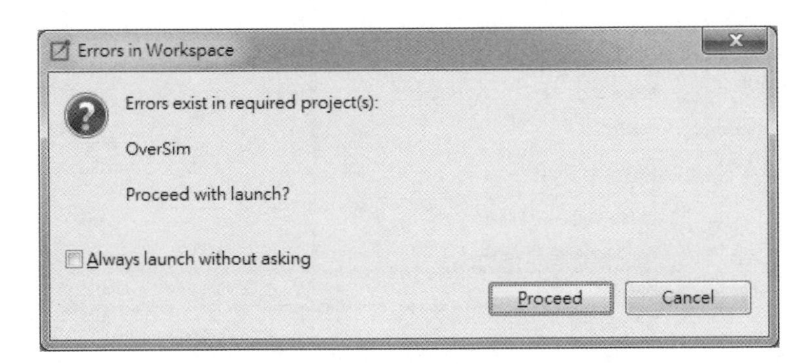

- 接著會出現模組選擇視窗與訊息視窗。

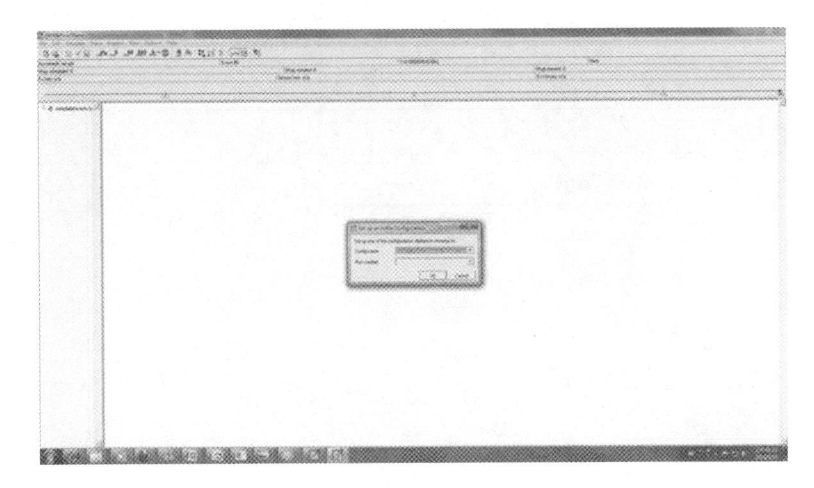

- 點選本次要直行的模擬套件 Chord，選完後會進行模組的初始化。

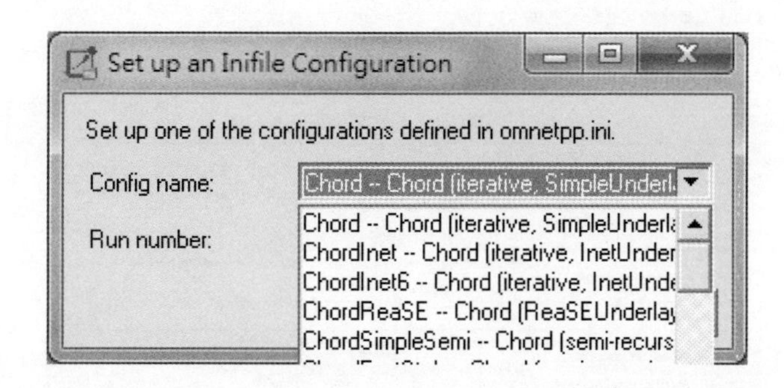

- 初始化完成後，點選模擬視窗上的 Run 箭頭，開始進行模擬。

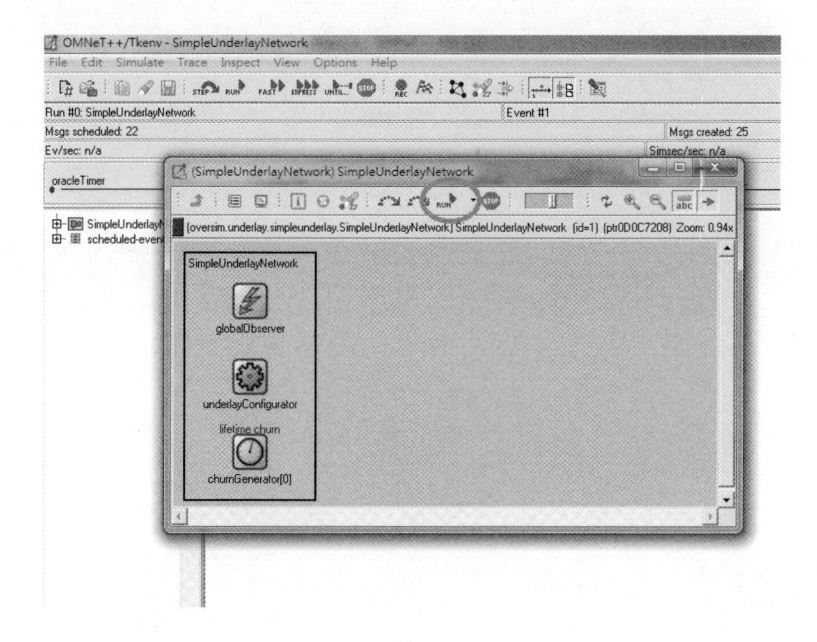

- 執行後，訊息視窗會產生事件訊息。

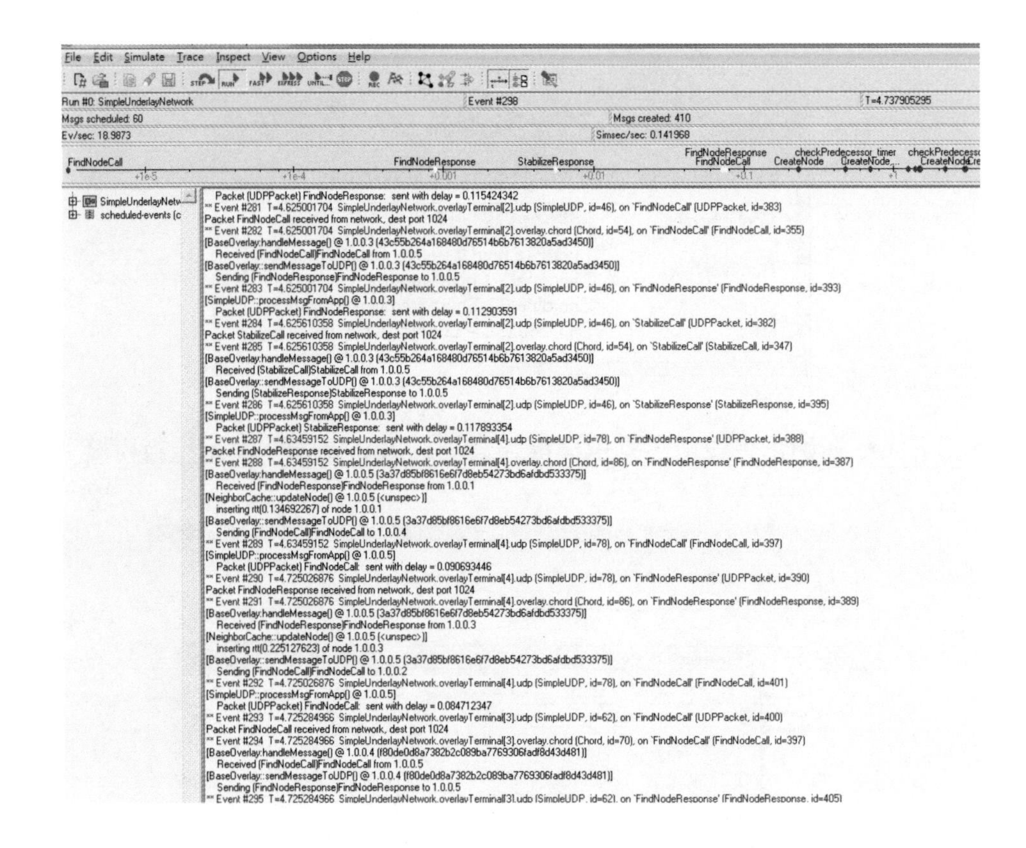

- 模擬視窗會產生系統的模擬情況，此圖為 Chord ring 架構圖。

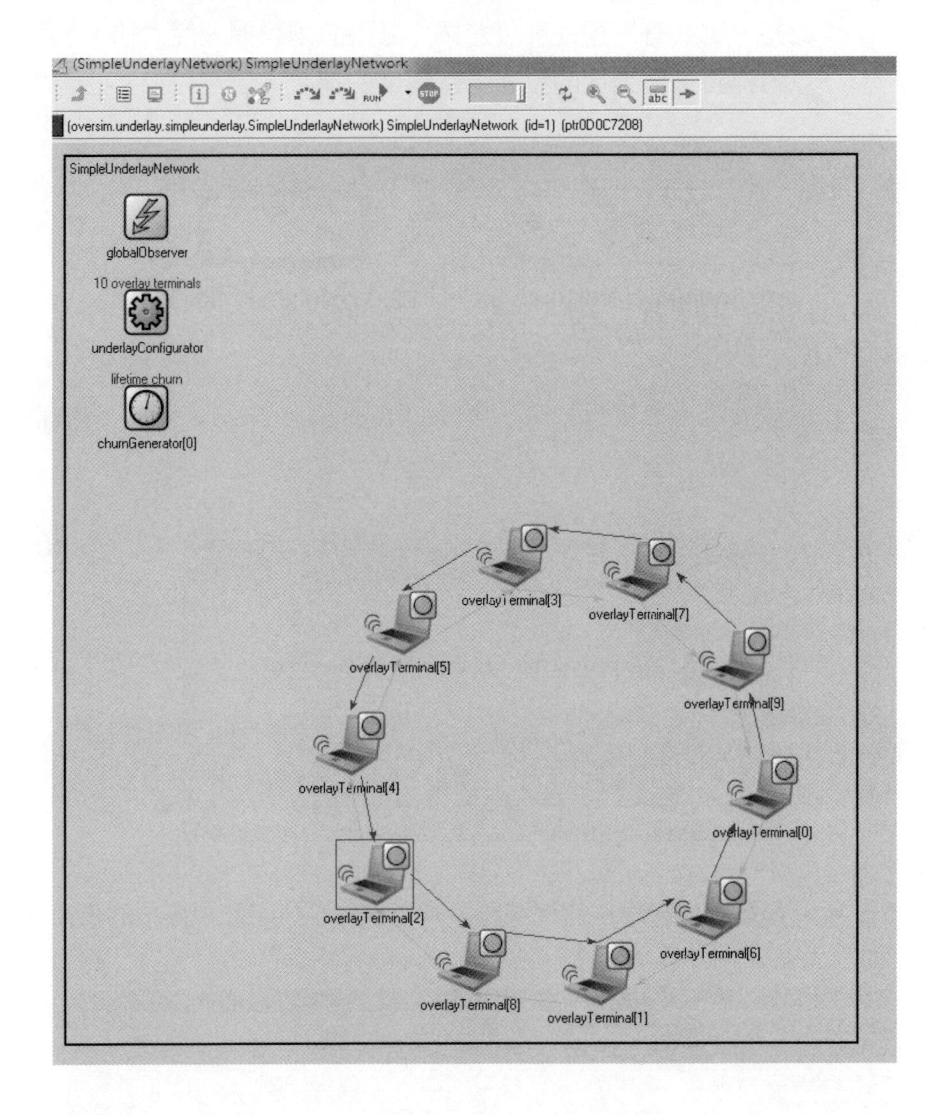

- 模擬可以調整模擬的速度，點選上方工作列中的 Run 箭頭即可調整，總共有三種速度可選擇。若不想讓模擬速度太快，也可以選擇將工作列上的拉條進行速度的調整。

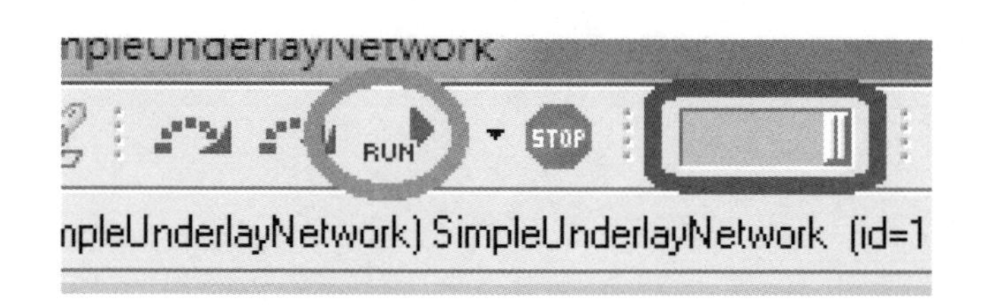

- 最後要結束模擬程式時，會呼叫 finish（）來結束模擬，這裡請選「是」。

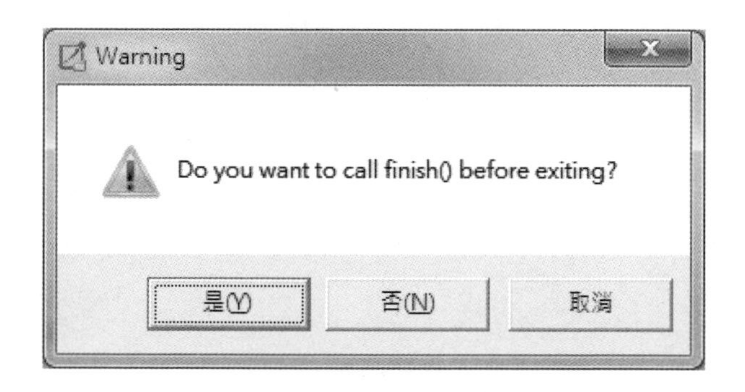

- 在模擬的過程中，可以選擇是否要錄影，以紀錄模擬中的事件。

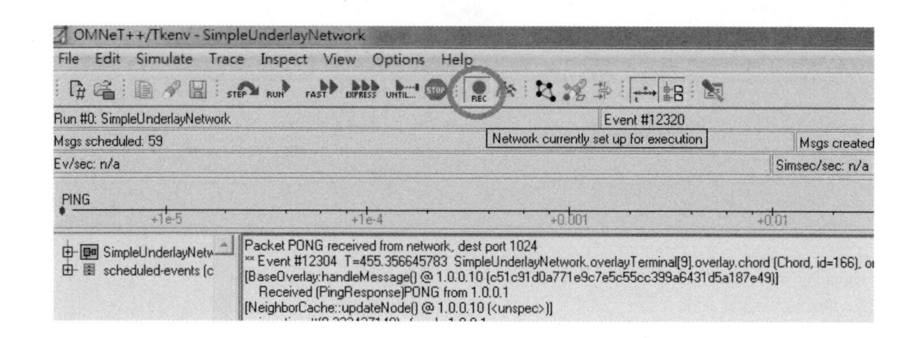

- 事件紀錄檔位於/simulations/results/專案名稱 .elog 中。左側為事件紀錄。

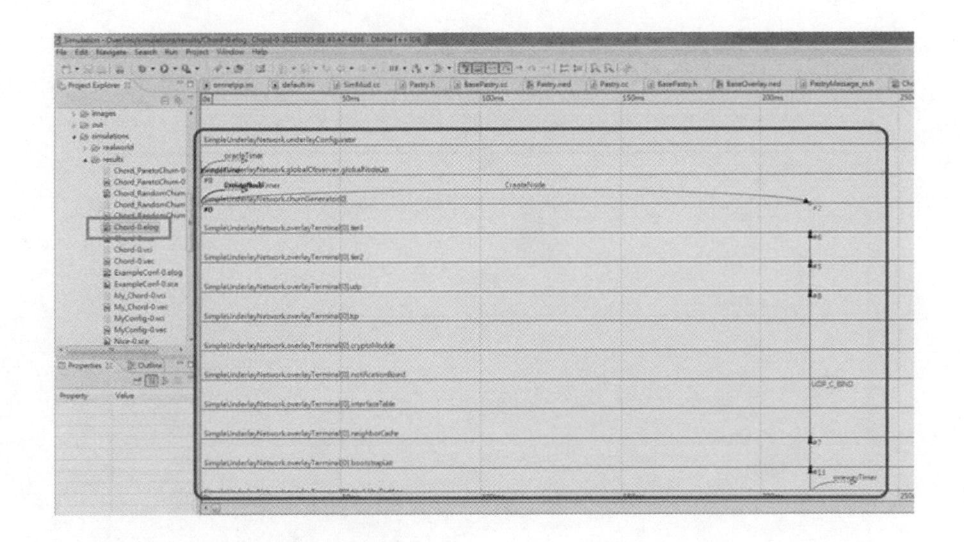

2.DenaCast 模組的模擬操作

DenaCast 的操作方式與 OverSim 完全相同，只是提供的模擬環境與可選擇的模擬模組不同。

- DenaCast 提供 DenaCast 與 SimpleMesh 模組。

  圖中的 Pastry 是另外加上的模組。

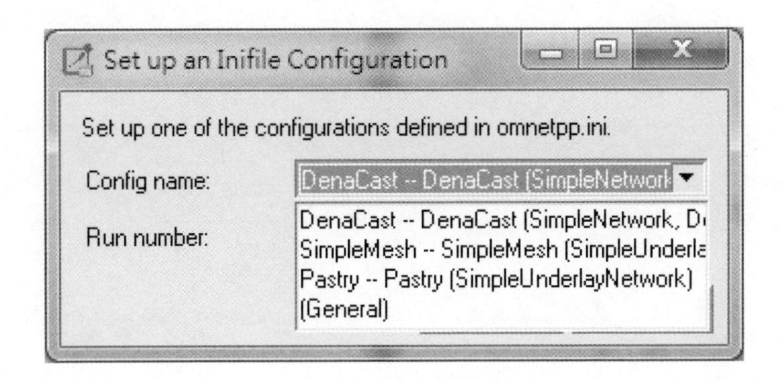

- DenaCast 的模擬環境為 BT，因此會先產生 Tracker，接著再產生 CDN-Server，最後產生 Terminal（即 Peer）。

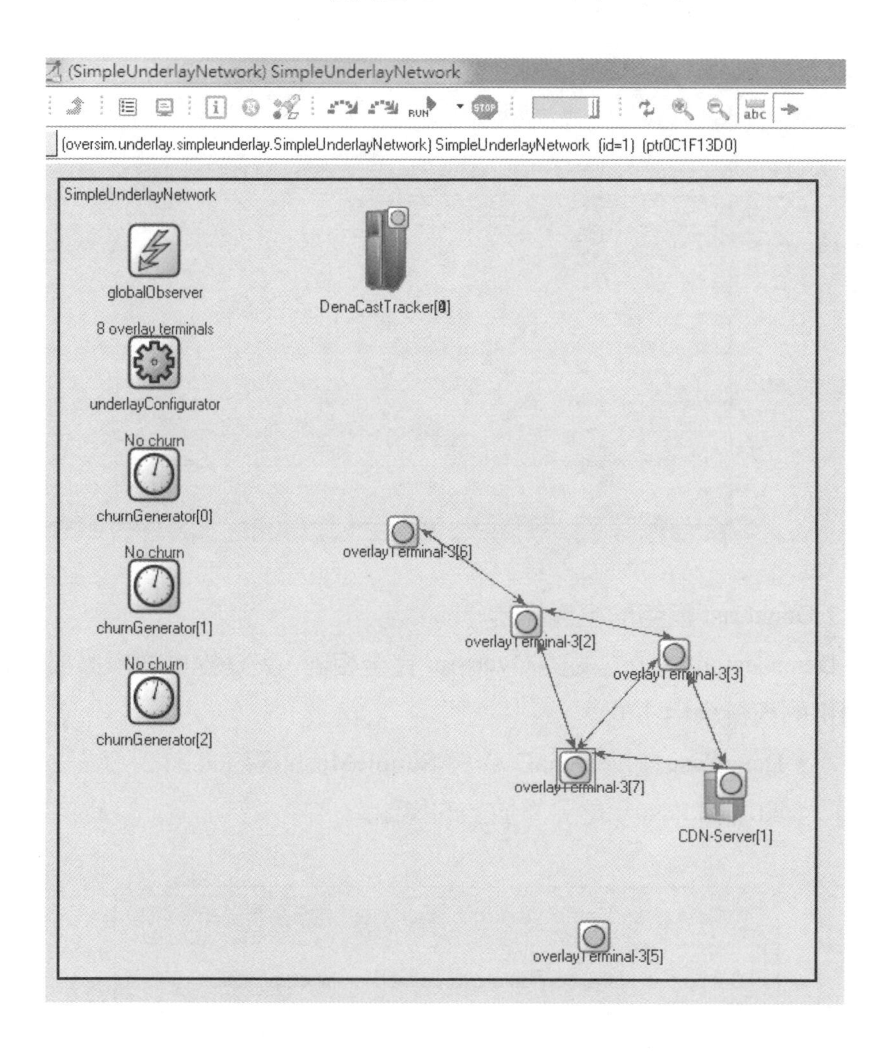

實作練習

1.在 OverSim 下新增一個模組，並具有 Chord 的功能。

2.接續上題，將參數設定中的 Churn 模組內的參數型式修改為 RandomChurn。